高等学校教材

生物科学系列

植物学实验及实习指导

张乃群　朱自学　主编

化学工业出版社
·北京·

图书在版编目（CIP）数据

植物学实验及实习指导/张乃群，朱自学主编. —北京：化学工业出版社，2006.8（2021.2 重印）
高等学校教材
ISBN 978-7-5025-9202-8

Ⅰ. 植… Ⅱ. ①张…②朱… Ⅲ. 植物学-实验-高等学校-教学参考资料 Ⅳ. Q94-33

中国版本图书馆 CIP 数据核字（2006）第 096858 号

责任编辑：梁静丽　　装帧设计：关　飞
责任校对：洪雅姝

出版发行：化学工业出版社（北京市东城区青年湖南街 13 号　邮政编码 100011）
印　　装：北京科印技术咨询服务公司顺义区数码印刷分部
787mm×1092mm　1/16　印张 12¾　字数 349 千字　2021 年 2 月北京第 1 版第 6 次印刷

购书咨询：010-64518888　　售后服务：010-64518899
网　　址：http://www.cip.com.cn
凡购买本书，如有缺损质量问题，本社销售中心负责调换。

定　　价：38.00 元

植物学实验及实习指导

主编 张乃群 朱自学

编委 （按姓氏笔画排序）

王 云 朱自学 张乃群 张彩莹 周 索

庞振凌

前　言

植物学是生物学专业最重要的基础课程之一。植物学实验和实习则是植物学教学中的重要环节，并已逐渐成为一门独立的课程；它不仅与课堂讲授的基本理论、基础知识相结合，也是学习后续课程和进行科研工作的基础，同时又是训练学生掌握科学思维方法、培养实事求是的科学态度和独立工作能力的重要手段。

近年来，随着我国高等教育事业的飞速发展，各校生物学专业的课程体系都进行了较大的调整，植物学的教学内容也有不同程度的变化，编写一本适应新时期教学要求的教材是十分必要的。为此，在化学工业出版社的组织和支持下，我们编写了这本《植物学实验及实习指导》教材。

本书依据高等院校植物学教学大纲，在多年实践经验的基础上编写而成。除教学大纲规定的实验内容外，还做了必要的补充和扩展。为了培养学生独立工作能力，书中介绍了植物学的基本实验技术与方法，每个实验都要求并适合学生自己动手操作，结合永久制片对比观察。教学的最主要目的是培养学生分析问题和解决问题的能力。根据这一宗旨，本实验教材在内容的编排上进行了新的尝试，不仅安排了必要的培养学生基本实验技能的基础性验证性实验，还安排了旨在培养学生综合分析能力和创新能力的综合性实验和研究性实验（即探索性实验、设计性实验），为学生综合素质的培养打下良好的基础。

本书包括附录共由五部分组成，其中实验内容包括植物形态解剖学部分和系统分类学部分，共设 32 个实验，每个实验 3 个学时。参加本书编写的人员为南阳师范学院的张乃群、周索、庞振凌、张彩莹、王云和周口师范学院的朱自学。本书第一部分和第十章由朱自学编写；第七章、附录 1 和附录 2 由王云编写；第八章、第十一至第十四章以及第四部分由张乃群编写；第九章和附录 3 中Ⅰ至Ⅴ的内容由张彩莹编写；第十五章由周索编写；附录 3 中Ⅵ的内容由庞振凌编写。图片处理工作主要由周索完成。张乃群负责统编全稿。本书结合作者的教学实践，合理编排实验步骤等内容，在简单阐述基本理论知识的基础上，详细介绍了具体的操作方法；既利用永久制片，又尽可能多做临时装片；既利用传统的典型植物材料，又注意多采用常见的有经济价值的材料。各种方法简明可行，利于培养学生理论联系实际和自己动手的能力。在采用本教材时，具体实验内容的安排，教师可根据情况加以选择。我们深切希望本书的出版能满足教学相长的需求，并得到相关同行的支持和指正。本书可供高等师范院校和教师进修学院的植物学专业，以及农、林、医药院校等相关专业师生使用，也可供中学生物学教师用作教学参考书。

为了突出本书的实用方便性，其中部分图片借鉴了国内外的相关教材和专著，特在此说明，并向这些资料的作者表示衷心感谢。

由于编者水平所限，书中错误和欠妥之处在所难免，恳请有关专家、老师和同学批评指正，以供本书再版时修订时提高。

编　者

2006 年 8 月

目　录

植物学实验的目的与要求

植物学实验作为一门实践课，要求掌握实验的基本方法与技能，贯彻理论联系实际，培养独立工作能力，养成严谨的科学态度与工作作风。

1. 基本方法与技能的具体要求

① 熟练使用光学显微镜，并能在显微镜下识别代表植物的细胞、组织、器官结构。

② 掌握徒手切片、离析、压片、染色、临时装片制作等实验方法。

③ 学会使用放大镜、显微镜观察植物器官的外部形态。

④ 学会植物绘图，掌握花图式、花程式。

⑤ 熟练使用和编制植物检索表，识别常见科、属的主要特征及其代表植物。

2. 贯彻理论联系实际，加强对基本知识和基本理论的理解

① 每次实验课前必须做好预习，了解该次实验的目的要求和主要内容。

② 观察切片标本时注意切面与整体的关系，通过显微镜下局部组织、器官的切面特征，建立立体结构的概念。

③ 观察切片标本时要注意结合观察植物体的外形，了解取材部位，联系解剖结构与生理功能，对比各种结构的异同、特点，达到深入认识和理解。

④ 联系实际建立植物界各大类群的进化概念和掌握植物分类的基本方法。

3. 培养科学态度和独立工作的能力

① 在实验过程中要求学生自己动手，独立操作，在观察、记录、绘图、填表或列表时应认真仔细，实事求是。

② 遵守实验室规则，保持良好的工作习惯，根据实验要求按时完成作业。

第一部分　基本实验技术

植物学实验的基本技术很多，这里分六章着重介绍显微镜操作技术、植物制片技术、生物绘图技术、实验材料的准备和保存、腊叶标本的采集制作和浸制标本的制作技术。

第一章　显微镜操作技术

一、显微镜的分类

1. 光学显微镜

光学显微镜有多种分类方法：按使用目镜的数目可分为双目显微镜和单目显微镜；按图像是否有立体感可分为立体视觉显微镜和非立体视觉显微镜；按观察对象可分为生物显微镜和金相显微镜等；按光学原理可分为偏光显微镜、相衬显微镜和微差干涉显微镜等；按光源类型可分为普通光学显微镜、荧光显微镜、红外光显微镜、紫外光显微镜和激光显微镜等；按接收器类型可分为目视显微镜、摄影显微镜、电视显微镜和电荷耦合器显微镜等。常用的显微镜有双目显微镜、金相显微镜、偏光显微镜和紫外荧光显微镜等。

双目显微镜是利用双通道光路，为左右两眼提供一个具有立体感的图像。它实质上是两个单镜筒显微镜并列放置，两个镜筒的光轴构成相当于人们用双目观察一个物体时所形成的视角，以此形成三维空间的立体视觉图像。双目显微镜在生物、医学领域广泛用于切片操作和显微外科手术；在工业中用于微小零件和集成电路的观测、装配、检查等工作。

金相显微镜是专门用于观察金属和矿物等不透明物体金相组织的显微镜。这些不透明物体无法在普通的透射光显微镜中观察，故金相显微镜和普通显微镜的主要差别在于前者以反射光照明，而后者以透射光照明。在金相显微镜中照明光束从物镜方向射到被观察物体表面，被物面反射后再返回物镜成像。这种反射照明方式也广泛用于集成电路硅片的检测工作。

偏光显微镜是用于研究所谓透明与不透明各向异性材料的一种显微镜。凡是有双折射的物质，在偏光显微镜下就能分辨得清楚。它将普通光改为偏振光进行镜检，以鉴别某一种物质是单折射性（各向同性）或双折射性（各向异性）。偏光显微镜广泛应用在矿物质、化学等领域，在生物学上也有应用。

紫外荧光显微镜是用紫外光激发荧光来进行观察的显微镜。某些标本在可见光中观察不到细节结构，但经过染色处理，以紫外光照射时可因荧光作用而发射可见光，形成可见的图像。这类显微镜常用于生物学和医学中。

电视显微镜和**电荷耦合器显微镜**是以电视摄像靶或电荷耦合器作为接收元件的显微镜。在显微镜的实像面处装入电视摄像靶或电荷耦合器取代人眼作为接收器，通过这些光电器件把光学图像转换成电信号的图像，然后对之进行尺寸检测、颗粒计数等工作。这类显微镜可以与计算机联用，便于实现检测和信息处理的自动化，多应用于需要进行大量烦琐检测工作的场合。

双筒解剖镜，又称**立体视觉显微镜**（**体视显微镜**或**实体显微镜**），这种显微镜立体感较强，放大倍数较低，适宜观察一般实物。它的构造基本上与显微镜相似，也分为机械装置和光学系统两部分，只是构造更简单一些。机械装置有镜座、镜台、镜筒、支柱和调节轮等部分；光学系统有接目镜、接物镜和反光镜等部分。双筒解剖镜只设有一对粗调节旋钮进行焦距调节。接目镜和接物镜也有各种不同的放大率，一般双筒解剖镜的放大倍数从十几倍到100倍左右。

2. 电子显微镜

人们常说的电子显微镜即透射电子显微镜，是使用电子束代替光线的一类显微镜。电子显微镜以特殊的电极和磁极作为透镜代替玻璃透镜，能分辨相距0.2nm左右的物体，放大倍数可达80万～120万倍，其分辨率比光学显微镜高1000倍，是了解植物细胞超微结构的精密仪器。

扫描电子显微镜是另一种类型的电子显微镜，它是经过电磁透镜汇聚成很小的电子束，并使电子束在样品上进行扫描，收集样品上所产生的次生电子，经过放大在显像管的荧光屏上出现样品影像。扫描电子显微镜所能放大的有效范围，可从十几倍到十几万倍，其图像的分辨率为15nm，有的还可达到10nm左右，且样品的制备方法简单，图像真实，立体感强，可利用在入射电子作用下产生的不同信号，对样品进行成分和元素分布的分析。由于上述的独特优点，近年来扫描电子显微镜已广泛应用于生物学的各个学科领域。

二、显微镜的构造

本文以实验室常用的光学显微镜为例说明，构造如图1-1。

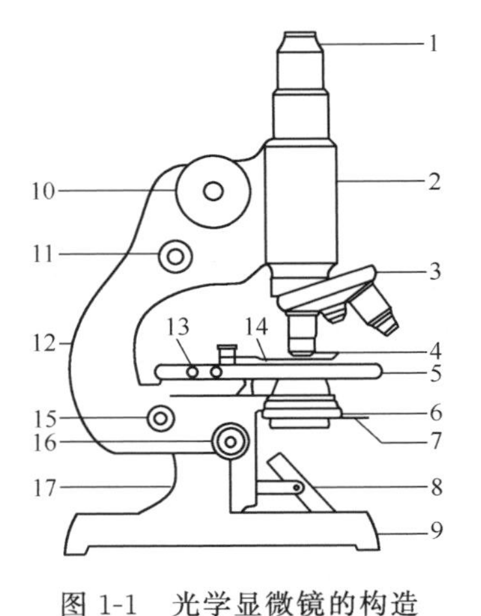

图1-1　光学显微镜的构造

1—目镜；2—镜筒；3—物镜转换器；4—物镜；5—载物台；6—聚光器；7—虹彩光圈把手；8—反光镜；9—镜座；10—粗调焦螺旋；11—细调焦螺旋；12—（镜臂）执手；13—移片器；14—压片夹；15—倾斜关节；16—聚光器升降旋钮；17—镜柱

1. 机械部分

① 镜座。显微镜的底座，支持镜体使之平稳。

② 镜臂。搬取显微镜的执手。镜臂与镜座之间有倾斜关节，可使镜体作适当倾斜。

③ 镜筒。在镜臂前方的中空长筒，上端插入目镜，下端连接物镜转换器，有调焦螺旋可上下升降。

④ 物镜转换器。镜筒下端的圆盘，有3～4个物镜螺旋口，装置不同放大倍数的物镜，可用手左右转动圆盘转换物镜。

⑤ 载物台。位于镜臂前方的平台，为安放玻片标本之处，其中心有一通光孔。台上装有移片器，可固定载玻片，并可前后左右移动。有的移片器上装有游标尺。

⑥ 调焦装置。要使物像清晰，必须调节物镜与标本之间的距离，即调焦。在镜臂左右

有粗调焦螺旋（大的一对）和细调焦螺旋（小的一对）向外旋转镜筒下降，向内旋转镜筒上升。

2. 光学部分

① 物镜。安装在镜筒下端的物镜转换器上，有四个放大倍数不同的物镜，其中一个是油浸物镜。

物镜的作用是将标本作第一次放大。物镜决定显微镜的关键性能——分辨力的高低。分辨力是指能被显微镜清晰区分的两个物点的最小间距。

在物镜上通常标有表示物镜性能的主要参数：4/0.1、10/0.25、40/0.65、100/1.25、160/0.17。其中4、10、40、100指物镜放大倍数，物镜愈长，放大倍数愈高，物镜放大倍数在10倍以下的称低倍物镜，40～65倍的称高倍物镜，90～100倍的是油浸物镜；而0.1、0.25、0.65、1.25为镜口率（口径数字），即光线经过盖片引起折射后所成光锥底面的口径数字，数字愈大，被吸收的光量也就愈高，观察也愈清楚；0.17为所要求盖玻片的厚度，160为镜筒长度，单位均为毫米（mm）。

工作距离：物镜对焦后，物镜最下面透镜的表面与盖玻片上表面之间的距离称为物镜的工作距离。物镜的放大倍数愈高，其工作距离愈小。

② 目镜。安装在镜筒的上端，其作用是把已经被物镜放大了的倒立实像再一次放大成倒立虚像，并映入观察者的眼中。抽出镜筒上端的目镜，可见在目镜的透镜之下有一个金属制的圆环称光阑，光阑的边缘就是视野的边缘，光阑的位置即是物镜所成的倒立实像的位置。此外，可在光阑上粘一小段毛发或装上钢丝作为指针，用来指示标本上特定的目标，也可以在其上面放置目镜测微尺，用来测定所观察标本的大小。

目镜的长度愈短，放大的倍数愈大。目镜的放大倍数，标注在目镜的金属筒上端，有5×、10×、15×等。

③ 反光镜。位于载物台下方的圆镜，可用手向各方转动，用镜面收集光线，反射到物镜中。反光镜有平、凹两面，凹面聚光力强，兼有反光和汇集光线的作用，用于光线较弱时，如收集通过窗纱的光线或光源距离较远的光线；平面聚光力弱，在光源较强或靠近光源时用。

④ 聚光器。装在载物台的通光孔下面，位于反光镜上方，由一组聚光透镜组成，它将反光镜所反射来的平行光线汇集成束，集中照射在被观察的物体上，使视野的亮度增加。聚光器可通过旋钮的升降调节光线的强弱，升高时光线增强，下降时光线减弱，如用高倍物镜时，视野范围小，则应上升聚光器，用低倍物镜时，视野范围大，可下降聚光器。聚光器内装有金属薄片组成的虹彩光圈，虹彩光圈的中心部分是个圆孔，其侧面有一把手，移动把手可以调节通光量，圆孔开大则光线较强，适于观察色深的物体；圆孔缩小则光线较弱，适于观察透明或无色的物体。

三、显微镜的使用方法

1. 显微镜的安放

将显微镜安放于距桌子边沿3～5cm的桌面上，略偏左方，一般使镜臂对着自己的胸部，便于取放显微镜和阻挡呼吸所产生水汽，右侧可放绘图纸等。

2. 采光

提升镜筒，转动物镜转换器，使低倍物镜对正通光孔，当听到轻微的阻卡声即是已对准。转动反光镜两面，如距灯管光源近，用平面对正光源，用左眼接近目镜观察；如视野不明亮，可调节反光镜、虹彩光圈和升降聚光器，使视野充分均匀明亮。

3. 装置玻片标本

取永久制片或临时装片置于载物台上，用压片夹夹牢，用移片器将玻片推动，使观察的材料位于通光孔的正中心。

4. 低倍物镜的使用

① 用手转动粗调焦螺旋，眼从侧面观察，使镜筒缓慢下降（或载物台缓慢上升）至低倍物镜距盖玻片约 5mm 处（如有限高装置，则移到最高限不能移动为止）。

② 左眼从目镜上观察视野，右眼自然张开，同时用手向内转动粗调焦螺旋，使镜筒缓慢上升，直到看到物像，然后微微内外转动细调焦螺旋，使物像清晰，此为对焦。10×物镜的工作距离为 7.63mm。若看不到物像，常因被观察的材料不在光轴线上，可移动玻片，使之位于通光孔的正中心部位（此操作前可将聚光器移到最高位置，以便于确定材料移到光轴上）。

③ 用手前后左右轻轻移动玻片，注意镜下观察到的是倒立虚像。要使物像向左移动时，就应向右移动玻片，以此类推。

5. 高倍物镜的使用

① 先在低倍物镜下将观察的材料移到视野正中央。

② 旋转物镜转换器，使 40×高倍物镜对准通光孔（一般在低倍焦距调好之后，可直接转动物镜转换器，使用高倍物镜，若高倍物镜太长，转换时会碰到玻片，可稍提高镜筒）。

③ 一般旋转细调焦螺旋半圈至一圈即可出现物像。使用高倍物镜时不要用粗调焦螺旋调焦。若在转换高倍镜前提升了镜筒，则必须用眼从侧面注视，用粗调焦螺旋逐渐下降镜筒，使高倍物镜几乎接触玻片为止，再用左眼从目镜观察，向内转动细调焦螺旋，提升镜筒，40×物镜的工作距离为 0.5mm。显微镜下观察的材料，虽小且薄但都是立体的，观察时随时转动细调焦螺旋，才能了解立体的构造，不然看的只是一个平面。然后调节聚光器和虹彩光圈使光量适宜。

显微镜内物像的放大倍数是目镜的放大倍数与物镜放大倍数之积。

显微镜使用完毕后先进行清理，严格按要求擦拭镜体后将其收好，放回原处。

四、显微镜的成像原理

以光学显微镜为例，如图 1-2，被观察的制片标本（实物）被放在物镜下方 1～2 倍焦距之间，反光镜将光线反射到聚光器中，把光线汇聚成束，穿过玻片上的实物进入到物镜的透镜上，因此所观察的制片材料要很薄（厚度一般为 8～10μm），光线才能穿透。经过物镜将制片上的实物结构放大为一个倒立的实像，这个实像正好位于目镜下的焦点之内（光阑的位置）。这一倒立实像再经过目镜的二次放大，形成放大的倒立虚像，即为所看到的最后物像。

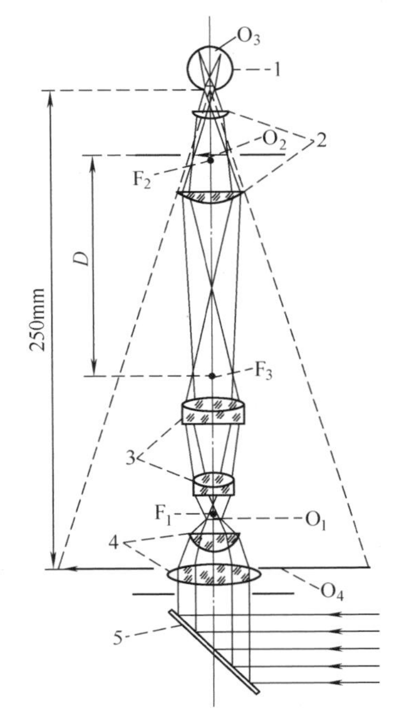

图 1-2　光学显微镜的成像原理

O_1—被观察的物体；O_2—目镜形成的 O_1 的实像；O_3—人眼中 O_1 的实像；O_4—O_1 高倍放大的虚像。1—人眼；2—目镜；3—物镜；4—聚光器；5—反光镜。F_1—物镜前焦点；F_2—目镜前焦点；F_3—目镜焦点；D—光学筒长

五、使用显微镜的注意事项和保护要点

① 拿取显微镜时一手握紧镜臂，一手托住镜座，务必使之平稳。

② 显微镜各部分均应保持十分清洁，机械部分可用软布轻轻拭净，要特别保护物镜、目镜和聚光器中的透镜，因光学玻璃较一般玻璃的硬度小，易于损伤。擦拭透镜时，只能用专用的擦镜纸，不能用棉布、手指或其他纸张擦拭。如有尘污，要先将擦镜纸卷成筒状，竖直状拂去灰尘（或用吸耳球吹去灰尘），然后叠成数折，用平面层从一个方向旋转轻轻地擦拭透镜。每擦一次，擦镜纸要折叠一次，以免灰尘损伤透镜，出现划痕。必要时可用擦镜纸蘸蒸馏水或少量二甲苯擦拭。

③ 观察材料一定要加盖玻片，在物镜的前透镜与盖玻片之间只能是空气，特称为干物镜。除盖玻片与载玻片之间有水将材料包埋以外（水装片），装片其他部分的水均要擦干，若载物台上有水应即擦干。

④ 用显微镜观察时，要睁开双眼，用左眼窥镜，右眼作图。

⑤ 转换物镜时要以手指捏住旋转盘转换，切忌用手直接拨转物镜，以免破坏物镜光轴与目镜光轴的合轴。

⑥ 显微镜若有不灵活或其他障碍时，在没有弄清原因前，不要自行修理，应报告教师，更不可玩弄、拆卸各部零件。

⑦ 收放显微镜时，将物镜头较向两旁，转离光轴，成八字形后取下玻片，再降下镜筒。不准使物镜头对着聚光器，以免发生物镜撞击聚光器的危险。最后将显微镜各部擦净放入镜箱，锁上门锁，放回原处。

⑧ 显微镜应避免和挥发性药品或腐蚀性的酸类存放在一起。为了防潮，可在箱内放入一小袋干燥剂（如硅胶、氯化钙等）。

六、光学显微镜的有关知识

1. 实体显微镜（解剖镜）的结构和使用

实体显微镜是一种较放大镜构造稍复杂而由几个透镜组成的单式显微镜。是利用斜射光照明观察不透明物体的外部形态和立体形态的显微镜。放大镜放大倍数在 10 倍以下；实体显微镜的放大倍数一般为 200 倍以下，常用来观察和解剖植物的根、茎、叶、花等器官的表面组织形态及大体结构概况。一般实验室所用的是双筒连续变倍实体显微镜。它有一个比较稳固的镜座，镜体被固定在镜柱上，其物镜为变倍物镜，上有刻度，每一刻度为 1 倍，可以通过变焦的透镜系统，使其放大倍数从 1 倍转到 4 倍，如所需倍数较大则可以再加上一个附加物镜使放大倍数再增加 1 倍。其目镜有 10×、20×两种，因此实物成像的放大倍数最小为 10 倍，最大为 100 倍。观察使用双目镜筒时，两个目镜筒之间的距离可以根据观察者两眼瞳孔间的距离进行调节。实体显微镜具有较大的自由工作距离，一般为 3～12cm，有固定螺旋可作上下调距。物体的聚焦通过一个粗调焦螺旋进行，在每一目镜下方可以直接用手旋转以作微调。在镜座上有一个圆形的载物板，可以放置实物，任意解剖操作，不需制成玻片标本。载物板一面是白色，另一面是黑色，可以根据所观察的标本颜色选用，以达良好的视觉反差效果。使用时标本应放在玻片上或小培养皿中，不要直接放在载物板上以免腐蚀漆层。

一般显微镜形成的像是倒立的虚像，但在实体显微镜中都装了一套倒转棱镜，使形成的倒立像再次倒转成一个直立的虚像，使成像和实物方向一致。

2. 油浸物镜的使用

经常所用的低倍和高倍物镜都是干物镜，油浸物镜的前透镜与盖玻片之间为香柏油或液

体石蜡，故又称浸润物镜或简称油镜。其使用方法如下。

① 先用低倍干燥物镜观察概况，然后用高倍镜找到要观察的部分；并推移到视野中央（注意临时制片标本含水分较多，不能使用油镜观察）。

② 在用40×物镜调焦清晰后，移开40×物镜，在盖玻片所要观察的位置上滴一小滴香柏油或石蜡（有时也在聚光器与载玻片之间加一滴油）。

③ 从显微镜的侧面注视，转动物镜转换器，直至油镜头浸入油滴，注意防止油镜头碰击压碎玻片（油镜的工作距离是0.198mm）。

④ 轻微左右转动物镜转换器，驱除香柏油中的气泡，以免影响观察效果。

⑤ 再用眼观察目镜，用细调焦螺旋使物像清晰。

⑥ 观察完毕，把油镜头转离光轴，使镜筒上升约1cm，先用干的擦镜纸将镜头大部分的油去掉，再用蘸有二甲苯的擦镜纸擦，最后再用干擦镜纸擦一次，以免二甲苯浸入镜内，使透镜松懈。擦拭时要顺镜头的直径方向，不要沿镜头的圆周擦；玻片上的油也按上述方法擦净。如用的是液体石蜡，可直接用擦镜纸擦拭干净。

3. 目镜指针的安装

显微镜的目镜中一般没有指针，为便于教学和指示特定目标，可以自己动手在目镜中安装指针。具体方法如下：先剪取长5～10mm的一段头发（其长度约等于目镜筒的半径），再将目镜的上盖（一片透镜）旋下，用镊子夹住头发的一端，头发的另一端蘸上少许加拿大树胶或透明胶水，再将其粘在目镜筒内的视场光阑上面，并注意使头发的尖端位于视野的中央，稍干后，旋上目镜上盖即可使用。这时，在视野中会出现一条黑色的指针。

4. 显微测微技术

显微测微尺是在显微镜下测量被检物体的大小或长短的专用工具，植物学实验中可用它通过显微镜观察测量细胞各部分的大小、厚薄，测量细胞、淀粉粒以及细胞内部一些结构的大小。

常见的测微尺包括镜台测微尺（图1-3）和目镜测微尺（图1-4），测量时必须将其配合使用方可达到测量目的。镜台测微尺是一特制的载玻片，在载玻片中央封有一个1mm长并分为100个等距离的小格，每一小格为0.01mm，即10μm。目镜测微尺为一具有标尺的圆形玻片，直径20～21mm，正好能放入目镜筒内。目镜测微尺上的标尺有直线式和网格式两种。直线式一般用于测量长度，其标尺分为50小格或100小格，每小格长0.1mm。网格式一般用于计算数目和测量面积，其上刻有网格式标尺，网格的大小、数目因种类不同而异。

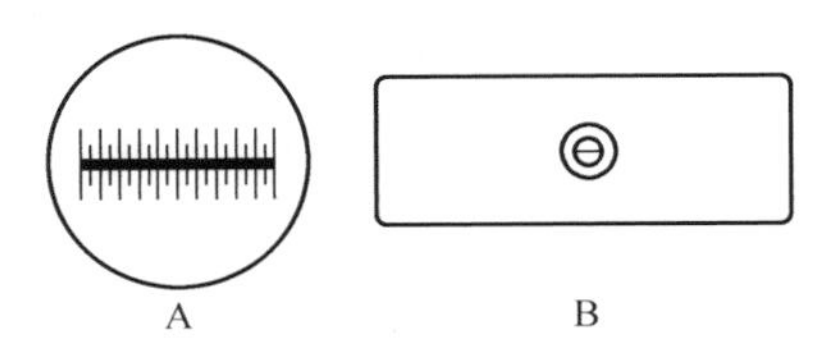

图1-3 镜台测微尺
A—标尺的放大；B—具标尺的载玻片

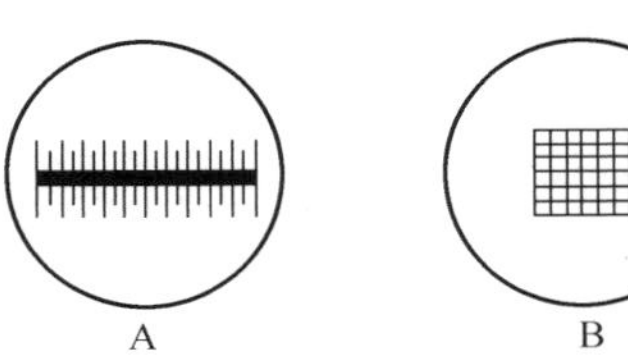

图1-4 目镜测微尺
A—直线式；B—网格式

长度测量法：测量长度时，必须以目镜测微尺和镜台测微尺配合使用。先将直线式目镜测微尺正面朝上放入目镜筒中的金属光阑环上，观察时即可见到目镜测微尺的标尺刻度。但其格值是不固定的，可随物镜放大倍数的改变而改变，所以不能直接用它测量，必须先用镜台测微尺确定它的格值。其方法是先将镜台测微尺置于载物台上，与观察普通玻片标本一样，调节光线和对准焦点，使镜台测微尺的标尺刻度清晰可见。这时即可移动镜台测微尺，使其标尺刻度与目镜测微尺的标尺刻度重叠起来。然后选取二者刻度线正好完全重合的一段，记录两重合线间的格数，依据下式计算目镜测微尺的格值。

$$目镜测微尺的格值(\mu m)=\frac{镜台测微尺两重合线间的格数\times 10}{目镜测微尺两重合线间的格数}$$

例如，目镜测微尺的零点刻度与镜台测微尺的零点刻度完全重合，另外又发现目镜测微尺的第 50 格刻度正对镜台测微尺的第 68 格刻度线，则目镜测微尺的格植为：68/50×10＝13.6（μm）。也就是说在这一目镜、物镜组合中目镜测微尺的每一小格代表的实际长度为 13.6μm。

求得目镜测微尺的格值以后，即可移去镜台测微尺，换上待测标本封片，用目镜测微尺测量视野中的物体的大小。若目镜测微尺的格值为 13.6μm，测得某物体长占目镜测微尺 10 小格，则刻物体的实际长度为 13.6×10＝136（μm）。

在显微测量过程中，如果变换显微镜或改变物镜或目镜的放大倍数时，都必须重新进行校正目镜测微尺的格值；其次，为减小误差应多次测量，取其平均值。

5. 显微描绘器的使用

在本课程实验中只要求用铅笔进行徒手作图，但如要作更准确的科学图像则要用描绘器。常用描绘器有以下两种。

（1）阿贝氏（Abbe′s）描绘器

这是由装有棱镜的扁圆筒形部分和带有一根支柱的平面反光镜所组成。其操作步骤如下。

① 先抽出目镜，将描绘器的固定环套入镜筒上端后，再插入目镜。上下移动固定环使描绘器的圆筒部分与目镜将要接触，此时即可旋紧固定环。

② 将圆筒部分转向外侧，把标本移向视野中央，调节光亮和焦距使物像清晰，然后再将圆筒部分转回原来的位置。

③ 在显微镜右侧放上绘图纸，调节反光镜的角度。直筒显微镜中其倾斜应为 45°，便能看到图纸而看不到镜脚或其他装置，随即将反光镜固定，移动图纸使被绘对象落到图纸上的适当位置，然后用图钉固定在木板上。

④ 调节圆筒外侧的滤光片或显微镜视野的入射光源，使标本像和绘图纸上的铅笔尖能同时观察清楚，随后移动铅笔尖绘出标本轮廓，再画黑线。

（2）描绘目镜

这是同一镜筒内装有目镜和描绘棱镜的目镜，不用装反光镜，使用简便，其操作步骤如下。

① 先抽出原有目镜，将描绘目镜插入显微镜筒内，使其定位面与镜筒端面重合，（5×描绘目镜插入镜筒内约 43.5mm，10×描绘目镜插入约 30mm），棱镜组件位于观察者的右方。

② 用图钉把图纸固定在绘图板上，把绘图板放于右侧保持一定的倾斜度。

③ 眼从目镜观察，调节显微镜工作距离，使描绘对象位于视野中央，以右眼注视显微镜中物像，在同一视野内既能看到镜像又能看到图像。

④ 如果棱镜光路的强度大于目镜光路的强度，此时在视野内只能看到手，应在棱镜光路内加入不同密度的灰片，使两者大约相等；如果棱镜光路的强度小于目镜光路的强度，此时在视野内只能看到标本像，应在目镜光路内改变一下显微镜的进光量，使两者大约相等。

⑤ 轻轻拧紧固定螺旋，使描绘目镜不发生转动，用铅笔在图纸上描绘镜像轮廓，再描上墨线。

第二章　实验材料的采集、培养和保存

一、实验植物的花期和果熟期

常见实验植物的花期和果熟期见表 2-1。

表 2-1　常见实验植物的花期和果熟期

种　名	花期(月)	果熟期(月)	种　名	花期(月)	果熟期(月)
苏铁	7～8	1～2	苹果、梨	3～4	7～8
银杏	4～5	10	桃	3	6～7
松树	5	10	杏	3	6
杉	4～5	8～9	合欢	6～7	8～9
侧柏	2～4	10	紫荆	3～4	6～8
桧柏	3～4	10	洋槐	5	7～8
麻黄	5～7	7～9	胡萝卜	5～7	6～8
玉兰	4～5	9～10	芫荽	5	6
望春木兰	4～5	9～10	茄	5～8	6～9
毛茛	4～7	5～8	龙葵	9～10	9～10
桑	5～6	6～7	丹参	5～7	7～8
茅栗	5～6	9	一串红	7～8	8～9
板栗	5～6	9	蒲公英	4～7	6～8
石竹	5～7	6～8	慈菇	6～7	7～8
陆地棉	7～9	8～10	莎草	5～6	6～7
黄瓜	5～9	6～10	小麦	5	6
毛白杨	3	4	大麦	4～5	5
垂柳、旱柳	3～4	5	水稻	6～8	7～9
油菜、青菜	4～5	5～6	葱	5～6	6～7
绣线菊	4～5	6～7	韭	7～8	8～9
珍珠梅	6～7	8～9	黄花菜	6～7	7～8
黄刺玫	4～5	6～7	萱草	6～7	7～8
蔷薇	5～6	7～8	蕙兰	3～4	6～7
草莓	6～7	7～8	建兰	5～6	8～9

二、实验材料的保鲜方法

近年来对水果、蔬菜、鲜花采用的一些保鲜方法，同样可应用于实验材料的保鲜以满足教学需要。较简便方法有以下几种。

1. 花枝的保鲜

无论是单生花或花序上的花，如不是当日实验用，一般以采半开放的花为宜。花枝采下应及时补充水分和养分。有些花如用 3%的糖液能保鲜达一星期。每隔 2～3d，将花枝基部剪去 1～2cm，这样除去了腐烂部，又可使切面无阻塞，有利于水分、养分的吸收。用抑制乙烯激素的生物合成剂是保鲜的关键，如用 $1\times10^{-4}\sim5\times10^{-4}$（体积分数）的 8-羟基喹啉有保鲜防腐作用；用 $0.5\times10^{-4}\sim5\times10^{-4}$（体积分数）的硝酸银亦可延长花的插水时间。

2. 果实的保鲜

以七八成成熟度且无机械损伤的果实为好。

① 冰箱保鲜法。肉质果实经挑选、水洗、浸入5～8℃冷水中2～4h，然后晾干，装入聚乙烯薄膜袋，放入温度在4～6℃的冰箱，第二天扎紧袋口，可贮藏20～25d。若用防腐剂洗果，用冷风预冷，装入冰箱，能贮藏20～35d。但香蕉贮藏温度以13～15℃为好，低于12℃将产生冻害。

② 常温保鲜防腐。用新洁尔灭或来苏尔消毒，置于阴凉、湿度较大、通风良好处，即可保鲜。

③ 化学保鲜。乙烯是促使果实成熟、组织衰老的重要因素之一，但高锰酸钾（$KMnO_4$）是一种强氧化剂，能将乙烯氧化成 CO_2 和 H_2O。故可将工业级的 $KMnO_4$ 配成饱和溶液，用表面结构疏松的多孔性吸附材料，如活性炭、泡沫砖等浸透后捞出晾干、密封保存备用。用时放入果品箱中，用量与果量之比约为20：1。为防止果实腐烂，常用的化学防腐剂有苯来特、特克多、多菌灵、甲基托布津、抑霉唑、硼砂、碳酸氢钠、次氯酸钠、硫酸铜等，使用浓度为 $5\times10^{-4}\sim1\times10^{-3}$（体积分数）；用于防腐的洗果时间为2～4min，熏果时间为18～24h，也可把防腐剂加到包装袋中。经化学处理后，一般可放在室温下保存。

三、几种孢子植物标本的采集、培养和保存

1. 海带标本的采集、保存及配子体的培养

我国自然生长的海带在辽东半岛和山东半岛的肥海区。秋天（10～11月份）可以采到有孢子囊的成熟孢子体，秋冬可采到幼孢子体。

制作标本时可先将藻体晾至半干再压制，注意太干则不易压平。可在藻体上抹一些福尔马林以防腐烂。大标本可晾至大半干时，将藻体卷起保存，实验时用稀盐水泡开，实验后又可再晾干保存用多次。生有孢子囊的带片，可剪成小块浸泡于7%～10%的福尔马林海水溶液中保存，供徒手切片或石蜡切片用。市售干海带也可按此法做成标本，但不如生活材料固定的好。

海带配子体的培养需在海边进行。取生长健壮有孢子囊的海带孢子体洗净表面，将过滤海水盛入大盆中，盆底铺一层洗净的载玻片，将海带投入盆中，几十分钟后游动孢子就从孢子囊中释放出来，待海水变浑浊时取出海带，孢子游动几小时后便附着在载片上，10～14d配子体成熟，卵受精形成幼孢子体。培养时要勤换水，或置于流动的过滤海水中，并控制水温不超过10℃，且有适当光照。

2. 紫菜壳斑藻的采集与脱钙处理

紫菜生活史分为叶状体和丝状体阶段，平时所食的都是叶状体，而丝状体难以看到，由于壳斑藻是由果孢子萌发并钻入贝壳内发育而成的分支丝状体，所以要进行脱钙处理才能观察到。方法如下。

① 8月～9月上旬从紫菜生长区的浅海中或从人工养殖紫菜的水池中采得有浅红色的贝壳，先用肉眼观察壳斑藻的颜色和分布。

② 用锤子将贝壳砸成小碎块装入小烧杯中，加入柏兰尼液（10%的硝酸4份，70%～80%的酒精3份，0.5%的铬酸3份，混合之），由于去钙反应很快有许多气泡冒出，待气泡停止，倒去原柏兰尼液再换新液，反复处理2～3次，可见贝壳上已露出壳斑藻。

③ 将贝壳水洗后，用镊子或小刀从贝壳小块的内表面取下少许材料，置载片上做成水装片即可观察（若要制永久切片，须用柏兰尼溶液再继续反复处理多次，直至钙质全被溶解，仅剩贝壳的某些有机物和壳斑藻。然后将材料制作石蜡切片，用铁矾苏木精染色）。

壳斑藻在形状上可分为丝状藻丝和膨大藻丝两种。丝状藻丝为营养藻丝，细胞具侧生带

状色素体；膨大藻丝为生殖藻丝，细胞具中生星状色素体。晚秋膨大藻丝的膨大细胞散放出壳孢子。紫菜的生活史中的壳斑藻阶段为我国海藻学家所发现，它为大面积养殖紫菜奠定了重要理论基础。

3. 衣藻和水绵的采集、培养和保存

(1) 衣藻

① 采集。在有机质较丰富的池塘或河水中，于春秋季用浮游生物网采回，如果是小水体或浅水域，可取水，注入网中过滤，镜检后倒入培养缸内，置于向阳处，不久可见培养缸壁四周的水表面有一条绿线，这是集聚的衣藻。用吸管自绿线处吸取绿水，可得纯衣藻种群。

② 培养。

土壤浸出液：取菜地肥土加水煮沸，沉淀后用上清液作培养液。

白菜水培养液：挤白菜叶汁液，加水稀释，配成含汁液5%的培养液，煮沸消毒冷却后使用。

无机培养液：首先洗净2个1000ml的广口瓶，分别倒入500ml蒸馏水。其中一瓶放入4g硝酸钙和1g硝酸钾，另一瓶加入1g硫酸镁和1g磷酸氢二钾。待溶后，再将两瓶溶液混合，并加一滴1%氯化铁即成，经灭菌后用于接种培养。

固体培养基：将土壤浸出液加1%琼胶，或将无机培养液加1.5%琼脂制成固体培养基，消毒后使用。

③ 保存。用鲁哥液固定后加入4%福尔马林可长期保存。

(2) 水绵

① 采集。水绵属常见的有20种左右，各地池塘、水沟、稻田中均有，常漂浮水面或沉于水底，除冬季结冰外，均可找到。近年来，大城市附近由于水体污染，往往采不到，可到离城远些的地方采集。

② 培养。水绵在春秋两季大量繁殖，可在室内日光灯照射下用上述的无机培养液或土壤浸出液接种培养。6月和10月是水绵接合生殖期，植株枯黄，浮于水面，用手捞时丝体易断裂。在室内人工促使水绵接合生殖，可将生长老化的水绵放在CO_2饱和的蒸馏水中(100ml水加0.1g碳酸氢钠)，18～22℃的温度下，8～10d可引起接合生殖；将老化水绵放入广口瓶中，20℃条件下，用黑纸包瓶，不时吹气，也可能引起接合生殖。

③ 保存。接合生殖期的水绵可用5%福尔马林液保存，也可制成半永久装片。制片方法是：用10%甘油滴在水绵上，放在温度较高的地方，使水分蒸发，再加一滴纯甘油，盖上盖片，用二甲苯溶解的沥青将盖玻片四角固封后再将四周封固，可保存7～8年。

4. 几种霉菌的简易培养方法

(1) 根霉的培养方法

切数片新鲜面包或馒头，使其暴露于空气中1h，然后将其放入培养皿中，培养皿底部要垫上浸湿但无积水的滤纸，保持空气潮湿。然后再用消毒棉签蘸上加热煮沸的含琼脂0.1%、蔗糖5%的少量液体均匀涂上一层于培养皿的盖面底上，盖好培养皿盖，置于25℃温箱中培养，3～4d可见面包或馒头片上长满白色菌丝(如有青霉等菌落可夹去掉)。用放大镜可以看到直立的孢子囊梗顶端有黑色的孢子囊，此时夹取装片观察，但假根常深入馒头内不易取出，如盖上培养皿盖任其生长，则孢子囊会自然破裂，孢子粘在有一层糖液的培养皿盖上，继续萌发生长，再过5～6d后在培养皿盖上长满菌丝，此时从培养皿盖上取材观察可以连假根夹起，能看清各部分。

根霉的有性生殖可向有关单位购买菌种，将“+”、“-”菌种用接种环分别挑起划线，接种在马铃薯葡萄糖琼脂培养基上（培养基配制方法：去皮马铃薯200g，切成块煮沸0.5h，用纱布过滤去渣，再加蔗糖或葡萄糖20g，琼脂20g，熔化后补充水至1000ml，在水温45℃时倒入小培养皿，每皿约10～15ml，冷却后表面凝结成平板）。置于21～25℃恒温箱中培养3～4d，在培养期间，可多观察几次，成熟后在两条接种线间有一条深色的孢子带。可用镊子取出制作水装片观察。

（2）青霉、曲霉、黑根霉的接种培养法

按上述方法制成培养基，剪取和小培养皿口径同大的透明玻璃纸，消毒后垫在小培养皿内，用消毒棉签蘸上尚未凝结的培养基均匀涂在约1mm厚的玻璃纸上，将所要培养的以上霉菌孢子用无菌水制成悬浮液，用吸管吸取孢子悬浮液种于玻璃纸上，将小培养皿置入盛有一些清水的大培养皿内盖好，放到25℃温箱中或室温下培养，约3～4d可见玻璃纸上长出菌丝，剪下一小块玻璃纸置载玻片上滴水作成临时装片，可以看到菌丝生长的自然状态。

5. 地钱和葫芦藓的采集、培养和保存

（1）采集

地钱和葫芦藓都是世界分布种。地钱生于背阴潮湿的墙根下面或山泉沟渠旁；而葫芦藓多生于房后背阴的土地或有机质较丰富的地方，也常在树林间被火烧过的土壤上大片生长。

① 采集时间。地钱的叶状体（配子体）及其上的胞芽杯在3、4月就可采到，而要采集雌器托和雄器托以及孢子体则要在5～8月间。葫芦藓的配子体和生殖器官在南方2月就可采到，在北方则要到4月才行，它的孢子体在南方从3月开始至6月可大量采到，而北方一般则需在5～7月才能采到。

② 采集方法。要尽量选择生长发育较好的植物，用小刀将植物从土中挖起。

（2）标本的制作与保存

① 晾干入袋保存。苔藓植物体小，易于干燥，不经消毒也不易发霉、腐烂，颜色也能较好保存。一般最常用的方法是把标本放在通风处晾干，然后将标本装入用牛皮纸折叠的袋中。观察标本时，只要把材料放入清水中浸泡几分钟就可恢复原色和原形。

② 液浸标本的制作。先把标本上的泥土洗净，浸入5%的福尔马林水溶液，然后放在磨口标本瓶中即可。它的缺点是时间长了容易退色。如要保持植物原色，可用保绿液处理。最简便的是用饱和的硫酸铜水溶液浸泡标本一昼夜，用清水冲洗，然后保存在5%的福尔马林水溶液中。

（3）培养方法

① 葫芦藓的土壤培养法。先收集葫芦藓的孢子。葫芦藓的孢蒴变为红褐色时，孢子即已成熟。用剪刀从蒴柄处剪断，把孢蒴装入纸袋保存。一般保存4～5年的孢子仍能很好萌发。取一个小花盆，内装菜园土，弄碎整平。再选一个大培养缸，装入水和适量的泥沙，把小花盆放入大培养缸中，水便由小花盆底部的孔渗入土中，将土壤浸透。大培养缸中的水要经常补充，勿使干涸。取葫芦藓孢蒴若干，放在干净的白纸上压破，放出黄褐色的孢子。用小镊子拣去孢蒴碎片，把孢子均匀地抖撒在湿透的土壤表面。最后在小花盆上用塑料袋或玻璃罩盖住，以保持湿度。将花盆移至窗前有光处培养，在15～25℃条件下，一般10d左右孢子就可萌发成绿色的原丝体；1个月左右原丝体就发育出很多配子体；2～3个月就发育出生殖器官，并在受精后发育出孢子体。要注意的是，孢子撒下后不要从土表浇水，要始终放

在大培养缸中使土壤一直保持湿润。此法缺点是很多土粒粘在原丝体上，观察原丝体的效果不佳。

② 葫芦藓的琼胶培养法。首先制备琼胶培养基，成分：硝酸钙 1g，氯化钾 0.25g，1%的硫酸亚铁 0.2ml，硫酸镁 0.25g，磷酸二氢钾 0.25g；将上述成分一起溶于 1000ml 蒸馏水中，再加入 1%的琼胶煮沸使其溶解并消毒，然后分装入若干个已消毒的培养皿中，冷却后即成胶冻。培养时，将葫芦藓孢子均匀地撒在培养基的表面，加盖，用透明胶带或胶布密封住，置窗前温暖有光处培养。1 周至 10d 左右，肉眼可见培养基表面长出绿色物，即为原丝体。2 周左右最适于观察原丝体的形态和结构，材料干净而纯洁。要注意的是，应将培养皿的底朝上放，以减少霉菌污染，待培养基失去些水分后再将培养皿翻过来继续培养。此法缺点是一般只能发育出配子体，不能产生生殖器官和孢子体。解决办法是将培养出的配子体连同培养基一起移植到花盆的土壤中培养，并按土壤培养法保持适度的水分，可达到预期的效果。

第三章　植物制片技术

植物制片技术有多种，可根据特定的材料和观察目的而定。例如单细胞的、丝状或薄的叶状体以及幼小的胚胎等都可以不经切片而进行整体的制片；易于分离的组织可以在载玻片上压散或涂成一层，染色后制成压片或涂片。复杂的及大块的组织，可用徒手切片或用滑走切片机切成薄片。不太坚硬的材料在切片前还可以埋藏在包埋物质（如石蜡或树脂）中，然后切片等。本文介绍几种最基本的方法。

一、徒手切片法

徒手切片法不需要任何机械设备，只需要一把锋利的刀片切下材料制成临时装片就可进行观察。本法不但简单，而且也容易保持植物细胞的生活状态，所以有很大的实用价值。

1. 一般材料的切片操作

进行切片前，准备一个盛有清水的培养皿、毛笔、刀片等用具。将待切材料切成 2～3cm 长的小段。截取材料和削平切面时，可用解剖刀或用过的刀片。而在做徒手切片时，则用锋利的新刀片，以保证切出合乎要求的切片。在切取植物的某部分切片时，不要求切下完整的一片，而只需切出足够薄的一部分能够观察它的组织就行了，有时切得一边厚一边薄，取薄的一侧制成临时装片亦可用于观察。

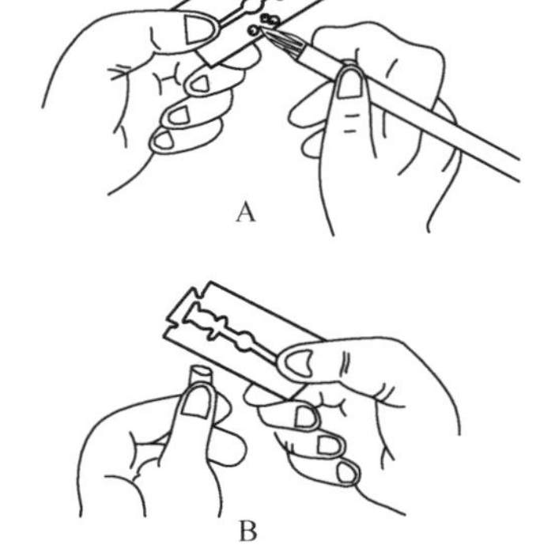

图 3-1　徒手切片
A—自刀片上取下切片的方式；
B—徒手切片姿势

徒手切片时，用左手大拇指、食指和中指捏住材料，拇指略低于中指，使材料突出于手指之上，这样以免损伤手指（图 3-1）。右手平稳地拿住刀片，将刀片平放在左手的食指之上，刀刃向内，且与材料断面平行，然后以均匀的力量从左前方向右后方拉，材料要一次切下（切忌切片中途停顿或前后作“拉锯”式切割，切片时要用臂力而不要用腕力，而且不要用力过大，也不能用刀片直接挤压材料，或从左右两方向来回切割材料，这样都不能切出合格切片）。

为了避免材料干枯，应使材料的切面及刀刃上保持有水，呈湿润状态。薄的切片应该是透明的，切片可留在刀刃上继续切，一连切几个切片，然后用蘸水的毛笔把切片取下，放入盛有清水的培养皿中，或直接选薄的切片放在滴有水滴的载玻片上，制成临时装片进行观察。

2. 柔软或坚硬材料的切片操作

过于柔软的器官，例如幼嫩的叶子，难于直接拿在手中进行切片。切时需放在夹持物中，以便于操作。夹持物一般用胡萝卜根、土豆块茎等，将要切的材料夹于其中，然后进行切片。对有些植物的叶片可卷成筒状进行切片，或用2～3片双面刀片制成简易的“切刀”进行切片。

对于较坚硬的材料，需要经过软化处理才能进行切片。其软化方法通常是将要切的材料先切成小块，然后在开水中煮沸3～4h，再浸入软化剂（50%酒精：甘油＝1：1）中，一昼夜后或更长些时间后再切。

对于已经干燥或富含矿物质而坚硬的材料，可先于15%的氢氟酸水溶液中浸渍数周后，使之充分浸透，再置于甘油中软化后方可进行切片。

二、临时装片法

无论是什么样的植物材料，一般均需制成装片才能放在显微镜下观察。在教学和科研中，应用越来越广的是直接用新鲜材料制成的临时装片（图3-2），其基本过程如下。

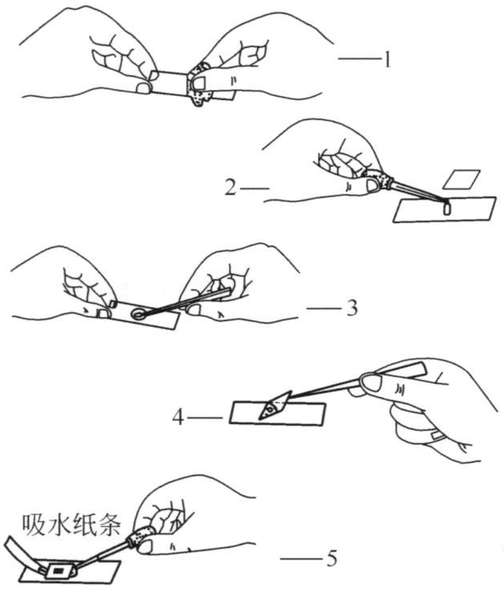

（1）擦净载玻片和盖玻片

① 擦载玻片。用左手的拇指和食指捏住载玻片的两侧或两端的边缘（而不是两面），右手用纱布将载玻片上下两面包住，然后反复擦拭，擦好放在干净易取处备用。

② 擦盖玻片。先用左手拇指和食指轻轻捏住盖玻片的两侧，再用右手拇指和食指用纱布把盖玻片包住，然后从上下两面用纱布同时慢慢地进行擦拭。（注意用力一定要小而均匀，以免盖玻片破损。）

（2）取材

用滴管滴一滴蒸馏水于载玻片的中央，再用镊子直接撕取待观察材料或用毛笔、镊子挑取已切好的切片，置于载玻片的水滴中展开，并用镊子或解剖针将材料完全浸入水中，而不要让材料漂在水面上。

图3-2　临时装片的制作

1—擦拭玻片；2—在玻片中央加一滴水；3—把材料浸入水中；4—加盖玻片的方式；5—加染液

（3）盖盖玻片

右手持镊子，轻轻夹住盖玻片的一角（或一边），也可以用右手的拇指和食指捏住盖玻片一端的两侧，使盖玻片的边缘与浸入材料的水滴左侧边缘接触，然后慢慢向右倾斜下落，当盖玻片与载玻片夹角小于45°时松开镊子或右手，让盖玻片自然落下，最后平放于载玻片上。这样可避免产生气泡。如盖玻片下水过多，可用吸水纸将多余的水吸掉，这样制好的临时装片就可在显微镜下进行观察了。

三、滑行（走）切片法

滑行切片法也称滑走切片法，是用滑行切片机进行切片，切片性质和徒手切片法相同，只不过是用机械操作而已。不过，由于机械的帮助，它能按需要调节切片的厚度，切出的切片厚薄均匀，比较完整。适用于切制较坚硬的材料。

1. 材料选择

选用新鲜的具有代表性的根茎等材料（注意取其粗细适宜、没有病腐现象、生长正常的材料）。材料可分割成 3cm 长的小段或小块，其大小不超过切片机夹物部的口径。坚硬的材料需先经过软化剂的处理。

2. 材料处理

（1）固定与排气

一般用 FAA 固定 1d，中间可换一次新液。因材料中通常含有空气，在固定时往往漂浮，直接影响药液的透入，所以在软化处理之前，需将空气排除。可用水煮法，将材料投入水中加热煮沸 20～30min，取出后立即投入冷水中 30～40min，然后再煮沸，如此反复进行多次，至材料下沉水底，则表示空气已全部除净。

（2）软化

滑行切片的材料如比较坚硬，切片时不但费力易碎，而且会损坏切片。为了避免这一问题，必须先将材料软化。

水煮软化法：水煮除可以排气外，也兼有软化的作用，木材一般要直接煮 3～5h。

甘油-酒精软化法：将已排除空气的材料浸入纯甘油和 70%酒精（1∶1）混合成的软化剂中。不同的材料软化的时间不同，约一周或更长时间，也可长期保存于其中备用。至于软化程度是否适当，要经试切后才能确定。

3. 切片

先把切刀固定在夹刀上，然后调节了切片的厚度，将材料固定在夹物部的软木中，露出软木 0.5cm 左右，再固定在切片机的夹物装置上，使松紧适宜。调节升降器，使刀口接近材料，使材料的切面在刀口之下稍稍接触。切片时右手应均匀用力拉动夹刀部，使切片刀沿滑行轨道由前向后移动，经过材料时应切下一片，粘在刀口上，当夹刀装置由后推回前端时，夹物装置就按调节好的厚度上升，使材料升高至所需的厚度，紧接着再拉动刀架，再切一片，如此循环往复。每切一片，都需左手用毛笔蘸些水湿润刀口和材料，以免材料干涩或切片皱缩，然后将切下的切片用毛笔轻轻刷下，放在 70%酒精或其他固定液中，待染色后封固观察，亦可通过固定、脱水、染色和封固等程序，制成永久封片。

切片完毕后，必须注意清理切片机。切片刀取下后应用纱布擦干，然后涂上凡士林油放入盒中保存。切片机各部分也应擦拭干净，并加入少许机油以润滑机件，最后用玻璃罩或塑料套将切片机盖好。

四、石蜡切片法

石蜡切片技术是显微技术上最重要最常用的一种方法，优点在于：①应用范围广，几乎适用于所有的植物材料；②能切成极薄而且连续的切片，较清楚地显现细胞、组织的细微结构；③切片可以长期保存，便于以后观察比较。因此，这项技术自 18 世纪创建以来，在植物细胞、组织研究史上发挥了重要作用，并且在今后仍将作为一项常规技术而发挥作用。

石蜡切片技术的整个过程较复杂，可大体概括为：取材→固定→脱水→透明→浸蜡→包埋→修块→切片→粘片→染色→制片。

1. 取材

根据观察研究的目的不同，选用合适的材料。

2. 固定

即用一定的化学溶液（固定剂）在尽可能保持细胞生活结构的情况下迅速杀死组织的过程。其作用有：①防止组织溶解及腐败；②使细胞内各种成分沉淀保存下来，保持它原有的生活结构；③使细胞内的成分产生不同的折射率，造成光学上的差异，便于观察；④使细胞硬化不容易变形，利于固定以后的处理。所以材料选定后，应迅速进行固定。

固定时应根据材料的性质及制片的目的选用固定液，常用的固定剂有FAA、卡诺和纳瓦固定液。要根据材料大小、多少掌握固定液的用量，一般最少为所固定材料总体积的20倍。某些含水量大的材料，应多换几次固定液，以保证固定液维持一定的浓度。对所固定材料大小一般要求以不超过0.5～1cm^2为宜，尽量做到小而薄，并且用锋利的刀片截取。材料放入固定液后，最好能被药液包埋，以保证固定液迅速浸入材料。因此，若材料太重而紧压瓶底时，可以在材料下面垫上玻璃棉；若材料漂浮在固定液表面，则应进行抽气处理或用其他机械处理办法，直至材料全部浸入固定液。另外，严格掌握固定的时间，要视材料的种类、性质、大小和固定剂的种类而定，可从1～2h到十几小时甚至更长的时间。固定完毕的材料，若不能立即制片，可放到70%酒精中存放。

3. 脱水

脱水是指用脱水剂逐级除去材料中的水分，是制片中一个十分关键的环节。目的在于：使材料变硬，形状愈加稳定；利于材料的保存和下一步的透明、浸蜡等，因为透明剂与水是不能混合的。常用的脱水剂为酒精。所用量约为材料体积的3～5倍。

脱水的方法应逐步进行，否则会引起材料的强烈收缩而变形。一般把脱水剂配成各种浓度，从低浓度到高浓度循序渐进，逐渐使材料中所含水分被脱水剂所取代。各级酒精的浓度为：30%、50%、70%、85%、95%和100%。

4. 透明

将纯酒精中的材料用纯酒精和二甲苯（1∶1）混合液处理2～3h，转入纯二甲苯中，每次1h，共处理两次。以除净材料中的酒精，并使材料块透明。

5. 浸蜡

使石蜡慢慢溶于透明剂中，然后完全取代透明剂进入材料中，将上述已透明好的材料换入新的二甲苯中，然后加入等体积的碎蜡，置于4℃冰箱中，备切片用。

6. 包埋

把浸足石蜡的材料包埋在石蜡里成为一定的形状以利于切片。浸蜡后，在60℃的温箱中，换两次已溶解的纯蜡，每次约2h。包埋之前，先准备好包埋用具，一般需要镊子、酒精灯、火柴、一盆冷水及包埋用的纸盒，包埋时将融化的石蜡倒入纸盒中，迅速用烧热的镊子把材料放入并按需要的切面和一定的间隔排列整齐，然后平放入冷水中，使其快速凝固。包埋好的材料（石蜡块），可长期存放在4℃冰箱中，备切片用。

7. 修块

将包埋好的材料切割成小块，每个小块包含一个材料。然后按需要的切面将蜡块切成梯形，切面在梯形的上部（注意上部矩形的对边平行）。用烧热的蜡铲将梯形的底部固定在木块上。

8. 切片

把包埋好的材料块用轮转式切片机切成连续的蜡带。切片时，将材料夹在切片机的固定位置上，调整材料切面与切片刀口平行，根据观察的要求调节好所需要的厚度，转动切片机进行切片。切片过程中往往会出现各种问题，需要分析原因，及时纠正。

9. 粘片

即将切好的蜡片粘在载玻片上的过程。首先在预先洗净并干燥的载玻片上涂上一小滴黏贴剂（用量绝不可多），并反复涂匀，然后加 1～2 滴 3%福尔马林或蒸馏水，用镊子轻轻将蜡片放在液面上，将此载玻片放在 45℃左右的温台上，至蜡片受热慢慢伸直展平为止，用解剖针调整蜡片在载玻片上的位置，吸去多余水分，置入 30℃温箱中烘干，时间约需 24h。若大量切片时，可采用温水捞取法。先将割开的蜡片放入 40℃左右水浴锅水浴，蜡片便自然展平，然后涂有黏贴剂的载玻片捞取，调好位置并进行干燥处理。

10. 染色制片

切片贴好烘干后可进行染色，采用何种染色方法可根据观察目的的不同而选择。染色方法很多，下面以植物制片中最常用的番红与固绿对染的方法为例，说明从去蜡、染色至最后封藏的全部制片程序（均在染色缸中进行操作）。

① 脱蜡。取已干燥好的载玻片放入二甲苯中脱蜡，使石蜡完全溶解，约 10min。

② 过渡。转到二甲苯和纯酒精（1∶1）的混合液中过渡约 5min。

③ 水化。脱去蜡的切片依次浸入 100%→95%→85%→70%→50%→30%的酒精中各 1～2min，最后浸入蒸馏水。

④ 番红染色。置 0.5%～1%番红水液中染色 2～24h。

⑤ 冲洗。用自来水洗去多余的染液，必要时用酸酒分色。

⑥ 脱水。依次用 30%、50%和 70%的酒精处理约 30min。

⑦ 固绿复染。用 0.1%的固绿的 95%酒精溶液复染 10～40s。

⑧ 继续脱水。分别用 95%酒精和 100%纯酒精各彻底脱水一次，每次 30～60s。

⑨ 透明。用纯酒精和二甲苯（1∶1）的混合液处理 5min，再用纯二甲苯浸 5min，使材料完全透明。

⑩ 封固。把切片从二甲苯中取出后，立即取一滴用二甲苯溶解的加拿大树胶或中性合成树胶，滴在材料上，盖上盖玻片（注意不能加过多胶液，尽量避免其产生气泡），然后载玻片放在 30～35℃恒温箱中烘干。

五、整体封固法

整体封固法适用于微小或扁平的材料，例如丝状或叶状的藻类、菌类、蕨类的原叶体、孢子囊、纤小的苔藓植物，以及被子植物的表皮、花粉粒、幼胚等幼小的器官。这种方法不需经过切片，就可以在显微镜下直接观察。

整体封固法由于所用的脱水剂、透明剂、封固剂不同而有多种方法。这里介绍的是常用的方法——甘油法。甘油法是利用甘油脱水和透明，并封固于甘油中，方法简单并可保持植物的自然颜色。对于制作含有色素的材料（如绿藻）效果较好，必要时还可以进行染色。

以水绵为例，依据下列步骤可制成不染色的和染色的封片。

1. 不染色的封片

① 采集新鲜水绵，用水洗净附着的泥土。取少许丝状体放在小培养皿中，加多量的 10%甘油。将滤纸盖于液面上，以防尘土落于其上。然后把培养皿放于较温暖的地方，让它慢慢蒸发至纯甘油浓度，使材料逐渐脱水和透明。

② 用镊子取出少许水绵，放在载玻片中央展开，在显微镜下检查，如果材料没有收缩或变坏，便可以进行装片，即在材料上滴一小滴纯甘油，将丝状体挑开，盖上盖玻片。甘油

不可太多，如果甘油多到从盖玻片边缘溢出，就会影响下一步封固，此时可将盖玻片拿开，用滴管将多余的甘油吸掉，重新加盖玻片。

③ 用较稠的加拿大树胶沿盖玻片四周封边（也可以用火漆及其他易干漆封边）。

2. 染色的制片

① 把洗净的水绵放在标本管中，加入铬酸-乙酸固定液固定 24h，固定液量约为材料体积的 20 倍。

② 将材料放在培养皿中，换水洗 5～6 次。

③ 用蒸馏水洗一次。

④ 把材料移入标本管中加 1%曙红水溶液染色约 12h [苏木精染色（可用 4%铁矾作媒染剂）效果也很好]。

⑤ 用蒸馏水把多余染料洗去。在显微镜下观察，如果染色不够，应重染；染色过度则可放在 1%～2%的乙酸中分色至合适的程度。

⑥ 把材料放在培养皿中，加 10%甘油，盖上滤纸，放于通风处蒸发至纯甘油浓度。然后装片、封边即可。

甘油法操作时要注意：①蒸发速度不可太快，否则材料易收缩，因此不宜放在过高的温度下。蒸发期间不宜添加 10%甘油，以防材料由于浓度骤变而收缩。②10%的甘油用量不能少于材料体积的 10 倍。这样在蒸发至纯甘油浓度时仍能浸润材料，不至于干涸。③封片时，不宜放置材料太多，并注意将丝状体分开。过长的丝状体应用剪刀剪断，并避免重叠，否则影响观察效果。

3. 甘油冻胶封固

一些不易收缩的材料，如花粉粒制片常用此法。其好处不仅操作方便，而且有利于观察花粉粒的形态，因为把制作好的封片在酒精灯上微热，使甘油冻胶熔化，用手轻轻移动盖玻片，此时花粉粒在冻胶中转动，有助于观察到花粉粒的整体形态。

用刚开放的花的花粉粒可根据下列步骤制片：

把配好的甘油冻胶（配法见明胶粘贴剂，并加一点甲基绿）用热水浴使之溶化，在载玻片上滴一小滴甘油冻胶，用镊子取下鲜花的雄蕊，把少量花粉粒撒在甘油冻胶上，然后加盖玻片封固。

六、组织离析法

离析法的原理是用一些化学药品配成离析液，使组织细胞的胞间层溶解，细胞彼此分离，获得分散、单个的完整细胞，以便观察不同组织的细胞形态和特征。离析液的种类很多，下面介绍常用的方法。

1. 铬酸-硝酸离析法

适用于木质化的组织，如导管、管胞、纤维等。具体步骤是将植物材料（如木材、枝条、果壳等）先切成火柴棒粗细、长约 1cm 的小条或小块，放入小玻璃管中，加入离析液，其量约为材料的 20 倍，将口盖严塞紧，放在 30～40℃的温箱中 1～2d。具体浸渍的时间可因材料块的大小而不同，如果 2d 以后仍未分离，则可换新的离析液继续浸渍。草本植物可不必加温。

检查材料是否离析：以细胞间的胞间层溶解、细胞彼此能够分开为宜。可取出材料少许放在载玻片上的水滴中，加盖玻片，用滴管的橡皮头轻轻敲压，若材料分离，表示浸渍时间已够。这时倒去离析液，用清水浸洗已离析好的材料。将玻璃管静置，待材料下沉后，再倒去上清液，如此反复多次，至没有任何颜色为止（如有离心机，可将材料转入离心管，用离心机洗酸更为迅速），然后转移到70%酒精中保存备用。需要时，可按临时装片法制片观察或制成永久性的载玻片标本。

2. 盐酸-草酸铵离析法

这种方法较前面的方法缓和，适用于草本植物的髓、薄壁组织和叶肉组织等。先把材料切成小块，约1cm×0.5cm×0.2cm大小，放入70%或90%酒精（3份）和浓盐酸（1份）中，若材料有空气，应抽气，抽气后更换一次离析液。24min后用水清洗干净。放入0.5%草酸铵水溶液中，时间的长短视材料的性质而定。可以每隔1～2d检查一次。其余方法同上。

七、压片法

压片法是将植物的幼嫩器官如根尖、茎尖和幼叶等经过处理后，被涂抹或压在载玻片上，使组织成一薄层然后进行观察的制片方法。染色后可作临时的观察标本，也可以经过脱水、透明等手续制成永久的玻片标本。近年来在植物细胞遗传学等方面的研究中应用极为普遍，特别在染色体数目的检查方面，这种方法尤为重要。

下面以制作植物根尖细胞有丝分裂的压片为例，介绍压片法的一般步骤。

1. 幼根的培养

取洋葱或大蒜的鳞茎置于广口瓶上（或培养皿中），瓶中盛满清水，使洋葱或大蒜的下部（鳞茎盘）浸入水中，置于温度在20～25℃的温暖处，并注意每天换水，3～5d后即可长出幼根。

2. 材料的固定和离析

先用等量的浓盐酸和95%的酒精配成混合液，这种溶液既能迅速杀死细胞并保持其细胞结构接近于生活状态，又能溶解细胞间的中胶层，在压片时使细胞易于分散，故称其为固定离析液。

当上述幼根长到2～3cm时，即可进行固定和离析处理。具体方法是在上午10：00～11：00之间，将3mm左右的根尖剪下，立即投入上述固定离析液中，经3～5min取出放入清水中漂洗几次即可制片。也可经过50%的酒精后将其保存在70%酒精中保存备用（在4℃冰箱中可保存7～10d）。

3. 压片的制作

取一个经过固定离析的根尖，放在干净的载玻片上，加一滴0.5%的龙胆紫染液染色2min，用解剖针轻轻将根尖压裂，再盖上盖玻片，用右手大拇指对准盖玻片下的材料，垂直均匀用力下压，将材料压成均匀的、单层细胞的薄层，用吸水纸条吸去溢出的染液，即可在显微镜下观察，这时可以看到许多离散的各个分裂时期的细胞。若染色过浅，可在盖玻片一侧再加一滴染液染色；如果染色过深，可在盖玻片一侧加一滴45%的乙酸进行退色。

上述压片也可用小麦、水稻的颖果和蚕豆等种子萌发出根后制作。但要注意不同植物根尖细胞有丝分裂活动的高峰时间是不同的，所以取材固定的时间也不一定，如小麦在上午11：00至下午1：00，水稻在下午4：00左右，玉米和蚕豆除在上午有一个高峰外，若下午进行实验，可于3：00～4：00固定，也可获得分裂相较多的根尖细胞有丝分裂压片标本。如果是事先固定材料，上课时分发给学生使用，则可于午夜12：00取材，分裂相更多。若将材料用秋水仙素进行预处理和低温固定，所制得的压片中细胞分裂相会更好，且染色体清晰可见，可用观察细胞染色体的形态、数目和组型分析。

第四章　生物绘图技术

植物的图形是说明植物形态特征的最好方式，被称为植物形态学的最好“语言”。因此，植物图的绘制是学习本课程必须掌握的技能，须具严格的科学性和准确性。

一、植物图的大致类型

① 外形图或形态图。即对植物体及器官或器官的某部分的外形，按自然状态描绘实物图形，在植物分类学中常用到。绘图时要特别注意形体的比例正确，如绘一片单叶，除观察此叶的整体形状外，对叶基、叶尖、叶缘、叶柄与托叶形状、叶脉的类型、侧脉与主脉所成的角度及与锯齿的关系、正反两面叶脉隆起或凹陷、叶上是否有覆毛、覆毛的性质……都要将它们的形态、位置、长短、大小比例等正确表现入图。若想使之有立体感，则须用平行线条的粗细或圆点的大小、密疏的不同对比表示。

② 草图、轮廓图或示意图。即绘制植物标本全部或某一部分细胞或组织的排列位置和比例的大概轮廓结构。图解图也属此类。

③ 细胞结构图或详图。在显微镜下描绘生物切片标本某部分的细胞或组织的详细结构。绘制时可徒手也可用描绘器或按显微照相照片放大仿绘。

可根据不同的实验内容和目的，绘制不同类型的图。本课程只要求用铅笔进行徒手作图。

二、实验绘图的具体要求

① 先把实验题目写在实验报告纸的正中上方，将姓名、日期依次填上。

② 只在纸的一面绘图，绘图和注字不能用钢笔或圆珠笔，要用一定硬度（2H 或 3H）的铅笔。削铅笔时尖端木头露出约 2.5cm，铅心露出约 0.8cm，削成圆锥形。纸面力求清洁平展。

③ 绘图之前，应对实验所要求的绘图内容作合理布局，每图的位置及大小配置适宜，性质相关的图宜列在一处，若是只绘一个图就应放在纸的当中；若两个图则应分布于纸的上方和下方……并留出标注的空当，使所有的图和标注均位于报告纸的正中位置。

④ 将实验指导与实验材料对照，观察清楚，选出正常的、典型的、符合要求的部分作图，一般尽可能把图放大些。当绘细胞图时，绘 2～3 个细胞即可；当绘器官图时，绘 1/2 或 1/8～1/4 部分即可。

⑤ 绘图时先用 HB 铅笔按一定比例放大或缩小并轻轻勾出标本轮廓，再用 2H 或 3H 铅笔将准确的线条画出。要求线条洁净清晰，同一线条要粗细均匀，中间不要开叉或断线，一切紊乱或无用的线均需用橡皮擦去。

⑥ 生物学的绘图不同于一般的美术图，应强调比例正确、科学和真实。图上只能用线条勾轮廓和用圆点表示明暗，不可涂黑衬阴影，线条要清晰，圆点要均匀，不要点成小撇。

⑦ 每图各部均应详细注字，注字一般要求在图的右侧。注字时将所需标注的各部用直尺引出水平细线，用正楷字写于线的末端，排成一竖行。图的标题和所用的材料写在图的下方，注字横写。

⑧ 发还的绘图要妥善保存。

三、绘制操作

取洋葱鳞叶表皮细胞永久装片在显微镜下观察，根据植物绘图法绘制洋葱鳞叶表皮细胞结构图，可采取如下步骤进行（图 4-1）。

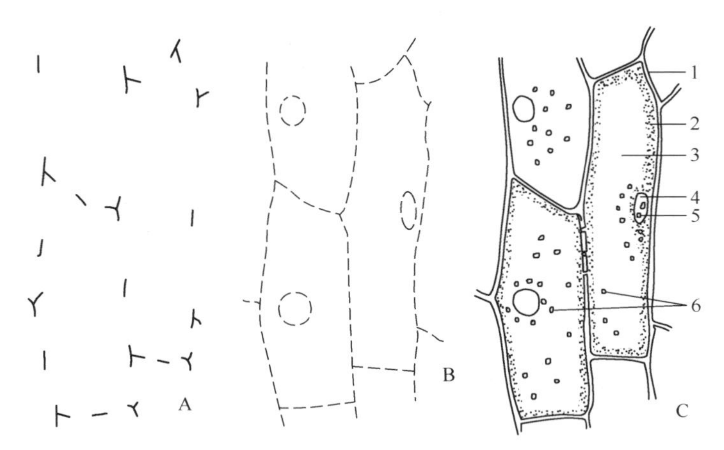

图 4-1　植物图绘制过程（洋葱鳞片叶内表皮细胞）

A—定比例；B—勾轮廓；C—绘精确图和标注

1—细胞壁；2—细胞质；3—液泡；4—细胞核；5—核仁；6—白色体

① 按比例先用 HB 铅笔轻轻定出细胞的长度和宽度，做初步定量。

② 用 HB 铅笔以虚线条表明细胞的形状和相邻细胞的联系，细胞内部的结构要与整个细胞的比例相符。

③ 先用 HB 铅笔轻轻描出细胞各部分的轮廓，然后用 2H 或 3H 铅笔将准确的线条画出，并用橡皮擦去紊乱无用的线条。细胞壁要用均匀的线表示，细胞核和细胞质用铅笔垂直打点，用不同的疏密小点表示明暗不同的结构。注意，打点时要走三角线路，而且每次要顿一下，这样打出的点既圆又匀。细胞与其他细胞相连接处要画出一些来，以表示所画的细胞并非是孤立的。

④ 绘图完毕，需标注细胞壁、细胞核、细胞质等结构。并在图的正下方注明图的题目。

第五章　腊叶标本的采集和制作

从事植物分类和研究，必须采集植物标本，而且要采集合乎规格的标本，以便研究和鉴定之用。如果标本不合格，无法鉴定，就无保存价值。采集和制作合格的标本必须遵循一定的规则。

一、植物标本的采集

采集植物标本是植物分类过程中不可或缺的工作。有了标本，才有可能在室内进行分析、比较、化验，也才有可能正确地对不同区域或不同历史年代的植物进行系统的研究。冗长的文字描述和模糊不清的植物照片是无法替代标本的作用的。标本给人以具体的感官体验和准确的理论思考，这对于初学者尤为重要。

1. 植物标本采集的常用工具

① 枝剪。用以剪取枝条或带刺的植物。

② 小铲子。用以挖掘草本植物或小灌木，特别是具鳞茎、块茎的种类。

③ 号签。用于对采集的标本进行编号，用 4cm×2cm 的硬纸片制成，一端穿孔，以便穿线用。在采集标本时，编好采集号后，系在标本上，具体式样如图 5-1。

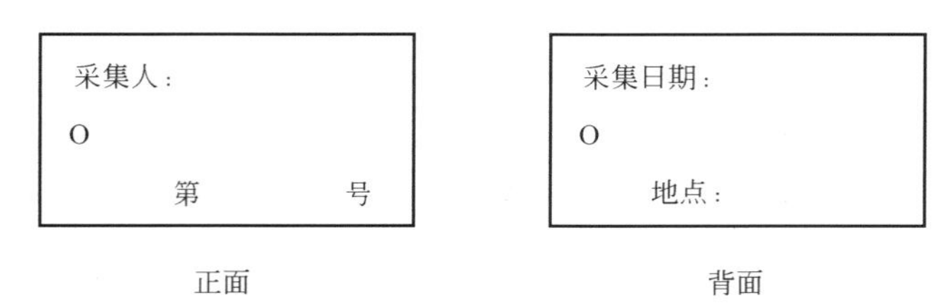

图 5-1　号签

④ 野外记录表。用以记录植物的形态和生境特点，大小约为 15cm×10cm，具体式样如表 5-1。

表 5-1　植物野外采集记录表

________大学植物采集记录表

采集人及号数：		年　月　日
产地：		
生境：(如森林、草地、山坡等)		
海拔：	习性：	体高：
胸径：	树皮：	
根：	茎：	
叶：(正反面的颜色或有无覆毛)		
花：(花序、颜色等)		
果实：(颜色、性状)		
中名或俗名：		科名：
学名：		
附记：(特殊性状、经济用途等)		

⑤ 标本夹。用以压制标本，通常用木条做成，并配有捆绑用的尼龙绳。

⑥ 吸水纸。在压制标本过程中用以吸取植物体的水分，常用吸水性较好的草纸。

⑦ 海拔仪。用以测量植物生长的海拔高度。

⑧ 钢卷尺。用以测量植株高度和各部分大小。

⑨ 采集箱。用以存放未能及时夹入标本夹的标本。

⑩ 小纸袋。用以收集植物的果实和种子。

2. 植物标本采集的注意事项

自然界中植物种类丰富多样，此处以种子植物为例详细说明。

① 采集的标本要求完整，即花、果、枝、叶俱全。由于物候差异造成花果不能同期采集的，如有必要则应分期采集，因为植物分类主要依据花与果实的形态特点加以区分。

② 所采标本大小要求为 35cm×25cm。植株小或稍大但细弱者应采集全株，压制时依据植株大小按原形、“V”形、“N”形或“M”形放置；植株粗大者，可剪取几段有代表性的压起来，但只给一个编号；木本植物，通常只采取树枝的一段。

③ 对于雌雄异株的植物，要尽可能采集到雌株和雄株；对于雌雄同株且异花的植物，要采集到雌花枝和雄花枝。

④ 对于寄生植物，如菟丝子等要求连寄主一起采，因为鉴定时与寄主有密切的关系。

⑤ 有些科的植物采集时有特别的要求，应当给予充分注意，否则会给鉴定带来诸多困难。

百合科、兰科、石蒜科和禾本科等植物地下部分必须采到，可用小铲子挖取。

伞形科、十字花科、杨柳科、桑科和菊科等植物，要采到不同部位的叶子。

紫草科、十字花科和伞形科等植物应收集到果实。

⑥ 每种植物要多采几份，以供选择压制，使得最后留下 3～5 份。对于稀有种、有特殊用途的种、有经济价值的种，应该多采几份以便同有关单位交换，但采集数量要与资源多寡相一致。

⑦ 及时给采到的标本编号登记，防止因记忆混淆而导致错误。

记录表格填写应注意以下问题：

① 同时同地采来的同种标本，编同一号数，每个标本挂一个标号牌。

② 采集时间或地点不同的标本编成不同的号数。

③ 同一采集人或采集队，其标本编号应是连续的。

④ 应在每张记录表上详细写出采集地点，避免写“同上”字样。

⑤ 雌雄异株的植物，分别编号，但要记明两号的关系。

⑥ 仔细填写表中项目，尤其要注明花、枝和叶的颜色，因为压制后有些颜色会失真。

二、植物标本的压制

标本压制的目的是使其干燥，便于保存和研究。标本压制得好，就有形有色、美观大方，具有审美意义，更便于植物鉴定，压制得不好，就会出现褶皱、失真，甚至霉变，使前期工作付诸东流。所以，在压制的过程中需要注意以下问题。

(1) 边采集边压制

边采集边压制可以保持植物良好的自然形态，便于植物各部分铺平展开，并视实际需要做一些人为加工，以展示全貌。对于脱落的花、果实、种子等，应装入小纸袋中跟标本放在一块。

(2) 及时更换吸水纸

在压制过程中，植物体会外释水分，造成一个湿环境，使标本难以干燥或发生霉变，因此，吸水纸起到了吸水的作用却使本身变得潮湿。为了使标本迅速干燥，就要及时更换吸水纸，换纸时间一般为前一天压下的标本，第二天早上就应换第一次纸，以后逐步延长换纸间隔时间，直至标本干燥。换下来的湿的吸水纸应拿去晒干或烘干，以备再用。为保证标本质量，在换纸过程中应对标本进行修整，去除霉变，合理布局，便于今后标本的制作和鉴定。

(3) 整理充分干燥的标本

按号数抄写野外记录，跟相应的标本放在一起，以备送交进一步整理或鉴定。

三、腊叶标本的制作

把充分干燥的植物标本固定在硬纸上作为永久性标本，这种标本称为腊叶标本，所用的硬纸叫台纸。

1. 台纸的大小与性质

台纸根据需要有不同的规格，其中标本室里正式标本的台纸规格为（39～41）cm×（27～30）cm；台纸纸质要硬，较厚，上面有一层薄而韧的盖纸。一般标准是用手托着台纸一端另一端能保持平直即可。

2. 标本消毒

未经消毒便存入标本室的标本，经过长时间之后会发生虫蛀。为避免此种损失，有必要在标本存入标本室之前给予消毒处理。少量标本消毒可将标本放入0.5%～1%氯化汞和50%～70%酒精溶液中浸一下；大量标本消毒可采用熏蒸方法，即将标本置于一密封容器或房内，注入适量溴甲烷或氯化钴，熏蒸23～35h。需要提醒的是，消毒药剂毒性很大，因此，在消毒过程中必须注意安全。

3. 标本在台纸上的放置和固定

为了使标本长期保存不致损坏和便于利用，要把压制好消过毒的标本固定在台纸上。

标本在台纸上应尽量维持自然状态，并尽可能把左上角和右下角留出空来，其中左上角贴野外记录表，右下角贴定名标签。

定名签大小约为10cm×7cm，是经过正式鉴定后用来定名的标签，具体式样如图5-2。

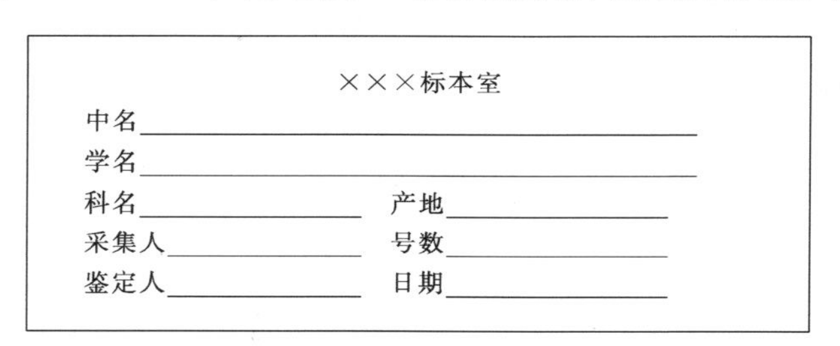
×××标本室
中名______________________
学名______________________
科名__________ 产地__________
采集人__________ 号数__________
鉴定人__________ 日期__________

图5-2　定名签（鉴定标签）

固定标本可用如下方法。

（1）胶着法

一般用阿拉伯胶、桃胶等溶于水中和匀，再加入石炭酸（苯酚）少许，以防发酵腐败。把制好的胶水用软刷或毛笔直接涂于标本的一面，然后将涂胶标本放在台纸中央加压使其粘贴，或将胶水涂于平滑的硬板上，再把标本背面放于涂胶板上，轻轻稍压各部使其蘸胶，然后小心拿起标本，平铺于台纸的合适地方（注意须留出左上角和右下角，以备贴标签用），将所贴好的标本按一定厚度用吸水纸间隔放入标本夹内轻轻加压，使标本紧贴于标本台纸上，干后取出。为防止脱胶标木掉落，可以用针线在标本关键地方穿过台纸订上几针，或用涂上胶水的绸条或胶带纸加以固定。落叶、落花、落果要用胶水粘帖于标本上或装入小纸袋附在台纸的空白处。此法多用于纤细柔软或体小的草本植物及叶片。

（2）纸条固定法

用坚韧的2～3mm宽的小纸条。把标本放于台纸的中央适宜处，台纸下面垫以软木板或旧报纸几层，然后用单面刀片沿枝、叶两侧适当的位置分别划透台纸成缝隙（长短视纸条宽度而定），用镊子分别夹住纸条（以坚牢为宜）的两端穿过缝隙，待将所划缝隙穿以纸条后，反转标本台纸，背面朝上，用胶水固定纸带一端，拉紧纸带，再用胶水将纸带的另一端固定于台纸上，压紧。多余的胶水须用湿布擦干净，以免反潮发霉和粘坏其他标本。每份标本所需纸条数，视标本大小具体情况而定，以牢固为原则。易落花果，装入纸袋贴于标本的空隙处。但此法费工夫，不常采用。

(3) 线订法

将标本放于台纸的适宜处（注意留出左上角相右下角，以供贴标签用），用带双线的针沿枝条两侧适当的位置分别穿透台纸，再使线头打结，结要小，而且在正面（标本面），切忌在背面打结和多针互联，否则在抽看标本过程中线头将会损坏其他标本。细小易落部分可用胶贴固定或用胶带固牢于台纸上。订好的标本以不得在台纸上左右、上下滑动为合格，如是纤细枝条的同结针眼，需上下错开，以免针眼过近而脱线。

(4) 白乳胶（聚乙酸乙烯酯乳液）涂封法

直接把标本涂封于台纸上，可用于鉴定无误的标木。此法可将新鲜标本经修剪、整理后直接粘贴在台纸上，粘牢后再涂一层胶，将标本封于胶中，在通风阴凉处晾干，切不可在太阳下晒干。

四、标本的保存

标本室是专门为存放标本而建立的屋子，里面有放置标本的标本柜。上好台纸的标本可以分科、分属装入标本室的标本柜中，标本在柜中的放置有一定的规律和顺序，如按经济用途、按自然系统、按地区、按地带等，皆有章可循。一般标本的排列顺序应按自然系统，其他排列顺序多出于特殊目的。为了标本更安全，可在柜中放一些樟脑丸。在一个小单位里，标本室通常也就是研究室、工作室，所以里面常配置放大镜、解剖镜和解剖器等常用工具。

标本室的建立决不是权宜之计，它是基础设施，是科技档案，是会说话的根据，所以需要认真建好，并创造一个整洁和干燥的良好环境。

第六章　浸制标本制作法

教学、科研及陈列标本有时必须用浸制法保存。浸制液可分为纯属防腐性的和保持标本原色的。

一、普通防腐性浸制液

用于防腐而不要求保持原色。

1. 70%酒精或3%～5%的福尔马林液

前者宜用于高等植物，后者宜用于肉质真菌的子实体等。

2. 邱溶液

为英国皇家邱园标本馆的标本浸制液，对长期保持标本原形状效果极好。其成分为：水37%、工业酒精53%、福尔马林5%、甘油5%。

二、绿色标本浸制液

即乙酸铜浸制法。

以乙酸铜结晶逐渐加到50%的乙酸中，搅动至不再溶解为止（约在100ml乙酸液中加入乙酸铜 10～20g)，配成的原液用水稀释 3～4 倍使用。稀释度因标本颜色而异，浅者较稀，深者较浓。将稀释后的溶液，加热至 70～80℃，放入标本，不停翻动，标本的绿色开始会被漂去，经数分钟至半小时后，绿色又恢复。将标本取出，用清水漂净，保存于 5%的福尔马林溶液中，或压制成干燥标本亦可。

此法是利用铜离子与叶绿素中的镁离子的置换作用。用溶液处理标本后，其中铜离子的量逐渐减少，使用太久会丧失其保色的能力，若在溶液中再补加适量的硫酸铜，又能恢复其保色作用。至于加热的时间与温度，要视标本的质地而定，较薄的材料一般加热到 70～80℃时，约 10min 即可；较厚的材料则需加热 20min 左右；特别坚硬的标本，加热时间还可延长。但有些幼嫩的器官或果实，不宜加热，可把标本洗净后直接投入下列溶液中，一星期左右即可取出保存。溶液配方如下：50%酒精 90ml，甘油 2.5ml，市售福尔马林 5ml，冰乙酸 2.5ml，氯化铜 10g。

在保存过程中，必须使标本完全浸没在保存液里，如果标本浮上来可在下面缚一重物，使其下沉。

三、黄色和橘红色标本浸制液

用亚硫酸保存。亚硫酸一般是含二氧化硫 5%～6%的水溶液，浸制时就用该溶液配成 4%～10%的稀溶液（4%～10%的溶液含二氧化硫 0.2%～0.5%)，配成后适当加入少量酒精与甘油。

四、红色标本浸制液

此法的溶液量要多效果才好。配方如下：氯化锌 50g，福尔马林 25ml，甘油 25ml，水 1000ml。

五、保持真菌色素的浸制液

真菌色素不溶于水中者，可浸于硫酸锌福尔马林溶液中。配方如下：硫酸锌 25g，福尔马林（40%的溶液）10ml，水 1000ml。

第二部分　植物形态解剖学实验

第七章　植物细胞和组织

实验1　植物细胞的结构

【目的与要求】

1. 掌握植物徒手切片和临时装片技术。

2. 观察认识植物细胞的基本结构、质体的形态。

3. 认识和鉴定植物细胞内常见的后含物（ergastic substance）。

【材料与用品】

洋葱鳞茎、番茄果实、葫芦藓叶、红辣椒、鸭跖草叶片、马铃薯块茎、蓖麻种子、花生种子、橡皮树叶子的横切片、紫花茉莉叶、椴树茎的横切片。

I-KI溶液、苏丹Ⅲ（或Ⅳ）溶液、显微镜、解剖针、镊子、双面刀片、载玻片、吸管、蒸馏水等。

【内容与方法】

1. 植物细胞的基本结构

（1）洋葱鳞片叶内表皮细胞的观察

① 制作临时装片（详见第一部分第三章“植物制片技术”）。

首先将载玻片、盖玻片用纱布擦拭干净。在载玻片中央，滴加一滴清水，然后撕取洋葱鳞茎肉质鳞片叶内表皮（近轴面）一小块，如果撕取的材料太大，可先用刀片将内表皮划切成长宽约2mm的小块，再用镊子撕取一小块放入水滴中，用解剖针展开并将材料浸入水中后，将盖玻片轻轻盖上。如有气泡，可用镊子加压盖玻片，将气泡赶出。如水分过多，可用滤纸条将多余水吸去，如水分不足，可在盖玻片边沿用滴管加水少许（在有水一侧），使材料浸没水中，盖玻片紧贴载玻片，临时装片制成。

② 观察。

临时装片制成后，置显微镜下观察。先在低倍镜下观察细胞的形态结构及排列状态，然后在盖玻片的一边加上一滴I-KI溶液，用滤纸条在另一边吸引溶液，使细胞染色。结果细胞被染成棕黄色，然后转换高倍镜观察。

洋葱表皮细胞排列整齐，呈长方形，每一个细胞周围有明显的界限，这就是细胞壁。细胞壁里面为原生质体，其中有一个染色较深、呈黄色的小圆球体为细胞核。幼嫩细胞的核居中央，细胞核与细胞壁之间为细胞质；在成熟细胞中，细胞中央形成中央大液泡，染色较浅，细胞质成一薄层紧贴细胞壁，细胞核也由中央移向边位，表皮细胞初看好像是一个平面的，但在高倍镜下慢慢调节细准焦螺旋，就可看到细胞的上壁或下壁，说明细胞是立体的。

（2）离散的果肉细胞的观察

用镊子或者解剖针挑取少许成熟番茄果肉，制成临时装片。置低倍镜下观察，细胞为圆球形，呈分散状态，细胞形状和排列与洋葱表皮细胞不同，也可清楚地看到细胞壁、细胞核、细胞质和液泡，其基本结构与洋葱表皮细胞是相同的。请同学们注意有些细胞表面为什么会有折痕？

2. 质体的观察

（1）叶绿体

用镊子摄取新鲜葫芦藓叶片，做临时装片。置显微镜下观察，可见细胞中有很多绿色颗粒，这就是叶绿体。

（2）杂色体（有色体）

用前面制好的成熟番茄果肉临时装片，在显微镜下观察。游离的单个圆球形细胞中有许多橘红色或橙黄色小颗粒，这就是杂色体。杂色体分散在细胞质中。

（3）白色体

撕取鸭跖草叶表片一小块，做成临时装片。置显微镜下观察，在细胞核周围可以看到许多透明小粒，即为白色体。

3. 植物细胞内的几种后含物

（1）淀粉粒

取马铃薯块茎做徒手切片（详见第一部分第三章“植物制片技术”），制成临时装片，放在显微镜下观察，细胞内有许多颗粒，注意它们的形状、大小与位置。若光线调节得当，可以看到颗粒上具有轮纹。每一个颗粒即一淀粉粒（图 7-1），加一滴稀薄的 I-IK 溶液，注意淀粉粒被染成什么颜色？

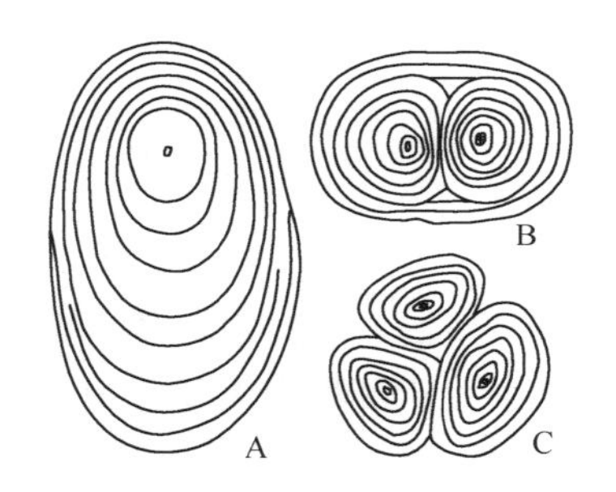

图 7-1　马铃薯的淀粉粒

A—单粒淀粉；B—半复粒淀粉粒；C—复粒淀粉粒

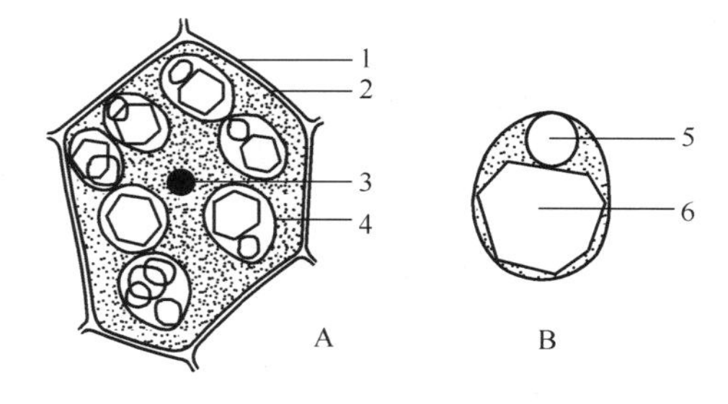

图 7-2　糊粉粒

A—蓖麻的胚乳细胞；B—蓖麻的糊粉粒。

1—细胞壁；2—细胞质；3—细胞核；4—糊粉粒；5—球晶体；6—拟晶体

也可以不进行徒手切片，而是在准备好的载玻片中央滴一滴蒸馏水，从马铃薯块茎上取一小条组织，将其新的断面在水滴中蘸一下，便可见水滴中出现许多小白点，此即为淀粉粒，盖上盖玻片，制成临时装片，把光线调暗些，不用染色便可在显微镜下观察到淀粉粒的脐点和轮纹。

（2）糊粉粒

将蓖麻种子进行徒手切片，选取几片薄的置于 95%酒精中，或放在载玻片上反复滴加 95%的酒精，以便溶解切片中的脂肪。然后取一片于载玻片中，滴加 I-IK，置显微镜下观察。在薄壁细胞中可看到被染成黄色的圆形或椭圆形的糊粉粒（图 7-2）。转换高倍镜，观察糊粉粒中球状体及蛋白质结晶体。

（3）油滴

取花生子叶做徒手切片，置载玻片上，加一滴苏丹Ⅲ（或Ⅳ）溶液。静置 3～5min，然后盖上盖玻片，吸去多余的染液，置显微镜下观察，寻找较薄的地方，见细胞内有许多被染成橙红色的小圆球，这便是脂肪球（油滴）。

（4）结晶体的观察

晶体是植物细胞中常见的代谢产物，常存在于表皮、皮层、髓和韧皮部等处的薄壁细胞的细胞液中（图 7-3）。

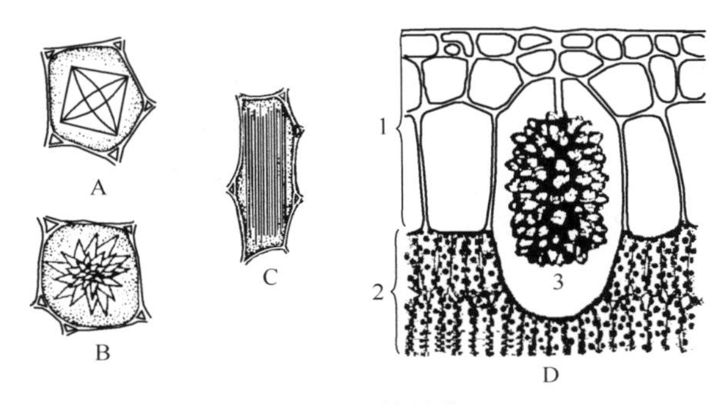

图 7-3　结晶体

A—方晶；B—簇晶；C—针晶；D—钟乳体。

1—复表皮；2—叶肉细胞；3—钟乳体

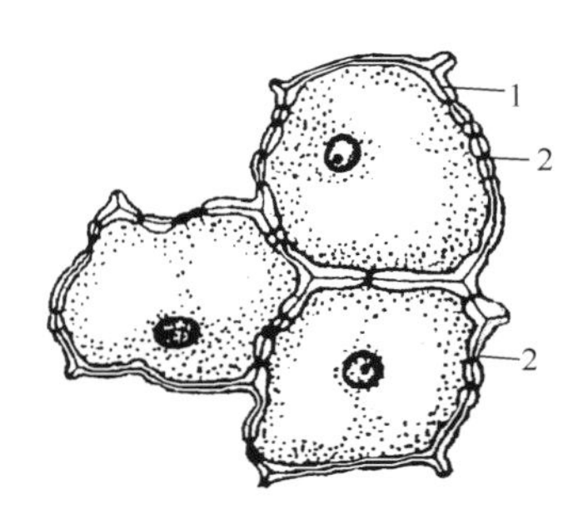

图 7-4　辣椒果皮细胞壁上的纹孔和胞间连丝

1—胞间层；2—单纹孔对及胞间连丝

钟乳体：观察橡皮树叶子的横切片（也可以用新鲜的橡皮树叶子做徒手切片制成临时制片），在表皮细胞中可观察到钟乳体。

单晶：洋葱外部膜质鳞片，浸入 30％甘油后，可以看见多个单晶。

针晶：取紫花茉莉的叶片，撕取表皮制成临时装片，在显微镜下观察可见位于细胞中的单个或成束的针晶。制片时由于叶片太薄，不易用镊子撕取，可将叶片斜着撕开，再用镊子撕取边缘残留的膜质表皮制片即可。

簇晶：可用椴树茎的横切片，在韧皮部的细胞中可见很多成堆的晶体即是。

4. 胞间连丝的观察

用刀片沿新鲜的红辣椒的果皮表面平行方向，切取一薄片（或把一小条红辣椒的果皮内面朝上平放桌面上的载玻片上，用锋利的刀片刮去肥厚果肉物质，使之很薄透明），不染色直接制片或加碘液染色制片观察。在高倍镜下，可见其表皮是由不太规则的细胞群构成的，细胞中有着淡黄色的细胞质。细胞壁很厚，白色或者深黄色，壁上有小孔（纹孔），孔里有细胞质丝（胞间连丝）穿过（图 7-4）。

【实验报告及思考题】

1. 绘制洋葱表皮细胞结构图。

2. 选取适当的植物材料，利用徒手切片技术，分别制临时装片，用显微镜观察植物细胞的基本结构及细胞中常见的后含物，并分别绘出简图，标出名称。

实验 2　植物细胞的有丝分裂和分生组织

【目的与要求】

1. 观察认识植物细胞的有丝分裂及各个时期的主要特征。

2. 掌握顶端分生组织的细胞特点。

3. 学习根尖压片制片技术。

【材料与用品】

洋葱根尖纵切片、已发根的洋葱头或大蒜头。

显微镜、载玻片、盖玻片、擦镜纸、纱布、解剖针、烧杯、培养皿、尖头镊子、培养箱、带橡皮头的铅笔、吸水纸。

卡诺固定液、70％酒精、盐酸酒精溶液（浓盐酸＋95％酒精等量混合）、改良品红溶液（或乙酸洋红）、45％乙酸、蒸馏水。

【内容与方法】

1. 根尖顶端分生组织

取生命力强的洋葱或大蒜根尖末端约3～5mm，直接放在干净的载玻片中，上面再放上一张载玻片，用拇指在根尖处施压，将根尖压成薄片状，分开载玻片，制成临时装片在显微镜下观察。

根尖顶端分生区细胞小，基本为等径；细胞壁薄，细胞质较浓，核相对较大，液泡少而小，分裂能力强；细胞排列整齐，无胞间隙；细胞内基本无后含物（图7-5）。

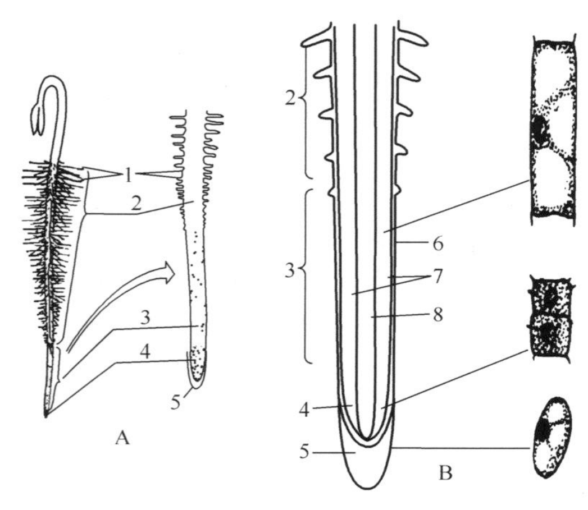

图7-5　根尖外形及分区

A—根尖外形；B—根尖纵切。

1—根毛；2—根毛区；3—伸长区；4—分生区；5—根冠；6—原表皮层；7—基本分生组织；8—原形成层

观察方法：先找到根冠，根冠之上细胞较小、密集、颜色较深的部位，即为顶端分生组织区。

2. 有丝分裂的观察

取洋葱根尖纵切片放在低倍镜下先找到根冠一端，再找到分生区中的有丝分裂各时期的细胞，分别移到视野的中央，换高倍镜仔细观察各时期的主要特征（图7-6）。

（1）间期

核仁清晰、核质均匀。

（2）细胞核分裂期

前期：细丝状的染色体出现，核膜、核仁逐渐消失，纺锤丝开始出现；

中期：染色体集中排列于细胞的赤道面上或呈放射状散开（极面观）；

后期：染色体分裂成两组子染色体，在纺锤丝的牵引下，分别向两极移动；

末期：染色体到达两极，密集成团，至核膜、核仁重新出现，形成两个子核。

3. 有丝分裂压片的制作

可以参考第一部分第三章“植物制片技术”中的方法进行，也可以按如下方法进行。

（1）培养及取材

培养：用洋葱头或蒜瓣（需要固定好），放在装有水的烧杯或培养皿上，置室温或培养箱中（25℃）培养3～5d，即长出白色的根。

取材：待根长到1～3cm时，选择根尖细胞分裂旺盛的时期取材，最好在午夜12：00左右。为实验方便，每天上午10：00～11：00之间或下午3：00～4：00之间也可。

（2）固定与保存

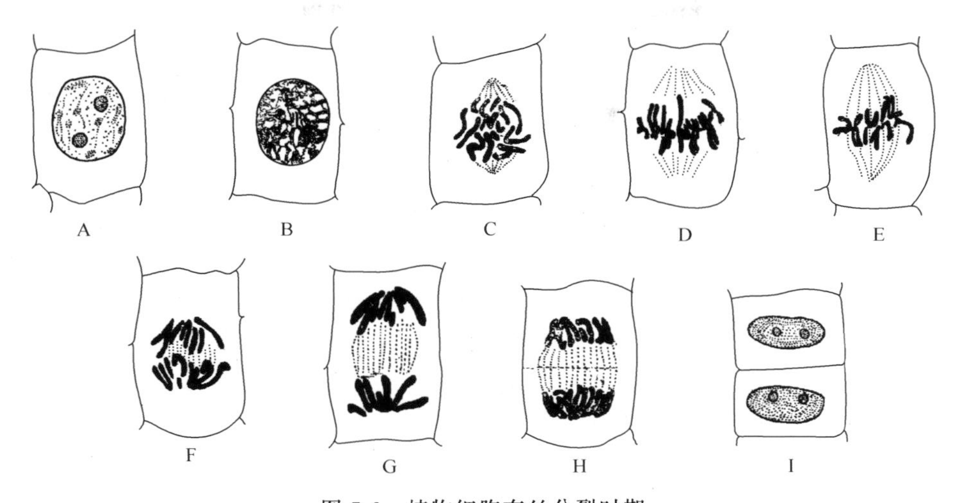

图 7-6　植物细胞有丝分裂时期

A—间期；B～C—前期；D～E—中期；F～G—后期；H～I—末期

从根顶端剪下 3～5mm 左右长的根尖，放入卡诺固定液，固定 10～20min 后取出，再放入清水中冲洗 10～20min，即可制片。也可以将其保存于 70%的酒精中备用。

(3) 解离

取 1～2 条根尖置于载玻片上，加一滴盐酸酒精溶液处理约 10min，然后冲洗干净。

(4) 制作压片

在根尖上加一滴改良品红（或乙酸洋红）。过 10min 后，再滴加一滴 45%乙酸进行分色及软化，盖上盖玻片，用橡皮头轻压盖玻片，使细胞散开，即可观察。核及染色体均被染成鲜艳的紫红色，细胞质无色或淡粉色。（注意观察染色体的数目和形态。）

【实验报告及思考题】

1. 按顺序绘出洋葱（或大蒜）根尖细胞有丝分裂全过程各时期的细胞图。

2. 当一个细胞处于分裂中期时，切片的方向与纺锤体的纵轴平行或与之垂直，观察两种切面有什么差异？用图解的方式表示。

3. 制作根尖有丝分裂压片的关键是什么？

4. 顶端分生组织有什么特点（位置和细胞特点）？

实验 3　植物的成熟组织

【目的与要求】

1. 掌握植物分生组织和各种成熟组织的形态、位置、结构及功能。

2. 学习简单离析组织的方法。

3. 识别具缘纹孔和单纹孔。

【材料与用品】

天竺葵叶、蚕豆叶、玉米叶、小麦叶、水稻叶、椴树茎横切片、南瓜茎纵横切片、松茎横切片、松木材离析材料、芹菜叶柄或其横切片、棉秆皮离析材料、南瓜茎、小麦茎、水稻茎。

10%铬酸溶液、碘液、氯化锌、浓硝酸、氯化钾、番红液、间苯三酚、盐酸、水合氯醛。

显微镜、载玻片、刀片、镊子、解剖针、烧杯、试管、酒精灯。

【内容与方法】

1. 保护组织的观察

（1）双子叶植物叶表皮

撕取天竺葵叶（或蚕豆叶）下表皮一小块，做临时装片，放在显微镜下观察，可以看到其保护组织结构（图 7-7）。

① 普通表皮细胞。细胞扁平，侧壁呈不规则形状弯曲，互相紧密连接成一层组织，无细胞间隙。细胞内有液泡、细胞核及白色体，但没有或有极少叶绿体。

② 气孔。在普通表皮细胞中，有一些成对的半月形细胞，即保卫细胞，有明显的叶绿体及细胞核。每对保卫细胞之间有缝隙，保卫细胞连同缝隙一起称为气孔，有的气孔关着，有的开着。保卫细胞的壁在缝隙处明显增厚，这与气孔开闭有关。

③ 表皮毛。有两种，较多的是单列细胞表皮毛，较少的是单细胞头状腺毛（蚕豆叶表皮无）。腺毛由单列细胞的柄部和单细胞头部构成，柄部有两个以上细胞，头部是一个较大的细胞，内含浓厚的细胞质和显著的细胞核，具分泌挥发性芳香油的作用。腺毛是外分泌组织的一种。

由此可知表皮组织是复合组织。表皮是由原表皮分化成熟形成，是初生保护组织。

（2）禾本科植物叶表皮

自玉米、小麦或水稻幼苗取一叶片，置载玻片上，用刀片轻轻刮去叶肉，留下表皮，或直接撕取表皮，加碘液染色或不染色均可，盖上盖玻片，用滤纸条吸去多余的染液，置显微镜下观察。

玉米、小麦或水稻叶表皮细胞形状较规则，成行排列，包括相间排列的长短两种细胞，不含叶绿体，气孔器由两个哑铃形的保卫细胞和两个副卫细胞组成，排列成行（图 7-8）。

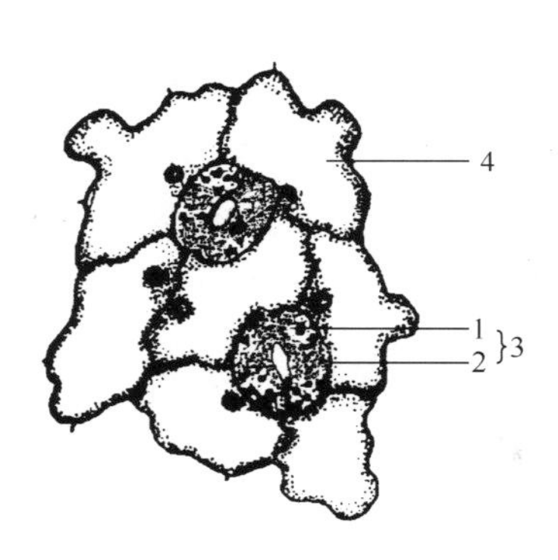

图 7-7　蚕豆叶下表皮细胞放大图

1—保卫细胞；2—气孔；3—气孔器；4—表皮细胞

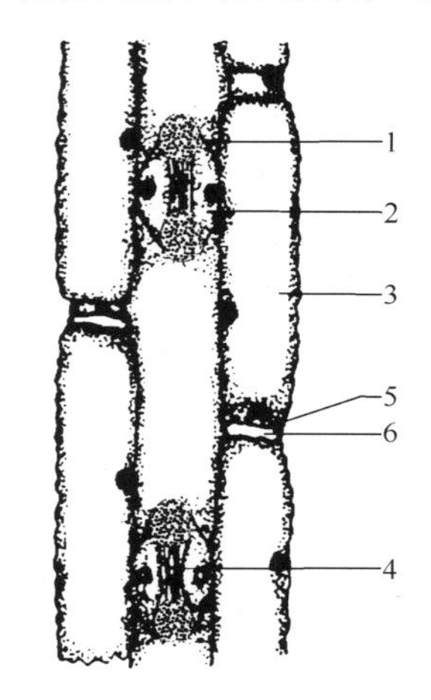

图 7-8　单子叶植物叶下表皮细胞放大图

1—保卫细胞；2—副卫细胞；3—表皮细胞；4—气孔；5—栓质细胞；6—硅质细胞

（3）周皮和皮孔

取椴树茎横切片置显微镜下观察，在茎的外表有数层长方形细胞，排列整齐，无胞间隙，细胞壁木栓化，这就是木栓层。木栓层有些地方已破裂向外突起，裂口中有薄壁细胞填充，这就是皮孔。木栓层下面的一层细胞为木栓形成层，其内方一些薄壁细胞为栓内层。木栓层、木栓形成层和栓内层三者合称周皮（图7-9）。

2. 输导组织的观察

(1) 管胞（图 7-10）

取松树茎横切片，观察管胞横切面结构。再取松木材离析材料（离析方法详见第一部分第三章“植物制片技术”），制成临时装片后观察管胞的立体结构，注意其上的具缘纹孔。

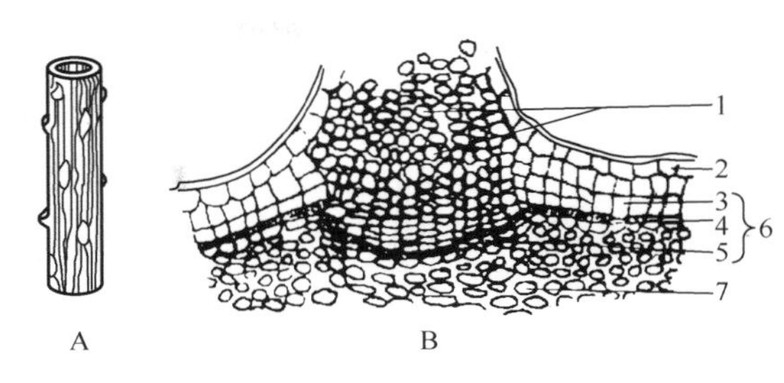

图 7-9　周皮和皮孔

A—皮孔的外形；B—皮孔的内部结构。1—补充细胞；2—表皮；3—木栓层；4—木栓形成层；5—栓内层；6—周皮；7—皮层

(2) 导管（图 7-11）

导管是被子植物的主要输水组织，根据其木质化增厚情况不同，可分为环纹导管、螺纹导管、梯纹导管、网纹导管和孔纹导管。

取南瓜茎横切片和纵切片，观察上述五种不同类型的导管。

(3) 筛管（图 7-12）

筛管是植物运输有机养料的组织，为活细胞。

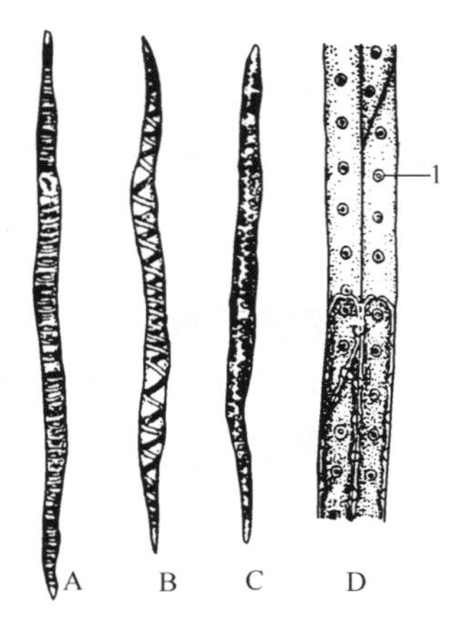

图 7-10　管胞

A—环纹管胞；B—螺纹管胞；C—梯纹管胞；D—孔纹管胞。1—纹孔

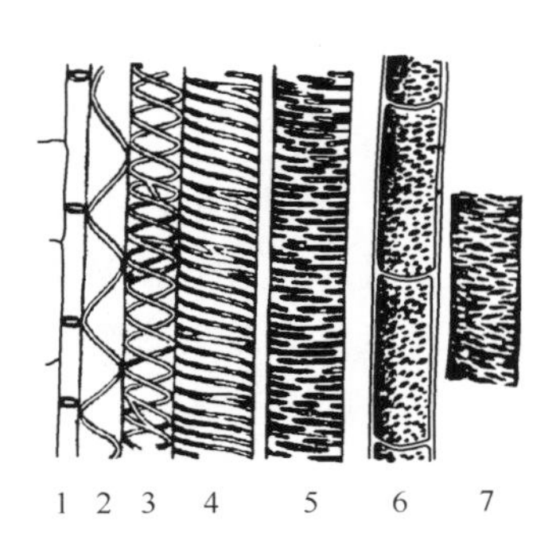

图 7-11　导管

1—环纹导管；2～4—螺纹导管；5—梯纹导管；6—孔纹导管；7—网纹导管

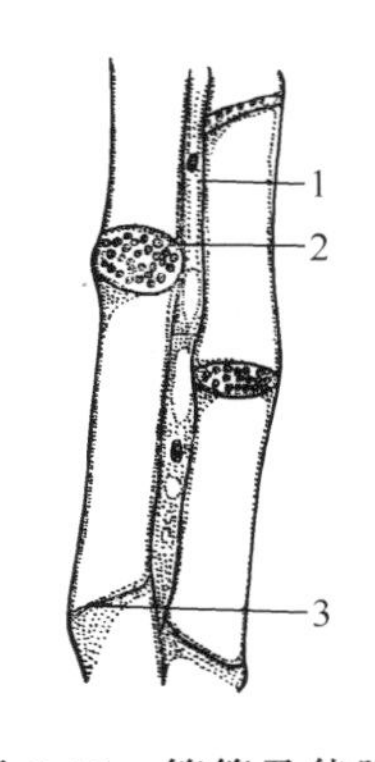

图 7-12　筛管及伴胞

1—伴胞；2—筛孔；3—筛板

取南瓜茎纵、横切片在低倍镜下观察，注意南瓜茎为双韧维管束。具内外韧皮部，两筛管细胞（筛管分子）间有筛板，筛板有许多小孔。叫作筛孔。相邻两细胞的原生质通过筛孔彼此相连，形成联络索，筛管侧面有薄壁细胞紧密相连，即为伴胞。

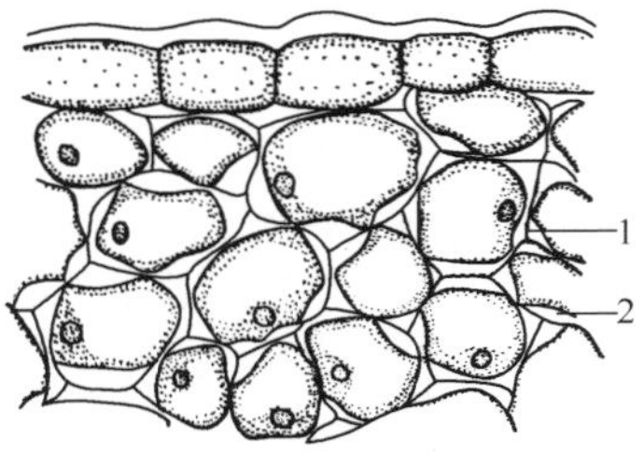

图 7-13　厚角组织

1—中层；2—初生壁

3. 机械组织的观察

(1) 厚角组织

取南瓜茎（或芹菜叶柄）横切片，或用芹菜叶柄通过徒手切片制成临时装片，在显微镜下观察角隅加厚的厚角组织（图 7-13）。

(2) 厚壁组织——纤维（图 7-14）

取南瓜茎横切片在显微镜下观察，可见有几层染成红色

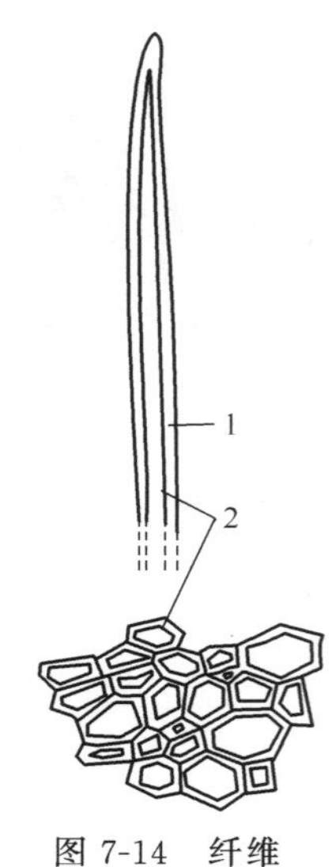

图 7-14　纤维

1—次生壁；2—细胞腔

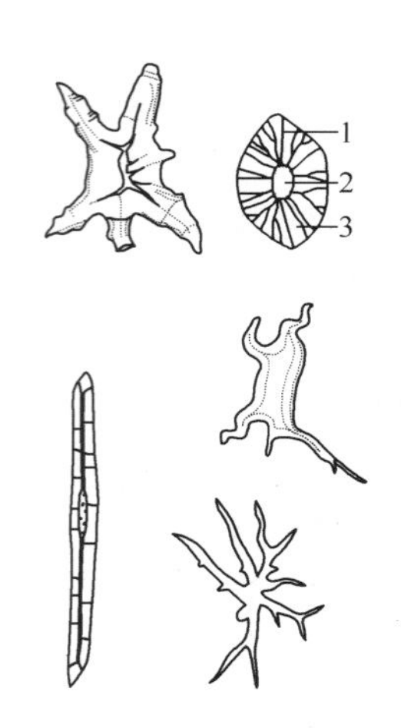

图 7-15　石细胞

1—分枝纹孔；2—细胞腔；3—次生壁

的细胞，其细胞壁均匀加厚并木质化，细胞腔较小，无原生质，是死细胞，为厚壁细胞中的纤维的横切面。观察其立体结构，可取棉秆皮离析材料，制成临时装片观察，可见长梭形的纤维细胞及其侧壁上的单纹孔。

(3) 厚壁组织——石细胞（图 7-15）

取梨果实靠近中部的一小块果肉，挑取其中一个淡黄色沙粒状的组织置载玻片上，用镊子柄平面将石细胞群磨碎压散，在载玻片上加一滴浓盐酸处理后，再用 5%间苯三酚染色，并盖上盖玻片，注意一定要清理干净装片上多余的液体，置显微镜下观察。

【实验报告及思考题】

1. 绘天竺葵（或蚕豆）叶表皮结构图，并注明各部分。

2. 绘 1～2 种导管分子和筛管分子的纵切图。

3. 根据你观察的材料，比较单子叶植物与双子叶植物叶表皮在形态结构上的特点。

4. 机械组织有哪些种类？在植物体内分布有何规律？

第八章　种子植物的营养器官

实验 4　根形态结构的比较观察

【目的与要求】

1. 掌握双子叶植物和单子叶植物根的结构特点。

2. 了解种子植物的根尖分区、根系类型及根瘤与菌根的形态结构。

【材料与用品】

蚕豆、棉花、小麦、玉米等的幼苗或根系标本，洋葱根尖的纵切片，玉米、水稻或小麦根横切片，胡萝卜根，蚕豆或棉幼根横切片，蚕豆侧根发生纵横切片，棉花或蚕豆老根横切片，松幼根及豆科植物（如蚕豆、花生、大豆等）的根系标本。

显微镜、载玻片、盖玻片、刀片、镊子、放大镜、擦镜纸。

【内容与方法】

1. 根的形态观察

(1) 根的外形

取蚕豆或棉花的幼苗，观察根的外形（参见第七章图 7-5），注意根毛着生的部位及其下方伸长区和生长点的情况。

(2) 根系（图 8-1）

直根系：主根发达，较粗长，向下生长，其旁生侧根。须根系：主根不发达，自茎的基部发生许多粗细相似的不定根。

2. 根尖的解剖构造

取洋葱根尖的纵切片，在低倍显微镜下观察下列各部分（图 8-2）。

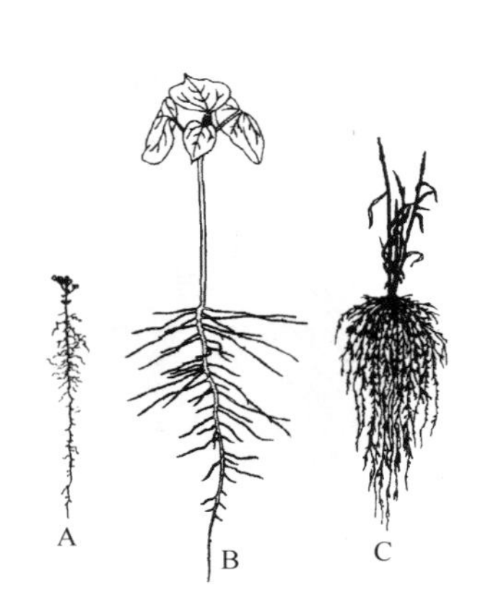

图 8-1　根系类型

A，B—直根系；C—须根系

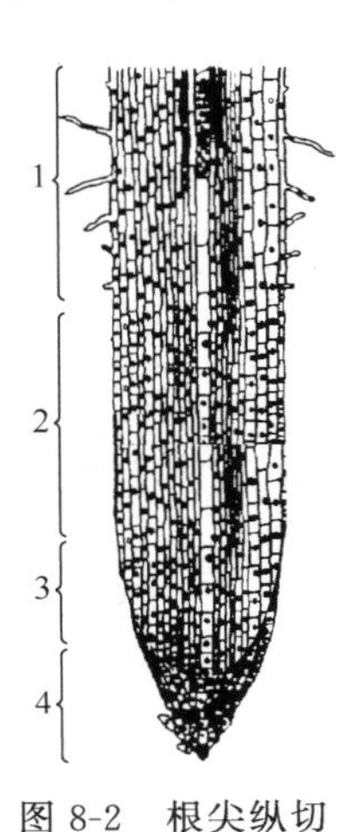

图 8-2　根尖纵切

1—根毛区；2—伸长区；3—分生区；4—根冠

(1) 根冠

被覆根尖顶端，由数层排列疏松的细胞组成。

(2) 分生区

位于根尖端，为根冠所保护，此部分细胞壁薄、原生质浓、核大，分生能力最强，可不断地分生新细胞。

(3) 伸长区

在分生组织之后，细胞逐渐停止分生作用，液泡扩张，细胞延长。

(4) 根毛区

细胞已分化为各种不同的组织，表皮细胞向外突出伸长成根毛。

3. 根的初生结构

取蚕豆或棉幼根的成熟区横切片观察，结构如下（图 8-3）。

(1) 表皮

为根最外面的一层细胞，这层细胞都是活细胞。可见许多细胞外壁向外突出形成根毛。

(2) 皮层

在表皮内，均由薄壁细胞组成，共包括三层——外皮层、皮层薄壁细胞和内皮层。有些切片上可以看到内皮层细胞的径向壁上有加厚部分，叫凯氏带。在横切面上成点状，叫凯氏点。整个凯氏带在内皮层的径向壁和横向壁上构成一个立体的网状结构。

（3）维管柱

内皮层以内的整个部分即是维管柱，维管柱的外层细胞与内皮层相邻，这层细胞叫中柱鞘（或叫维管柱鞘），维管柱的中心有许多被染成红色的厚壁细胞，呈辐射状排列，这是根的初生木质部。辐射棱的尖角最先成熟，称此部位为原生木质部，中心部分成熟较迟，叫后生木质部，两者之间是根的初生韧皮部。韧皮部与木质部之间有薄壁细胞。注意蚕豆根初生木质部为几原形（几个辐射棱角或称木质部脊）。

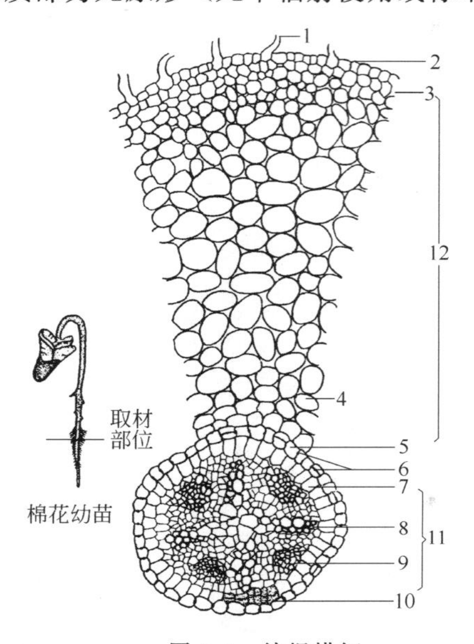

图 8-3　幼根横切

1—根毛；2—表皮；3—外皮层；4—皮层薄壁组织；5—内皮层；6—凯氏带；7—中柱鞘；8—初生木质部；9—初生韧皮部；10—侧根原基发生处；11—维管柱；12—皮层

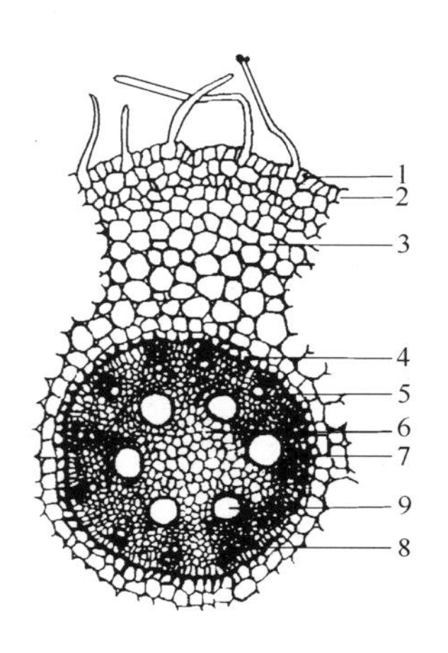

图 8-4　禾本科植物（玉米）根的结构特点

1—根毛；2—表皮；3—皮层；4—内皮层；5—中柱鞘；6—髓；7—韧皮部；8—原生木质部；9—后生木质部

4. 单子叶植物根的观察

禾本科植物根的结构（见图 8-4）。

取玉米、水稻或小麦老根横切片在低倍镜下观察，可分为表皮、皮层和维管柱三部分，再用高倍镜仔细观察各部分。

（1）表皮

最外一层细胞，老根的根毛已残破不全。

（2）皮层

可分为外皮层、皮层薄壁细胞和内皮层。内皮层有五面增厚的细胞和不增厚而仅具凯氏带的通道细胞。

（3）维管柱

在内皮层以内，根横切面的中轴部分，由中柱鞘、初生木质部、初生韧皮部、薄壁细胞、髓几部分组成。

5. 根的次生结构

取棉花或蚕豆老根横切片置显微镜下观察次生结构，首先低倍镜观察，从外至内区分周皮、次生韧皮部、维管形成层、次生木质部几大部分（图 8-5）；然后转高倍镜详细观察。在老根中周皮由木栓层、木栓形成层和栓内层三部分组成。次生韧皮部是周皮以内、维管形成层以外的部分，由韧皮射线、韧皮纤维、韧皮薄壁细胞、筛管和伴胞组成。维管形成层是在次生韧皮部和次生木质部之间的几层薄壁细胞。次生木质部由木射线、导管和管胞、木纤维和木薄壁细胞等几部分组成。在次生木质部内，初生木质部仍保留在根的中心，呈星芒状，它的存在是根的次生构造和茎的次生构造相区别的主要标志之一。要注意区分初生木质部和次生木质部。

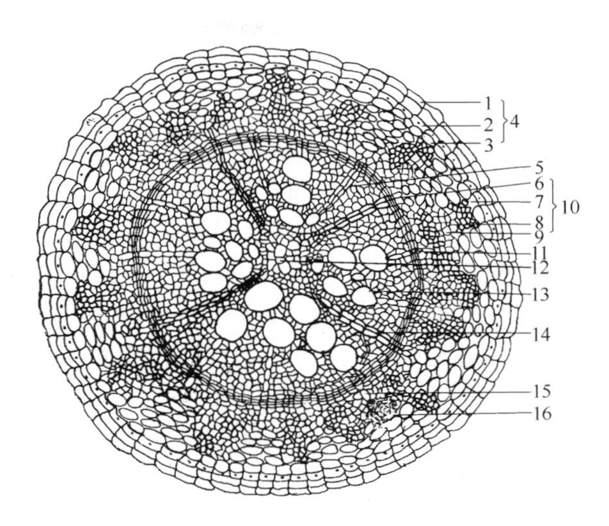

图 8-5　根的次生结构（棉花）

1—木栓层；2—木栓形成层；3—栓内层；4—周皮；5—木射线；6—韧皮射线；7—韧皮纤维；8—伴细胞；9—筛管；10—次生韧皮部；11—维管形成层；12—初生木质部；13—次生木质部；14—髓射线；15—韧皮薄壁细胞；16—分泌囊

6. 侧根

(1) 胡萝卜侧根观察

取胡萝卜肉质直根，观察其侧根发生部位。

(2) 蚕豆侧根观察

取蚕豆根横切片（通过并纵切侧根）于显微镜下观察，可看到中柱鞘的一部分细胞。因恢复了分生能力，分生新细胞，形成了侧根，侧根逐渐生长，穿过皮层、表皮向外伸出（图 8-6）。

7. 根瘤和菌根

(1) 根瘤

肉眼观察豆科植物的根系，认识根瘤的形态（图 8-7）。

(2) 菌根

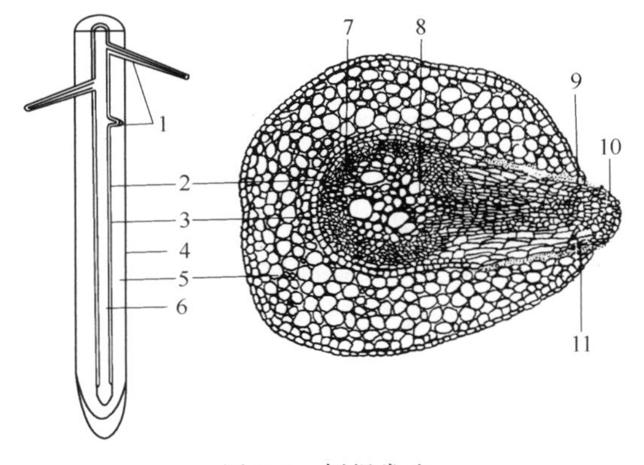

图 8-6　侧根发生

1—侧根；2—中柱鞘；3—内皮层；4—表皮；5—皮层；6—维管柱；7—初生韧皮部；8—初生木质部；9—分生区；10—根冠；11—侧根

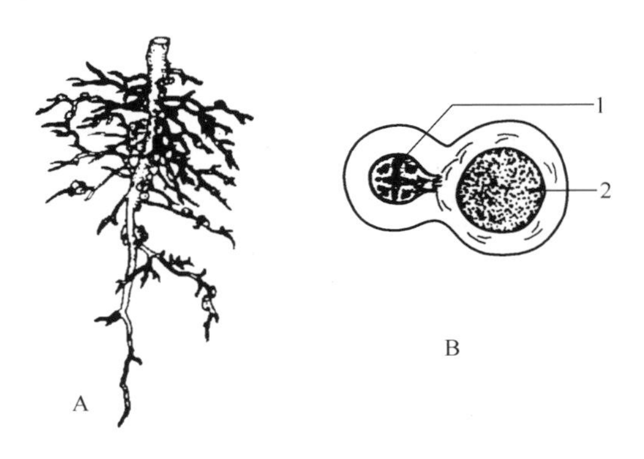

图 8-7　根瘤

A—具有根瘤的根系；B—通过根瘤的根的横切。1—根的维管柱；2—根瘤含菌组织

用放大镜观察松的幼根，其根尖常变粗而不具根毛，在根尖外部常被有一层白色绒毛状的菌丝体，即为菌根。

【实验报告及思考题】

1. 绘制棉花或蚕豆幼根横切面的构造图（示初生结构），并注明各部分名称。

2. 根尖的形态结构和它的生理功能是如何相互适应的?

3. 根毛和侧根有何不同? 它们是如何形成的?

4. 根中形成层的出现与活动对初生结构有哪些影响?

5. 比较单子叶植物、双子叶植物根的构造有何异同?

6. 根瘤是如何形成的? 它们对植物体有何作用?

实验5　茎形态结构的比较观察

【目的与要求】

1. 掌握枝、芽和茎的外部形态和类型。

2. 掌握双子叶植物茎的初生构造及次生构造。

3. 了解木材三切面的结构特点，双子叶植物根茎的构造。

4. 掌握单子叶植物茎的内部构造。

【材料与用品】

校园植物；三年生杨树枝条；向日葵茎、三年生椴树茎、松茎三切面、小麦茎、水稻茎、玉米茎等的永久切片。

光学显微镜、放大镜、解剖针、镊子、载玻片、盖玻片、单面切片。

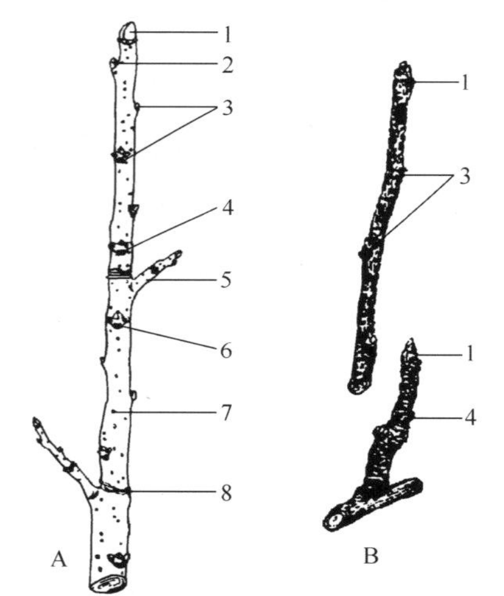

图 8-8　茎的外形

A—核桃枝条；B—苹果长、短枝。
1—顶芽；2—侧芽；3—节间；4—节；5—侧枝；6—叶痕与束痕；7—皮孔；8—芽鳞痕

【内容与方法】

1. 茎的外部形态

取三年生杨树或其他树木的枝条，观察其形态特征（图 8-8）。

(1) 节和节间

(2) 顶芽与腋芽

(3) 叶痕与芽鳞痕

2. 芽的结构与类型

取一枝条，首先观察各类芽在枝条上着生的位置及其特点，然后用镊子将芽取下。用镊子将芽逐层剥下或将芽纵剖为二，用放大镜观察其结构。

芽可根据其生长位置、发育性质、芽鳞有无、活动能力的不同进行分类，观察校园植物的各种芽（图 8-9）。

3. 正常茎的形态和类型

有直立茎、缠绕茎、攀援茎、匍匐茎、木质茎、草质茎等（图 8-10）。

4. 双子叶植物茎的初生结构

取向日葵茎的横切片，放在显微镜下观察。先用低倍镜观察维管束在茎中分布的情形，然后用高倍镜，从外向内将茎的各种组织观察清楚。见图 8-11。

(1) 表皮

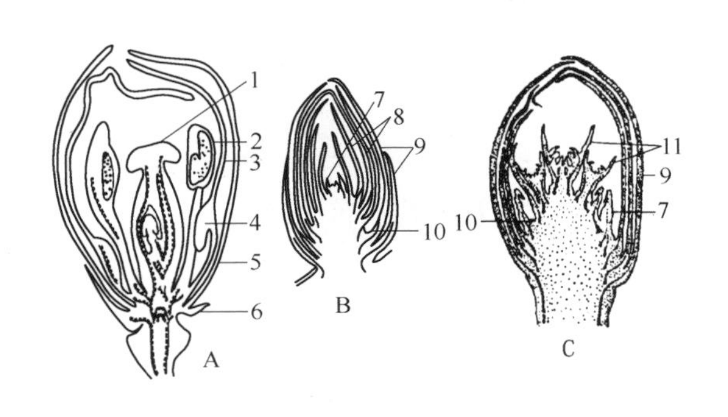

图 8-9　芽的类型

A—小檗的花芽；B—榆的枝芽；C—苹果的混合芽。
1—雌蕊；2—雄蕊；3—花瓣；4—蜜腺；5—萼片；
6—苞片；7—叶原基；8—幼叶；
9—芽鳞；10—枝原基；11—花原基

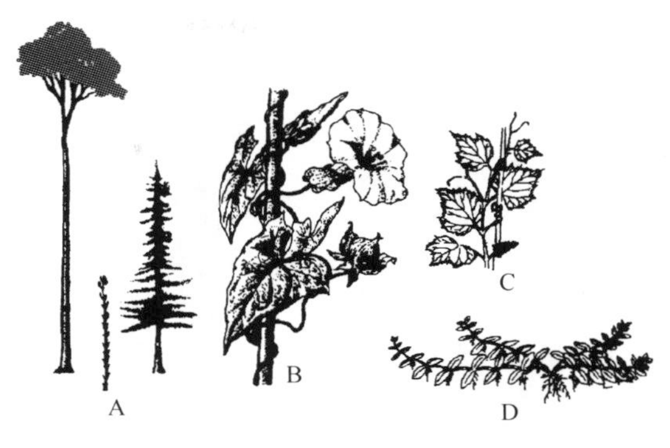

图 8-10　茎的形态类型

A—直立茎；B—缠绕茎；C—攀援茎；D—匍匐茎

在茎的最外层、细胞排列整齐而紧密。

（2）皮层

由多层细胞所组成，紧接表皮的几层细胞为厚角组织，以内有数层薄壁细胞。

（3）维管柱

包括以下各部分。

① 维管束。向日葵的维管束是各束分立的，每个维管束均为无限外韧维管束。初生木质部是内始式的，其中导管最易识别；初生韧皮部为外始式的，韧皮部细胞较小，在初生韧皮部外方常可见纤维；束中形成层的细胞扁平，壁薄。

② 髓射线。在两个维管束之间的一群薄壁细胞，排列成放射状，内接髓部，外接皮层。

③ 髓。即维管束内方，维管柱的中心部分，全为薄壁细胞所组成，较老的茎髓部中空形成髓腔。

若切取较老的茎，则由于形成层活动的结果已有了次生构造，即在形成层内形成了次生木质部，形成层向外分裂产生了次生韧皮部。同时在髓射线中也出现了形成层，叫作束间形成层，它与束内形成层连成一体成一整圈。

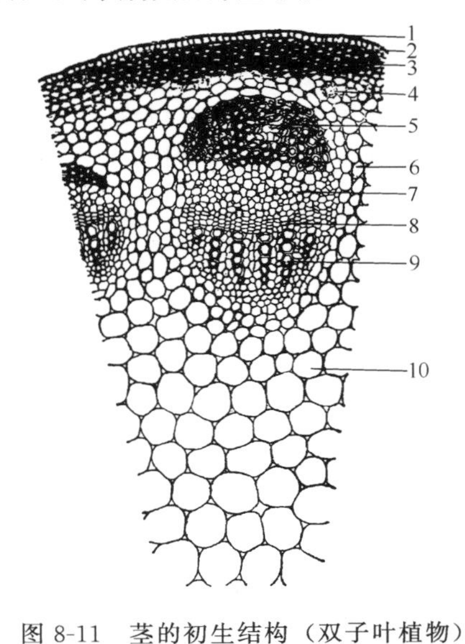

图 8-11　茎的初生结构（双子叶植物）

1—角质层；2—表皮细胞；3—厚角细胞；
4—分泌腔；5—纤维细胞；6—髓射线；
7—韧皮部；8—形成层；9—木质部；10—髓

5. 双子叶植物茎的次生构造

（1）双子叶植物草质茎的次生构造（图 8-12）

取薄荷茎横切片观察，其构造特点为：表皮长期存在，表皮上有气孔，无木栓层；次生构造不发达，大部分或完全是初生构造；髓部发达，髓射线较宽。

（2）双子叶植物木质茎的次生构造（图 8-13）

取三年生椴树茎的横切片于显微镜下观察，由外向内可见如下 4 部分。

① 表皮。即最外一层细胞，并有很厚的角质层，有些地方已脱落。

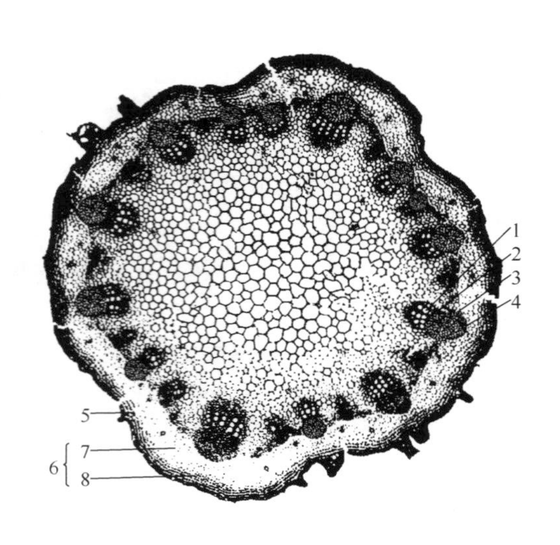

图 8-12　双子叶草质茎的次生结构（向日葵）

1—木质部；2—形成层；3—韧皮部；4—韧皮纤维；
5—表皮；6—皮层；7—薄壁组织；8—厚角组织

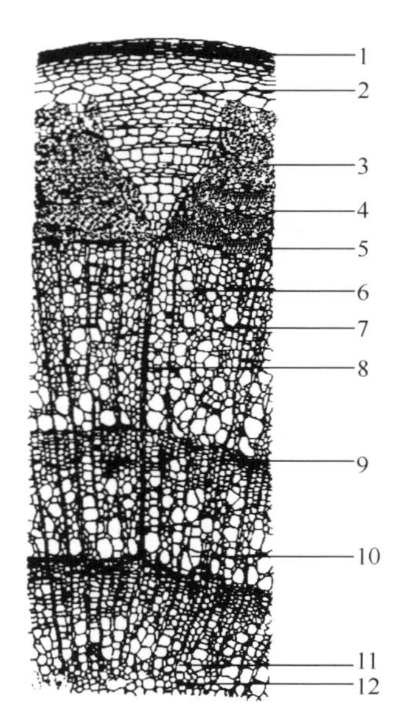

图 8-13　双子叶木质茎的次生结构（椴树茎）

1—周皮；2—皮层；3—韧皮射线；4—次生韧皮部；
5—形成层；6—维管射线；7—次生木质部；8—髓射线；
9—晚材；10—早材；11—后生木质部；12—原生木质部

② 周皮。在表皮以内的数层扁平的细胞，仔细观察，可以分三层。

木栓层：紧接表皮以内，在老茎上即最外的数层细胞。胞壁已栓质化，内有一些丹宁等物质被染成浅蓝色或灰黑色。

木栓形成层：在木栓层内有一层扁平形的细胞，胞内充满细胞质并有细胞核。

栓内层：在木栓形成层内侧有一两层细胞，当生活时细胞内含有叶绿体，在切片内被染成蓝绿色。

③ 皮层。在周皮以内的一些薄壁细胞即是皮层。切片内呈深蓝绿色，细胞内含有结晶体及其他贮藏物质。

④ 维管柱。包括 6 个部分。

韧皮部：主要为次生韧皮部，包括一些染成绿色的筛管，伴胞和许多薄壁细胞，此外还可以看到一些成束的被染成红色的韧皮纤维细胞。

形成层：在韧皮部与木质部之间的一两层排列整齐的扁平的细胞，被染成浅绿色。

木质部：主要为次生木质部，在形成层以内，除中央的髓部以外，所有被染成红色的部分都是木质部。切片上有几个在木质部内接近髓部的一些小型导管是初生木质部的导管，初生木质部只占整个木质部的很小一部分。注意区分年轮、早材与晚材。

髓：髓在茎的中心，由一些薄壁细胞构成，髓的外围几层形小壁厚的细胞成一圈，为环髓带。

髓射线：一些呈放射性排列的薄壁细胞，由髓直达皮层。

维管射线：在维管组织内的一些类似髓射线的构造，一般只有一列细胞，比髓射线要窄，为次生射线。

6. 木材的三切面

取松木材三切面的制片观察，在三个不同切面上，次生木质部的各种结构（管胞、射线、具缘纹孔、树脂道）的特征（图 8-14）。注意：具缘纹孔在管胞的哪个壁面上？

7. 单子叶植物茎的内部构造

观察小麦、水稻、玉米茎的横切片，注意其维管束排列与结构（图 8-15）。

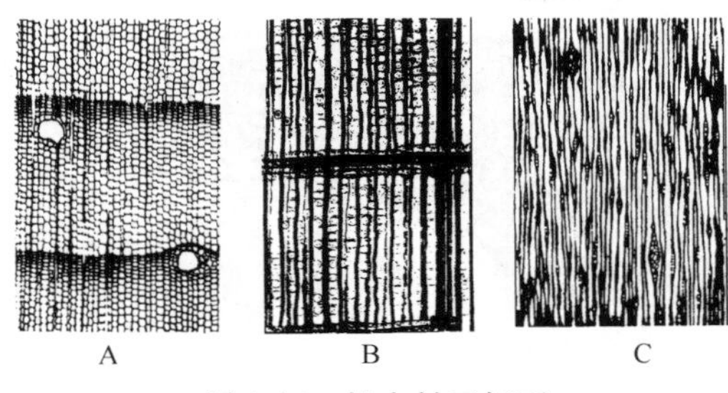

图 8-14　松木材三切面

A—横切面；B—径向切面；C—切向切面

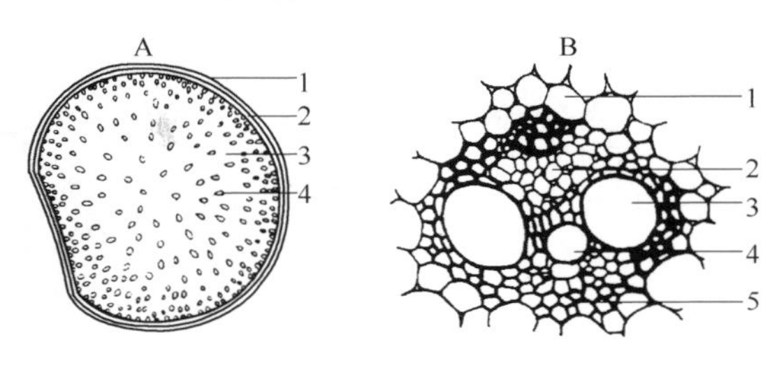

图 8-15　单子叶植物茎的结构

A—玉米茎横切。1—表皮；2—厚壁组织；3—薄壁组织；4—维管束。B—玉米茎的一个维管束。1—基本组织；2—初生韧皮部；3—后生木质部；4—原生木质部；5—维管束鞘

【实验报告及思考题】

1. 绘向日葵茎横切面部分详图，注明各部分结构。

2. 绘椴树茎横切面部分详图，注明各部分结构。

3. 绘玉米茎横切面简图及维管束详图。

4. 比较双子叶植物根与茎在初生结构上的异同。

5. 试比较单子叶植物茎与双子叶植物木本茎在构造上的异同。

实验 6　不同生境植物叶片形态结构的比较观察

【研究背景】

叶子是植物的重要器官，它有两大生理功能，光合作用和蒸腾作用。蒸腾作用是根系吸收水分的动力之一，植物根系吸收的矿物质主要是随蒸腾液流上升并转运到植物体的其他部位。另外，蒸腾作用也能降低叶片的表面温度，从而使叶子在强烈的日光照射下，不至于因温度过分升高而受损伤。但蒸腾作用消耗的水分与根系吸收的水分之间需达到一个等量的状态，即水分平衡状态。植物在长期的进化过程中，逐渐形成了防止水分过分散失的结构，如叶表面的角质层、密生茸毛、气孔下陷或形成气孔窝、叶片内储水组织发达等，都是为了适应保持水分、减少水分蒸腾的特征。植物生活于不同的生态环境中，其叶片的这些适应性结构不同，形态变化也较大。

【材料与用品】

棉花叶（图 8-16）、玉米叶（图 8-17）、小麦叶（图 8-18）、菹草（图 8-19）、芦荟叶、慈菇、夹竹桃叶（图 8-20）、松针叶（图 8-21）。

显微镜、放大镜、解剖镜、载玻片、盖玻片、镊子等。

【内容与方法】

1. 叶的形态观察

观察各种植物叶子的形态，用放大镜或在解剖镜下仔细观察叶片的表面（拍照或画简图记录）。

2. 叶的结构观察

取上述植物的叶子，做徒手切片（或冰冻切片），制成临时装片在显微镜下观察，并绘图。

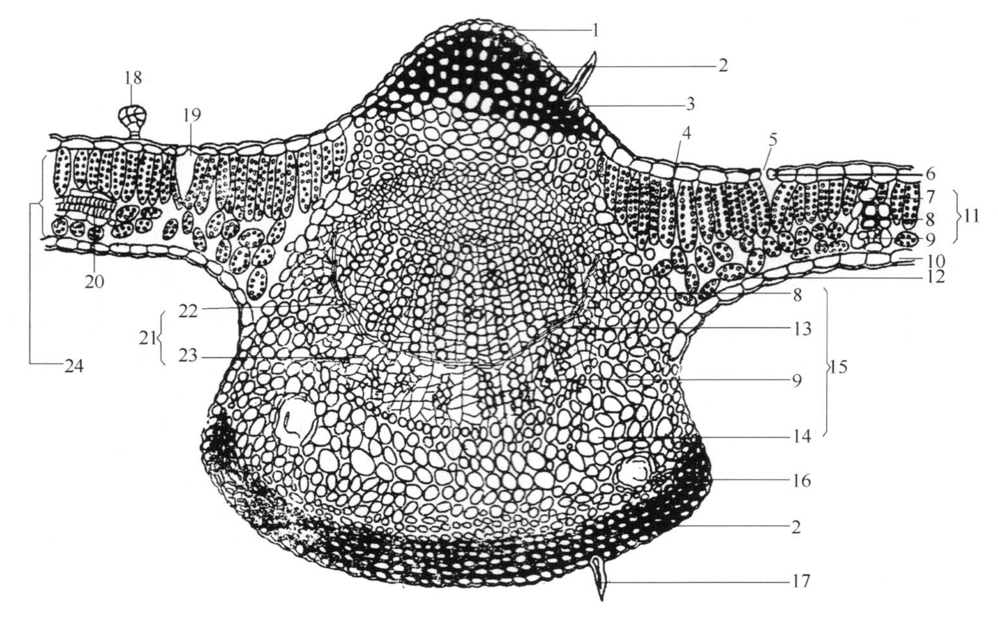

图 8-16　棉花叶片横切结构

1—上表皮；2—厚角组织；3—角质层；4—栅栏薄壁组织；5—气孔；6—保卫细胞；7—维管束鞘；8—木质部；9—韧皮部；10—下表皮；11—侧脉；12—海绵薄壁组织；13—形成层；14—薄壁组织；15—主脉（中脉）；16—分泌囊；17—单细胞表皮毛；18—多细胞头状腺毛；19—气室；20—小型叶脉；21—维管射线；22—木射线；23—韧皮射线；24—叶肉

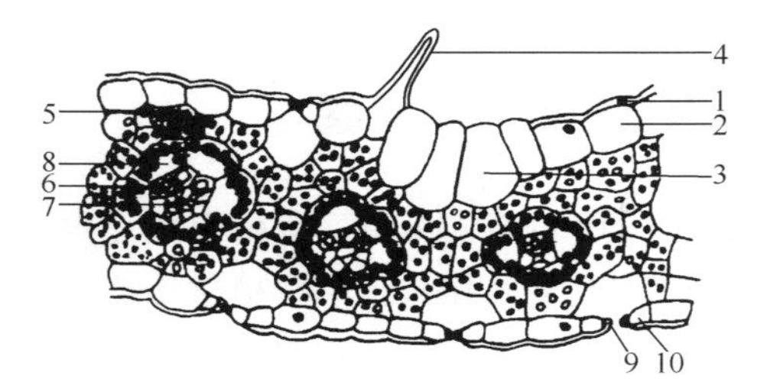

图 8-17　玉米叶片横切结构

1—角质层；2—表皮；3—泡状细胞；4—表皮毛；5—厚壁组织；6—木质部；7—韧皮部；8—维管束鞘；9—保卫细胞；10—副卫细胞

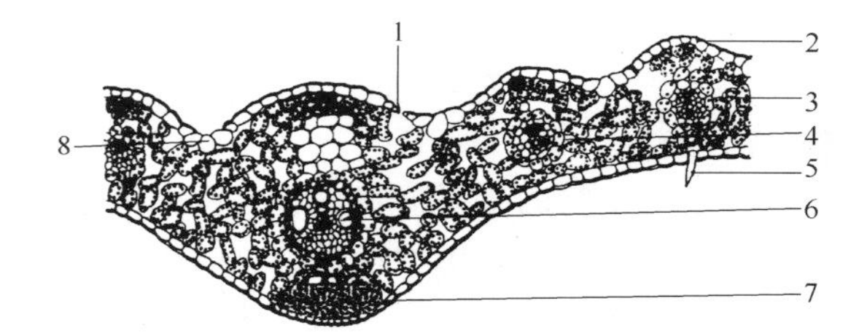

图 8-18　小麦叶片横切结构

1—气孔；2—表皮细胞；3—叶肉细胞；4—小维管束；5—表皮毛；6—维管束；7—厚壁细胞；8—泡状细胞

【实验报告及思考题】

1. 根据实验观察结果完成表 8-1。

表 8-1　不同植物叶片形态结构比较

植物名称 项　目	棉花	玉米	小麦	菹草	夹竹桃	松树	慈菇	芦荟
叶形、大小 厚度、质地 气孔数目/单位面积 表皮附属物 叶肉细胞 栅栏组织 海绵组织 生长环境								

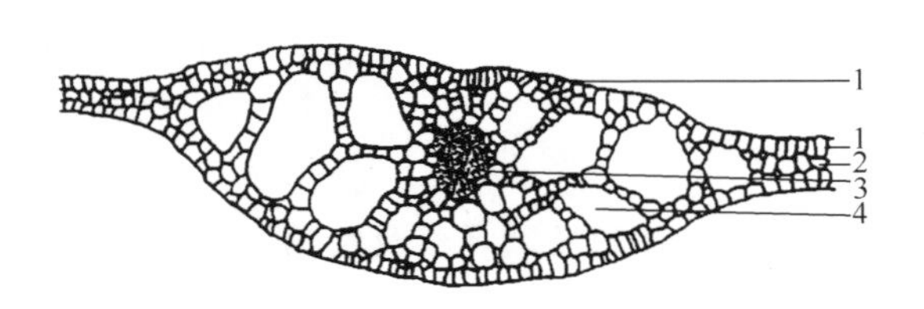

图 8-19　菹草叶横切结构

1—表皮；2—叶肉；3—维管束；4—气腔

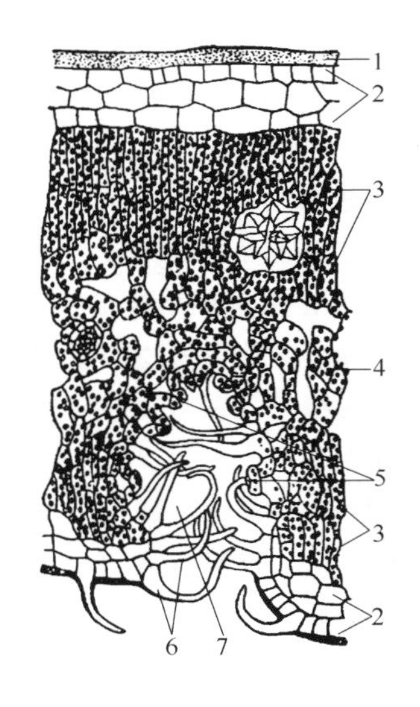

图 8-20　夹竹桃叶片横切结构

1—角质层；2—复表皮；3—栅栏组织；4—海绵组织；5—气孔；6—表皮毛；7—气孔窝

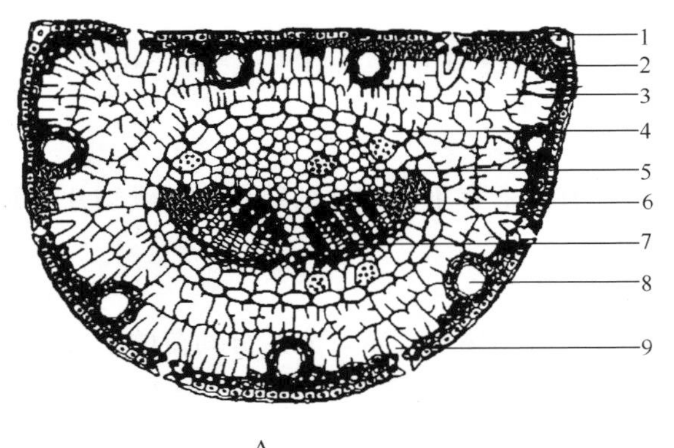

A

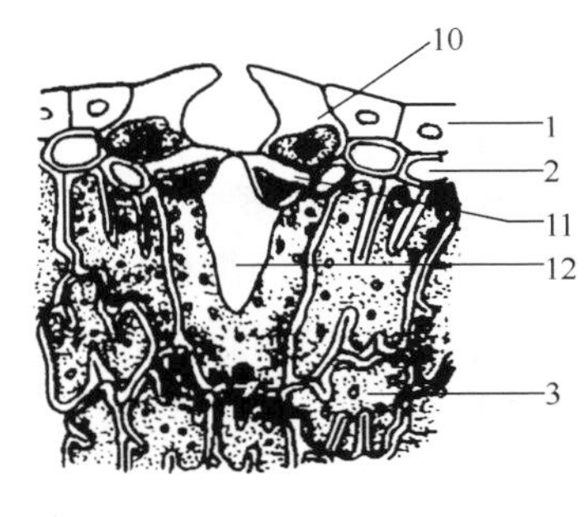

B

图 8-21　松针叶的结构

A—针叶横切面；B—下陷的气孔器。1—表皮；2—下皮层；3—叶肉细胞；4—内皮层；5—转输组织；6—木质部；7—韧皮部；8—树脂道；9—下陷的气孔；10—副卫细胞；11—保卫细胞；12—孔下室

2. 说明土壤中的水分通过植物体散发到空气中的途径。

3. 说明植物叶子对生活环境（旱生、水生环境；阳地、阴地植物等）的适应性的形态结构特点。

4. 比较菹草、苦草、眼子菜、夹竹桃、松树、芦荟、仙人掌、小麦、玉米等植物叶子形态结构的异同点。

5. 比较 C_4 与 C_3 植物叶片的结构。

实验 7　植物营养器官的整体解剖和异常结构观察

【研究背景】

解剖鉴定常作为生物鉴别诊断的有效途径之一。通过植物整体解剖、异常结构以及特殊因素引发植物结构变化的研究，不仅可对器官的基本结构加深认识，同时还能对植物的整体结构、器官之间的连接、器官的发生、创伤、病菌侵染及逆境胁迫和转基因所引起的结构变化等有较全面的认识，从而为相关研究提供必要的依据。

【目的与要求】

1. 通过植物整体解剖，了解植物体器官之间的连接、器官的发生及脱落等过程的机理。

2. 了解植物异常结构的发生与形成。

3. 了解特殊因素引发的植物结构的变化。

4. 能熟练运用徒手切片方法制作植物幼嫩材料的切片和显微观察及绘图。

【材料与用品】

新鲜材料：大豆、花生、黄瓜、棉和曼陀罗的幼苗，丁香、大叶黄杨和苹果的顶芽或腋芽，竹节蓼茎，菠菜、油菜、茄、小麦和玉米等若干种完整植物。

永久制片：棉、毛茛和齿叶铁线莲根-茎过渡区系列制片，棉茎节部横切制片，银杏叶离区制片，番茄枝芽和花芽的横、纵切片，甘薯、甜菜、藜及乌头根的横切片，苋和马兜铃茎横切制片，鸢尾叶横切片，马铃薯块茎创伤周皮制片、烟草花叶病毒侵染番茄叶片和茎尖的制片以及转基因烟草花药的制片、两种凤仙花嫁接面的纵切片等。

实验用品：显微镜、解剖镜、放大镜、载玻片、盖玻片、刀片、镊子、吸水纸、纱布、解剖针、培养皿。

试剂：间苯三酚溶液、50％HCl。

【内容与方法】

1. 植物整体解剖观察

任选上述一种完整幼嫩植物，制作各器官及器官不同部位的徒手横、纵切片，观察植物整体结构，并记录其结构特征。

① 根-茎连接。

取大豆、花生、黄瓜、棉和曼陀罗等任一种植物的幼苗，先区分幼苗的子叶、真叶、下胚轴、上胚轴和根，然后自根部开始，向上胚轴方向做徒手横切片，每隔 1～2mm 取一切片，按顺序将切片逐一放于载玻片上（材料可摆放 2～3 排，容纳不下时可放在另一张载玻片上）。然后加上盐酸和间苯三酚溶液，待木质部导管分子的细胞壁染成红色后，盖上盖玻片（勿改变切片顺序，勿使盖玻片周围有余液溢出），置显微镜下逐片依次观察初生维管组织的结构变化，注意后生木质部的分叉、倒转和并合的过程，记录过渡区起始与终止的位置及过渡区的长度。

被子植物根-茎过渡区还有其他形式。示范：棉、毛茛、齿叶铁线莲等植物根-茎过渡区。

② 茎-叶的连接。

茎-叶的连接位点在茎的节部。

取棉茎节部横切制片，观察其叶迹和叶隙的特征。

③ 叶的脱落。

叶脱落的位点在叶柄基部。

取银杏叶离区制片，观察叶脱落前叶柄基部离区的结构特征。

④ 营养苗端与生殖苗端。

先取丁香、大叶黄杨和苹果的顶芽或腋芽，用双面刀片从正中纵剖，在实体解剖镜下观察，辨别芽的性质：是枝芽、花芽，还是混合芽？另取番茄枝芽和花芽的横、纵切片，观察生长锥的形状、大小及叶原基与花原基的分化，分析比较营养苗端与生殖苗端的区别。

【问题与思考】

① 根据你选择材料的根-茎过渡区观察，绘出4～5个简图，说明根-茎过渡结构的梯度变化以及根-茎过渡发生的部位。

② 说明棉茎-叶连接部位及叶迹和叶隙的空间位置，有无枝迹和枝隙？

③ 如何鉴别叶的离区、离层和保护层？保护层最终将与茎的什么结构相连接？

④ 植物营养苗端向生殖苗端转化时要受到哪些内外因素的调控？

2. 植物异常结构的观察

植物异常结构在多种植物中存在，它是植物长期适应某种生态环境而产生的稳定的、可遗传的、有别于一般结构的特殊结构。器官的异常结构与器官的变态既有联系又有区别，异常结构存在时，器官的功能正常，形态稍异或正常。只有结构、形态和功能都异常时，才被称为器官的变态。

取下述切片：甘薯、甜菜、藜、乌头根的横切片，苋和马兜铃茎的横切片，鸢尾叶的横切片，取竹节蓼茎做徒手横切，观察异常结构的特征及其发生部位。

【问题与思考】

① 分析你所观察的材料，说明其与一般结构的区别。

② 在所观察的材料中，哪些属于形态、结构和功能皆异常的器官变态？哪些仅属于结构异常，而形态和功能正常的异常结构？

3. 某些特殊因素引发的植物结构变化

（1）创伤周皮

取预先引起创伤反应产生创伤周皮的马铃薯块茎，做徒手切片，或取马铃薯创伤周皮的制片，观察创伤周皮的发生和特征。

（2）感病植株的结构变化

观察烟草花叶病毒（TMV）侵染番茄的制片以及电镜照片。

（3）植物嫁接后的结构变化

示范：两种凤仙花嫁接面的纵切片，注意接穗与砧木间维管束桥的形成。

（4）某些转基因植物结构的变化

示范转基因烟草花药制片及图片，注意雄配子体发育时，绒毡层和药室内壁的异常变化。

【问题与思考】

① 分析植物嫁接过程中接穗与砧木之间的维管束桥是怎样形成的？

② 说明转基因烟草细胞雄配子体时期绒毡层和药室内壁结构的异常。

【实验报告】

1. 根据你对某一植物整体解剖观察，绘出2～3个有代表性的细胞图或简图，表示植物结构的整体性或异常结构。

2. 举例说明你所观察植物的异常结构与其生理功能的关系。

第九章　种子植物的繁殖器官

实验 8　花的形态和内部结构

【目的与要求】

1. 掌握花的基本形态和解剖结构，学会正确描述花的方法。

2. 通过对花组成部分比较观察，理解花形态的多样性。

3. 通过连续切片观察，了解花粉粒及胚囊的形成过程。

【材料与用品】

百合花、棉花（或木槿）花：刺槐花、大豆（或豌豆）花、桃花、马齿苋花、苹果（或梨）花、黄瓜花、益母草（或薄荷）花、牵牛花、绣线菊（或玉兰）花、睡莲花。

小麦穗、葡萄（或玉米）花序、荠菜（或油菜）花序、车前花序、杨（或柳）花序、葱花序、胡萝卜（或芹菜）花序、马蹄莲（或天南星）花序、向日葵（或蒲公英）花序、无花果花序、唐菖蒲花序、萱草花序、石竹花序、大戟花序、百合花序。

百合幼嫩花药、成熟花药及子房横切片，棉花幼嫩花药、成熟花药及子房横切片，小麦幼嫩花药、成熟花药及子房横切片。

显微镜、放大镜、镊子、解剖针、载玻片、盖玻片、吸水纸、培养皿、白纸。

乙酸洋红染液、10%蔗糖溶液、蒸馏水。

【内容与方法】

1. 花的基本形态及结构的观察

(1) 百合花

① 组成。

取一朵百合花，观察外形（图 9-1），然后由外向内逐层剥离，依次置于培养皿或白纸上，观察各部分形态和数量。

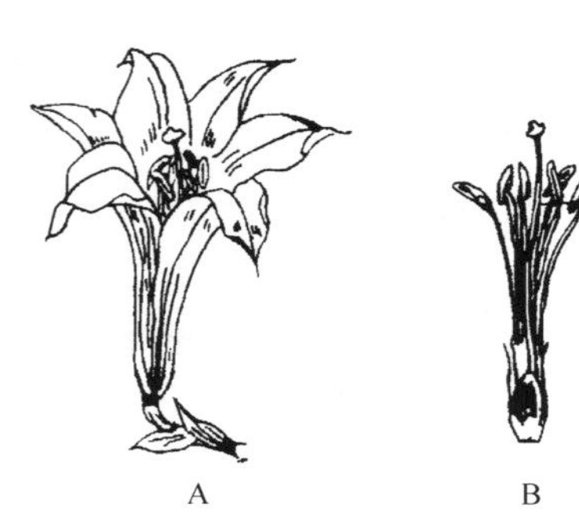

图 9-1　花的形态结构（百合花）
A—花的外部形态；B—雄蕊和雌蕊

花被：白色或黄色，2 轮，每轮 3 片。

雄蕊：6 枚，两轮与花被相对排列；花药黄色，较大，丁字形着药。

雌蕊：1 枚，花柱较长，子房三棱形，子房上位。

② 花药的解剖结构。

取百合幼嫩花药及成熟花药横切片，分别置显微镜下观察形状、壁的结构等，比较二者的差异。

a. 百合幼嫩花药的观察（图 9-2）。

花药呈蝴蝶状，由药隔分为左右两部分，每部分各有两个花粉囊，药隔中分布着由花丝进入花药的维管束。

花粉囊壁。在高倍镜下可分为 4 层。表皮——最外一层细胞，较小，排列紧密。药室内壁——表皮内侧一层细胞，较大，细胞内含淀粉粒。中层——1～3 层较小扁平细胞。绒毡层——最内层柱状细胞，核大，质浓，排列紧密。

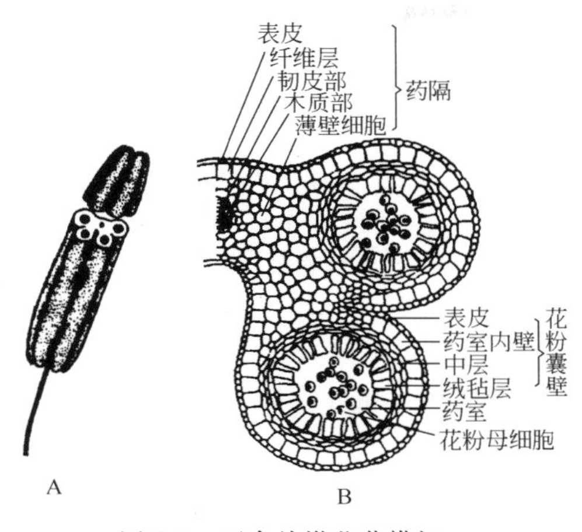

图 9-2　百合幼嫩花药横切

A—花药外形；B—花药横切面结构图

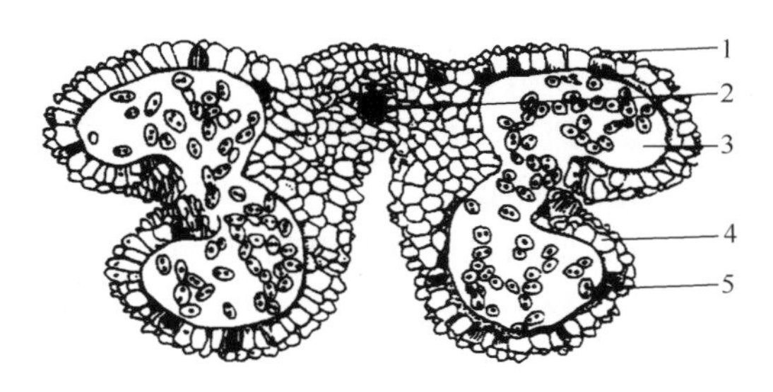

图 9-3　百合成熟花药横切

1—表皮；2—药隔维管束；3—花粉囊；4—药室内壁；5—二胞花粉粒

花粉母细胞。呈多角形，核大，质浓（注意识别花粉母细胞及减数分裂过程）。

b. 百合成熟花药的观察（图 9-3）

成熟花药两侧花粉囊隔膜解体，2 室相互沟通成 1 室，室内充满花粉粒。

花药壁结构出现纤维层，表皮萎缩，中层和绒毡层消失（注意识别纤维层细胞壁增厚形式及唇细胞）。唇细胞为两个花粉囊之间交界处的几个薄壁细胞。

花粉粒发育成熟，形态清晰可辨。

③ 子房及内部结构观察（图 9-4）。

取百合子房横切片，在显微镜下观察，仔细识别子房、胚珠、胚囊等各部分结构。

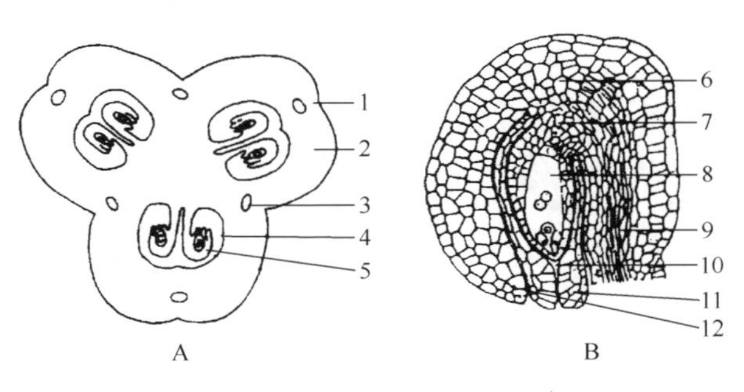

图 9-4　百合子房横切及胚珠结构

A—百合子房横切面简图；B—百合胚珠的结构。1—背缝线；2—子房壁；3—腹缝线；4—子房室；5—胚珠；6—合点；7—珠心；8—成熟胚囊；9—珠柄；10—珠孔；11—内珠被；12—外珠被

a. 子房。

百合为含 3 个心皮（子房壁）的复雌蕊子房，3 室，每室 2 列倒生胚珠，中轴胎座。

b. 胚珠。

珠柄——着生在中轴上，连接胎座及胚珠。

珠被——2 层，薄壁细胞，位于最外面，在 2 层珠被顶端留有一孔，即珠孔。

珠心——珠被包被的胚珠中央部分。

合点——与珠孔相对一端，珠心、珠被、珠柄三者愈合部位。

c. 胚囊。珠心中间囊状结构（注意识别七胞八核）。其中珠孔端有 3 个细胞，中间为卵细胞，两侧为助细胞，共同组成卵器；合点端有 3 个反足细胞；胚囊中间为含次生核的中央细胞。一张切片上往往很难同时观察到 7 个细胞，应制作连续切片对比可观察识别七胞八核。

（2）棉花

① 取一朵新鲜的或浸制的棉花，由外向内逐层观察花萼、花冠、雄蕊群、雌蕊群形态（注意：观察雌蕊群时应挑开雄蕊管）。

副萼：3 片，叶片状，相当于苞片。

花萼：5 片，合生，杯状。

花瓣：5 片，分离，覆瓦状排列。

雄蕊：多数，单体雄蕊，即花丝基部联合成雄蕊管，花药及花丝上部分离。

雌蕊：瓶状，柱头稍分离，子房上位。

② 花药解剖结构。

取棉花幼嫩花药及成熟花药横切片，分别识别花药形态、囊壁结构、花粉粒等，并与百合的花药比较。

③ 子房及内部结构。

取棉花子房，于中部横切观察剖面结构，然后做徒手横切切片，乙酸洋红染色，显微镜下观察，识别心皮、中轴胎座、珠被、珠心、胚囊及内部七胞八核。与百合子房结构比较（注意：也可以直接观察棉花子房横切片）。

④ 写出棉花的花程式或绘制花图式。

（3）小麦

① 组成（图 9-5）。

小麦穗实际上为一复穗状花序。取开始开花的小麦穗，用镊子自穗中部取一小穗观察，外面有两片颖片，内有数朵小花，仅下部 2～4 朵发育正常。取一朵发育正常的小花，由外向内剥离并观察花各部分结构。

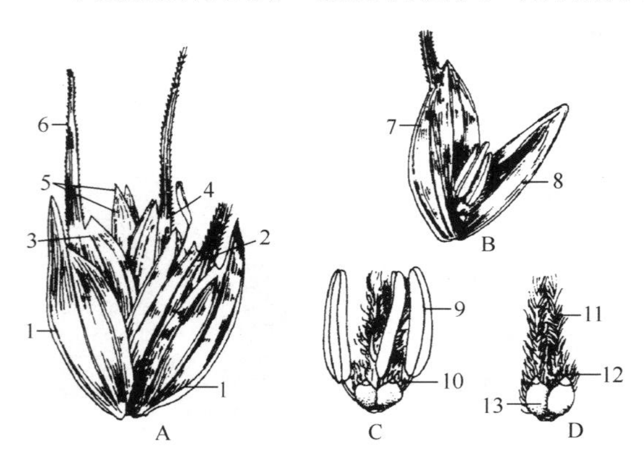

图 9-5　小麦穗及花的结构

A—小穗；B—小花；C，D—除去稃片及雄蕊的花；1—颖片；2—第一朵小花；3—第二朵小花；4—第三朵小花；5—第四朵小花；6—芒；7—外稃；8—内稃；9—花药；10—花丝；11—柱头；12—子房；13—浆片

外稃：1 片，脉明显，常具芒，相当于小花苞片。

内稃：1 片，薄膜状，两侧向内折叠。

浆片：2 枚，白色，位于外稃内侧，紧贴子房基部，边缘具毛。

雄蕊：3 枚，花丝细长，花药黄色，较长。

雌蕊：1 枚，柱头两裂，羽毛状，花柱较短，不明显，子房上位。

② 花药解剖结构。

取成熟小麦花药横切徒手切片置于载玻片上，加一滴水，制作临时装片或取成熟花药横切片观察花粉囊、花粉粒结构，与百合、棉花比较异同。

③ 子房及内部结构。

结合百合、棉花子房及内部结构的观察，取小麦子房横切片，显微镜下识别心皮、胚珠、胚囊结构特点。

④ 写出小麦花的花程式或绘制花图式。

2. 花形态多样性的观察

（1）花冠（图 9-6）。

花冠是花瓣总称，植物花冠形态变异很大，形成各种花冠类型，是植物分类的重要依据之一。

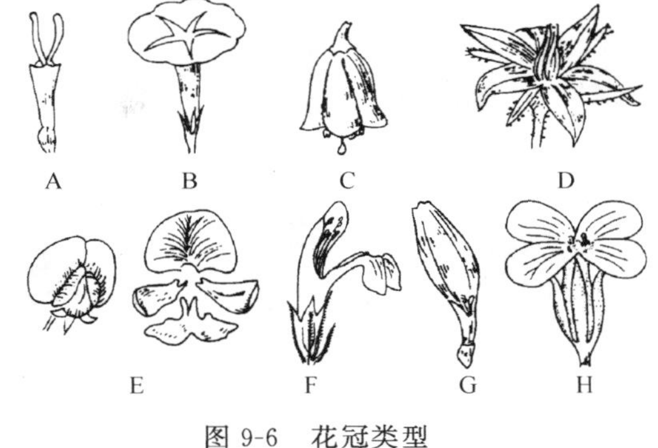

图 9-6　花冠类型

A—筒状；B—漏斗状；C—钟状；D—轮状；E—蝶形；F—唇形；G—舌状；H—十字形

① 十字形花冠。

花瓣 4 片，离生，十字形。荠菜、萝卜、白菜等十字花科植物具典型的十字形花冠。

② 蝶形花冠。

花瓣 5 片，顶端为旗瓣，两侧为翼瓣，两翼瓣之内下方是两片合生的龙骨瓣。蝶形花科植物如大豆、豌豆、紫藤、刺槐等为蝶形花冠。

③ 唇形花冠。

花瓣 5 片，合生，花冠基部联合成筒状，上部分离成上唇和下唇，一般上唇二裂，下唇三裂。如唇形科的一串红、益母草、薄荷等。

④ 漏斗状花冠。

花瓣一般 5 片，全部联合成花冠筒，由基部向上逐渐扩大成漏斗状。如牵牛、矮牵牛等的花冠。

⑤ 筒状花冠。

花瓣 5 片，合生成筒状，上部无明显扩大。如菊科植物向日葵、菊花等的中心花。

⑥ 舌状花冠。

花瓣 5 片，合生，花冠仅基部少部分联合成管状，上端联合成一扁平舌片状。如菊科植物蒲公英的花及菊花、向日葵等的边缘花。

另外还要注意观察其他类型的花冠，如钟状和轮状花冠等类型。

(2) 雄蕊（图 9-7）

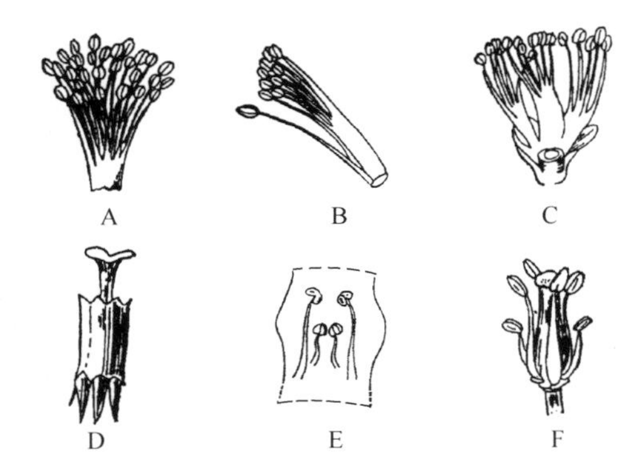

图 9-7　雄蕊类型

A—单体雄蕊；B—二体雄蕊；C—多体雄蕊；D—聚药雄蕊；E—二强雄蕊；F—四强雄蕊

雄蕊形态变异主要体现在花丝花药长短、连接方式、联合或分离等方面。

① 分离雄蕊。

雄蕊互相分离，花丝可等长或不等长，如十字花科雄蕊四长二短，称四强雄蕊；唇形科和玄参科植物雄蕊二长二短，称二强雄蕊。

② 单体雄蕊。

花药分离，花丝联合成一束，如棉花、木槿。

③ 二体雄蕊。

花丝联合成 2 束，如蚕豆、甘草、刺槐。

④ 多体雄蕊。

花丝联合成多束。如蓖麻、金丝桃。

⑤ 聚药雄蕊。

花丝分离，花药联合。如向日葵、南瓜、蒲公英。

(3) 雌蕊和胎座类型（图 9-8）

雌蕊是由心皮包围形成，由于构成雌蕊的心皮数目及心皮联合方式不同，而形成各种类

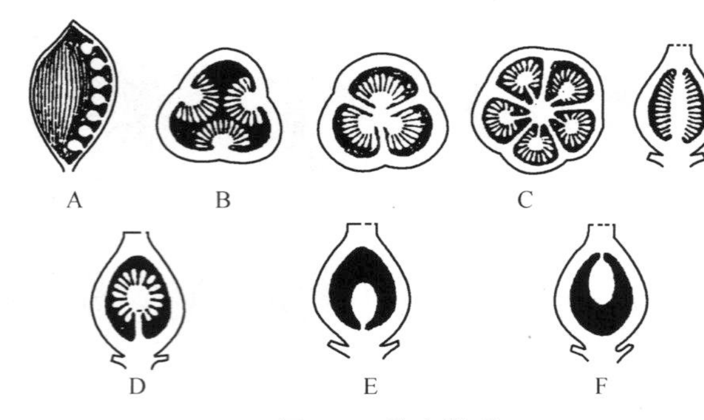

图 9-8　胎座类型

A—边缘胎座；B—侧膜胎座；C—中轴胎座；D—特立中央胎座；E—基生胎座；F—顶生胎座

型雌蕊和出现各种胎座类型。

雌蕊类型：

① 单雌蕊。单个心皮构成，子房一室，胚珠着生在腹缝线上，此类胎座为边缘胎座。如刺槐、豌豆、大豆等。

② 离生雌蕊。由数个心皮形成彼此分离的雌蕊，又称为离生单雌蕊。如毛茛、绣线菊、玉兰花。

③ 合生雌蕊。多个心皮联合形成一个子房，子房一室或多室。

胎座的类型：

① 边缘胎座。子房一室，胚珠沿心皮的腹缝线呈纵行排列。如豌豆、蚕豆等。

② 侧膜胎座。复雌蕊，子房一室，胚珠着生在两心皮相接的腹缝线上。如黄瓜、罂粟等。

③ 中轴胎座。多心皮组成子房多室，心皮边缘联合向子房内延伸成隔膜并在中央形成中轴，胚珠着生在中轴上。如棉花、牵牛、苹果、百合。

④ 特立中央胎座。复雌蕊，由于隔膜及中轴上部消失而成为子房一室或不完全数室子房，胚珠着生在中轴上，可能由中轴胎座演化而来。如石竹、马齿苋。

⑤ 基生胎座。子房一室，胚珠着生在子房基部。如向日葵、蒲公英。

⑥ 顶生胎座。子房一室，胚珠着生在子房顶部，悬垂室中。如桃。

(注意：单雌蕊及合生雌蕊都可能具有基生胎座、顶生胎座类型。)

(4) 子房位置 (图 9-9)

① 上位子房。子房只有底部与花托相连，有两种情况。

下位花：花的其余部分着生在低于子房的花托上，如油菜、刺槐等。

周位花：花托或花筒凹型，花的其余部分着生在凹型的花托或花筒边缘，处于子房的周围，如桃花、月季等。

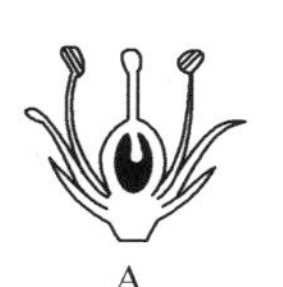

图 9-9　子房位置的类型

A—上位子房 (下位花)；B—上位子房 (周位花)；C—中位子房；D—下位子房

② 中位子房 (半下位)。花周位：子房下半部与花托或花筒愈合，子房上半部、花柱、柱头仍露在外面，花的其余部分着生在花筒边缘，处于子房的周围，如马齿苋、忍冬等。

③ 下位子房。上位花：整个子房埋于花托或花筒中，且与其愈合，花的其余部分着生在子房上方，如苹果、黄瓜等。

(5) 花序

被子植物的花可以单独着生在茎的顶端或叶腋，也可以许多花朵按一定规律着生于花序轴上组成花序，不同花序类型体现出花着生方式的多样性。

① 无限花序 (图 9-10)。

开花期间，花序主轴可以继续向上生长、伸长和分化出新花芽，开花顺序由基部向上部或由外围向中央依次开放。观察以下几种花序类型的典型代表植物，总结相应特点。

a. 总状花序和复总状花序。

首先观察荠菜、油菜的总状花序。其特点是，花序只有一个伸长而不分枝的花序轴，上面着生花柄相等花，开花顺序自下而上逐渐开放。

再观察葡萄或玉米雄花序，花轴分枝，每枝为一总状花序，形如圆锥状，为复总状花序（圆锥花序）。

b. 穗状花序与复穗状花序。

观察车前穗状花序（与总状花序相比），在不分枝花序轴上，着生多数无柄两性花。

再观察小麦复穗状花序，花序轴分枝，每枝为一穗状花序。

c. 柔荑花序。

观察杨、柳花序，与穗状花序相似，花序轴不分枝，花无柄。花均为单性花，花序轴下垂或直立。开花后整个花序脱落。

d. 伞房花序与复伞房花序。

图 9-10　无限花序类型

A—总状花序；B—穗状花序；C—伞房花序；D—柔荑花序；E—肉穗花序；F—伞形花序；G—头状花序；H—隐头花序；I—复总状花序；J—复伞形花序

观察梨、苹果花序，花序轴不分枝，花柄长短不等，由下向上，逐渐缩短，整个花序小花排列在一个平面上。观察绣线菊花序，花轴分枝，每枝为一伞房花序，称复伞房花序。

e. 伞形花序与复伞形花序。

观察葱花序，花轴极短，多数由花轴顶端生出，各小花花柄近等长，呈放射状排列，为伞形花序。观察胡萝卜、芹菜的复伞形花序，花轴分枝，每枝为一伞形花序。

f. 肉穗花序和佛焰花序。

观察玉米雌花序，花序轴肉质化，呈棒状，花无柄，单性，为肉穗花序。观察马蹄莲、天南星的花序，其肉穗花序外有一大型苞片称佛焰苞，称佛焰花序。

g. 头状花序和隐头花序。

观察向日葵、蒲公英花序，花序轴极度缩短，顶端膨大，上面密集着生许多无柄花，整个花序呈头状或盘状，为头状花序。若花轴中间向下凹陷呈囊状，小花着生在囊状体内壁上，只有囊的顶端有一小孔与外界相通，即称隐头花序，如无花果。

② 有限花序（图 9-11）。

开花期，花序轴不能继续伸长，而是苞片腋部长出侧生花序，类似茎的合轴分支方式，开花顺序由上部向下部或由内向外依次开放。

a. 单歧聚伞花序。

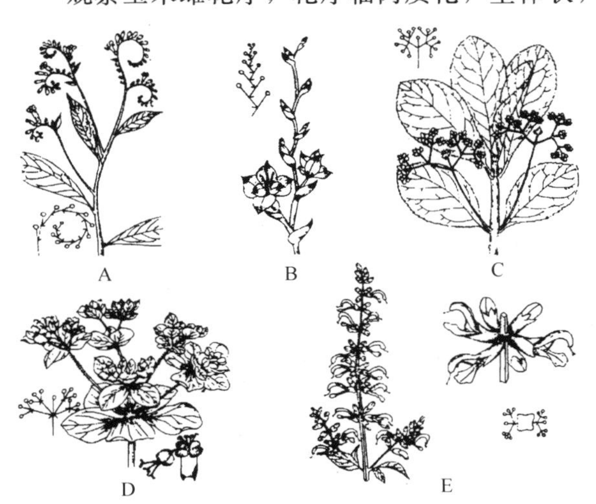

图 9-11　有限花序类型

A—螺旋状聚伞花序；B—蝎尾状聚伞花序；C—二歧聚伞花序；D—多歧聚伞花序；E—轮伞花序

花序轴顶花开放后，其下仅有一侧芽形成侧轴，侧轴顶芽成花，再由其下的侧芽发育成花，如此反复，连续分支形成单歧聚伞花序。

若侧枝左右间隔发生，形成蝎尾状聚伞花序，如唐菖蒲；若侧枝发生在同一侧，称螺旋状聚伞花序，如附地菜、萱草。

b. 二歧聚伞花序。

观察石竹、大中黄杨的花序，顶芽成花后，其下一对侧芽同时萌发成侧枝，侧枝顶芽成花，如此反复连续分枝形成二歧聚伞花序。

c. 多歧聚伞花序。

观察大戟花序，顶花下主轴生出三个以上侧枝，各侧枝顶端成花，又以同样方式分枝，称多歧聚伞花序。

d. 轮伞花序。

聚伞花序生于对生叶的叶腋中，呈轮状排列，如益母草。

3. 发育过程观察

（1）雄蕊瓣化

取睡莲的花，用镊子由外向内逐层剥离花瓣、雄蕊，依顺序置于纸上，观察雄蕊瓣化过程：由正常雄蕊，花丝逐渐扁平至完全瓣化，花药逐渐退化至完全消失。

（2）花粉粒萌发过程

① 观察花粉粒形态。

在载玻片上滴一滴10%蔗糖溶液，用镊子取新鲜百合花粉轻轻撒在上面，盖上盖玻片，置显微镜下观察花粉粒形态。

② 将载玻片置光照培养箱中培养，每隔半小时置显微镜下观察花粉粒萌发状况。

（3）百合胚囊的发育

取百合幼嫩子房横切片连续观察，识别胚囊母细胞时期、大孢子形成时期、胚囊发育时期、成熟胚囊时期的发育过程特点。首先珠心分化出孢原细胞，由它长成大孢子细胞，而后减数分裂形成四个大孢子，然后发育成成熟胚囊。

【实验报告】

1. 绘百合成熟花药横切面结构图，标注各部分名称。

2. 绘百合子房横切面轮廓图及一个胚珠详图，标注各部分名称。

3. 以总状花序为对照，讨论总结无限花序中穗状花序、伞房花序、伞形花序、头状花序和肉穗花序与其有何区别。

4. 比较百合、小麦、棉花、荠菜四者花解剖结构的区别。

【思考题】

1. 子房、胚珠、胚囊三者之间的关系是怎样的？

2. 解剖几种观赏菊花，比较结构异同，思考其形态变异特点及意义。

3. 思考穗状花序、肉穗花序、隐头花序适应陆地生活的意义。

4. 花粉粒及受精卵发育需要大量营养，请思考它们的来源及获取过程。

实验9　花的形态结构与传粉的关系

【研究背景】

花是被子植物特有的生殖器官。典型的被子植物花由花柄、花托、花被、雄蕊群、雌蕊群五部分组成。其中，雄蕊群和雌蕊群是最重要的部分，它们是产生雌、雄配子的场所。当雄蕊中的花粉粒和雌蕊中胚囊成熟或二者之一成熟时，花即开放。由花粉囊散发出的成熟花粉粒，通过不同的媒介被传送到同一朵花或不同花的柱头上，完成传粉。传粉是开花植物有性生殖的一个必要过程，并且各类花都具有与传粉媒介、过程相适应的形态结构。

【材料与方法】

取唇形科（紫苏、薄荷、一串红、益母草）、杨柳科（杨属）、蝶形花科（豌豆、蚕豆等）、禾本科（玉米、小麦、水稻）、蔷薇科（苹果、海棠）、菊科（向日葵、蒲公英）、水生植物（苦草、黑藻、金鱼藻）、无花果等植物的花，用解剖镜（或用放大镜）观察其花的组成、结构及区别，用花程式和花图式表示花的构成。把实验观察结果填入表 9-1。

表 9-1　各种花的形态结构及传粉方式

植物 / 观察项目	杨柳科	蝶形花科	唇形科	蔷薇科	禾本科	无花果	水生植物
花形态、大小							
花被（数目）及排列方式							
花的对称性							
花颜色							
花气味							
花托形状							
雄蕊数目及类型							
花药中花粉量							
雌蕊数目							
子房位置							
传粉方式及适应性特点							

【实验报告】

1. 从花的形态结构说明传粉的适应性特点。
2. 探讨不同植物的花形态结构的差异、盛花期时间与传粉媒介的关系。
3. 花托形态的变化与花的其他部分着生位置变化有何关系？与花的传粉方式有无关系？

实验 10　植物花粉形态的比较观察

【研究背景】

比较形态学是植物分类学最为重要的一个资料来源，分类群以明显的而不是隐微的特征来划分，非常方便，但这也是造成分类学上主观性的重要原因之一。进入 20 世纪以来，由于显微技术的不断发展，人们可借助光学显微镜和扫描电子显微镜观察植物表面的细微形态，与（宏观）形态相对应，将其称为微形态。微形态学的研究内容很广泛，从植物体茎叶表皮细胞形状和排列、外层细胞壁的突起到叶片表面毛、气孔器、腺体的结构和形态以及果实、种子和花粉表面的精细结构，其中对花粉形态结构的研究形成了一门独立的学科——孢粉学（Palynology）。孢粉学是研究植物花粉（种子植物）和孢子（孢子植物）的科学。孢粉学的发展对现代植物分类学产生了很大影响，为分类学提供了大量信息资料，同时也对地质学、古植物学的发展起到了积极的推动作用。

【材料与用品】

光学显微镜、扫描电子显微镜、水浴锅、离心机、小试管、镊子、解剖针、细铜网、载玻片、盖玻片、双面透明胶带、酒精灯、目镜测微尺。

冰醋酸、乙酸酐、浓硫酸、甘油、石炭酸、加拿大树胶、蒸馏水、酒精。

【内容与方法】

花粉形态特征很复杂，形态、大小、极性、萌发孔、外壁纹饰及结构有着很大差异，因此相对应的描述术语也很多，可参阅《中国植物花粉形态》、《孢粉学手册》、《孢粉学概论》等专著或教材。

不同科属植物材料花粉可以取自新鲜植株或腊叶标本。

1. 花粉材料的收集

取植物的具花腊叶标本，用解剖针和镊子小心拨取花药分别放入 6 支小玻璃管中并编号，或从新鲜植株的花朵中拨取花药。

2. 乙酸酐分解法制片

将 2ml 冰醋酸加入上述盛有花药的小玻璃管中，待花药泡软后将其弄破。通过细铜网将花粉过滤到编号对应的离心管中，经离心沉淀后，倒去冰醋酸。加入乙酸酐-浓硫酸混合液（9∶1），将离心管放入水浴锅（或具水的烧杯中）加热至沸，1～2min 后离心沉淀，倒去混合液。加入蒸馏水，再离心，重复 3 次。加入 50%甘油，将甘油和花粉一起倒入小玻璃管中，并加入少许防腐剂（石炭酸或麝香草酚）。将保存材料制成固定封片。

3. 扫描电镜样品的制备

取花药少许置于载玻片上，然后滴 50%酒精 1 滴，用小镊子把花药压碎，将花粉粒洗脱，经自然干燥，置光学显微镜下检查花粉粒的多少，当达到一定量的花粉时，再用小毛笔尖蘸花粉粒转到具双面透明胶带纸的样品台上，将载有花粉粒样品的样品台移于镀膜机上，喷金镀膜 3min 后即可在扫描电镜下观察照相。

4. 观察测量

将用乙酸酐分解法制成的固定封片置于光学显微镜下观察，注意观察花粉粒的形状、萌发孔的类型，并用目镜测微尺测量花粉粒的大小，每种花粉粒测量 20 粒，取其最小值、最大值和平均值。在扫描电镜下观察花粉粒的形状，萌发孔（沟）的类型，尤其是外壁纹饰，利用扫描电镜照片测量萌发沟的大小，根据放大照片上的比例尺，重新准确计算照片的实际放大倍数，然后再以照片上的测量值除以放大倍数求得实际大小长度。

【实验报告及思考题】

1. 将观察结果填入表 9-2。

表 9-2　常见植物的花粉形态特征比较

种　　名	花粉粒形状	花粉粒大小	萌　发　孔		外壁纹饰
			类型	沟的大小	

2. 比较不同科属植物花粉或孢子形态特征差异，探讨植物的亲缘关系。

实验 11　胚的发育及种子、果实的结构类型

【目的与要求】

1. 掌握双子叶植物荠菜胚发育特点，了解种子的形成过程。
2. 了解果实的基本形态、特征，掌握果实主要类型、结构。
3. 掌握各类种子的形态和结构特征。

【材料与用品】

荠菜、桃、花生、玉米、苹果、蒲公英、菜豆、蓖麻、小麦、板栗、元宝槭、草莓、桑、梅、西葫芦、牵牛、车前、百合、山楂、柑橘、黄瓜、茄子、辣椒、番茄、香蕉、八角茴香、花椒、棉花、白菜、西瓜、向日葵、胡萝卜、凤梨、无花果、龙眼（桂圆）、柿子（或柿饼）等。

小麦和玉米种子纵切片、荠菜胚各发育时期切片。

放大镜、显微镜、解剖刀、镊子、培养皿、擦镜纸、吸水纸。

碘液、蒸馏水。

【内容与方法】

1. 胚的发育

被子植物胚珠经双受精发育成种子，其中受精卵发育成胚，受精极核发育成胚乳。胚的发育过程可划分为原胚时期、胚分化时期、成熟胚时期。观察荠菜幼胚和成熟胚的纵切片，可以识别荠菜胚的整个发育过程特点及种子形成的过程。（注意：观察荠菜的胚，首先应确定胚珠结构，特别是珠孔和合点位置）。荠菜的胚珠弯生，珠孔朝下向着基部，珠心并不弯曲，珠心内有一个马蹄形胚囊，胚囊形态构造随内部胚的发育发生变化。

(1) 荠菜幼胚纵切片观察（图 9-12）

取荠菜子房纵切片置低倍镜下选择一个比较完整的胚珠，再转换高倍镜观察。

原胚时期：于胚囊近珠孔端已发育成幼胚，紧靠珠孔内方有一大型细胞即基细胞，其上有 7 个或 8 个细胞组成胚柄，胚柄远珠孔端有一呈球形的细胞团称为原胚或称球形胚；胚囊另一端为反足细胞群。同时，胚囊四周极核受精后形成胚乳细胞核。

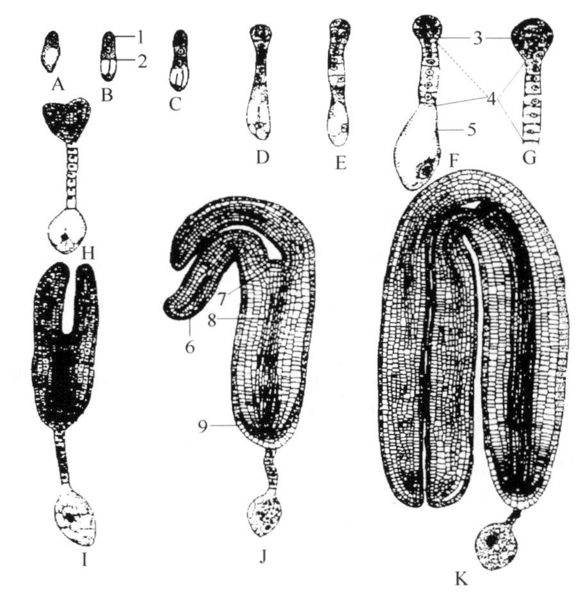

图 9-12　荠菜胚的发育过程

A—合子；B—二细胞原胚；C—基细胞横裂为二细胞胚柄；D—四分胚体；E—八分胚体；F，G—球形胚体；H—心形胚体；I—鱼雷形胚体；J—手杖形胚体；K—成熟胚。1—顶细胞；2—基细胞；3—胚体；4—胚柄；5—泡状细胞；6—子叶；7—胚芽；8—胚轴；9—胚根

胚分化期：球形胚前端突起形成子叶原基，部分胚乳游离核周围出现细胞壁形成胚乳，胚体呈心形，即称心形胚。接着，胚体分化出两片子叶和下胚轴，胚乳游离核已形成胚乳细胞，整个胚体呈鱼雷形，即称鱼雷胚。以后，子叶变弯曲，胚柄逐渐退化，但胚柄基细胞保留，胚乳细胞又逐渐解体供给胚发育。

(2) 荠菜成熟胚纵切片观察

取荠菜子房纵切片置显微镜下观察，胚呈弯形，两片肥大子叶位于远珠孔端，夹在两片子叶之间的突起为胚芽，与子叶相连处为胚轴，胚轴以下为胚根。此时，珠被发育成种皮，胚乳和珠心组织全部被胚吸收，整个胚珠形成种子。

2. 果实和种子结构

(1) 基本结构

① 桃。

桃的果实是由1个心皮、1个室的单雌蕊上位子房发育的真果，其子房壁发育成果皮，胚珠发育成种子。取桃果实观察纵剖面（图9-13)，果皮明显分为三层：外果皮薄而软，具毛，由子房壁表皮和表皮下厚角组织发育而成；中果皮肉质多汁，是食用部分，由子房壁中间层细胞发育而成；内果皮坚硬，构成核的硬壳，由子房壁内表面木质化增厚形成。

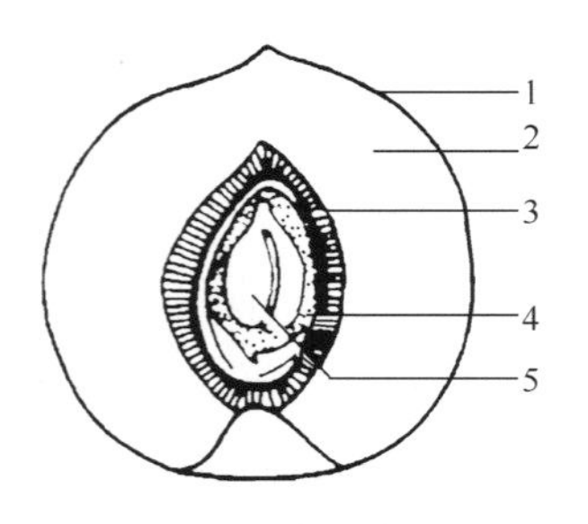

图9-13　桃果实纵切图

1—外果皮；2—中果皮；3—内果皮；4—种子；5—胚

敲开内果皮，内有一枚种子，观察种子结构：最外层为种皮膜质，但其保护作用差，剥去种皮即露出两片白色肥厚的子叶。用解剖针轻轻地分开子叶，在放大镜下观察，可看到胚芽及幼叶，胚芽另一端为胚根，子叶着生处为胚轴，较短。

② 花生。

花生的果实是由1个心皮单雌蕊上位子房发育的真果。取一花生纵切，用放大镜观察果皮，可见花生果皮分为三层：外果皮薄膜质；中果皮较厚，棕黄色纤维质；内果皮为白色薄膜状。果皮缢缩，多呈2室，每室1枚种子，供食用。

取种子观察，种皮红色，薄膜质，一端具白色种脐，种孔不易观察。剥去种皮，可见两片肥厚子叶，轻轻分开子叶，观察胚芽，幼叶形态，胚芽另一端突起为胚根，子叶着生处为胚轴。(注意比较花生、桃果实种子结构的异同。)

③ 玉米。

取浸泡过的玉米果实（图9-14)，用镊子将果柄和果皮从果柄处剥掉，在果柄下可见到一块黑色组织即为种脐。观察垂直玉米子粒的宽面正中纵切面，果皮和种皮愈合在一起，不易区分。种皮以内大部分为胚乳，切面基部乳白色部分为胚，滴加一滴碘液，胚乳变成蓝紫色，胚变成黄色，界限明显。胚紧贴胚乳处，有一盾状子叶称盾片。

取玉米胚纵切片，显微镜下观察，子叶与胚乳交界处有一层排列整齐的细胞为上皮细胞，与子叶相连的是较短的胚轴，胚轴上端连接胚芽，胚芽外方鞘状结构为胚芽鞘。胚轴下端连接胚根，包围胚根外方的鞘状结构为胚根鞘。

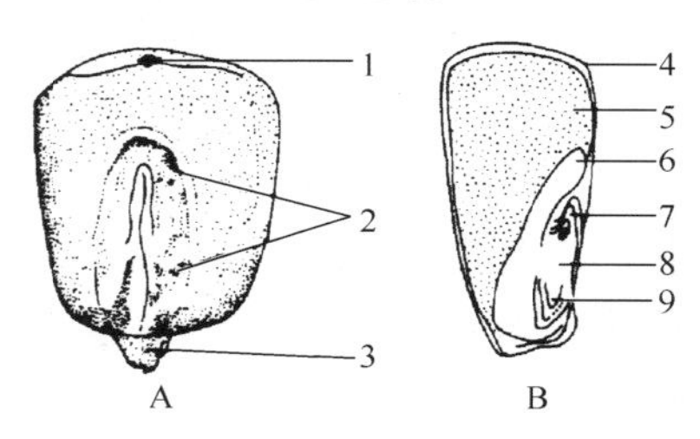

图9-14　玉米果实的结构

A—玉米颖果外形；B—玉米颖果纵切面。1—花柱遗迹；2—胚；3—果柄；4—果皮和种皮；5—胚乳；6—子叶；7—胚芽；8—胚轴；9—胚根

(2) 特殊结构

① 珠迹。

在种子的发育过程中，胚珠除形成胚、胚乳、种皮外，胚珠其他结构也在种子上留下各自结构特征，即所谓的珠迹。其中未被完全吸收的珠心发育成外胚乳，如甜菜；珠孔发育成种孔，如大豆；倒生胚珠外珠被和珠柄愈合形成了种脊，如蓖麻；珠柄从着生处脱落形成的痕迹称种脐。如大豆、花生。

② 假果皮或假种皮。

取一苹果，观察苹果果柄相反的一端有花萼残余存在，苹果的子房属下位子房，子房壁和花筒合生。将苹果横剖观察（图9-15)，果实由5个心皮构成，中轴胎座，每室2枚种子。子房室革质结构为子房壁发育的内果皮，内果皮以外肉质食用部分主要是苹果花筒发育形成假果皮，假果皮内可区分花萼及花瓣的维管束（各 5 枚）呈环状排列。

取龙眼（或荔枝），去除果皮，可见白色肉质的种皮，味甜可食用，为假种皮。

③ 毛状物。

取蒲公英果实观察其上部降落伞状的冠毛或观察棉、柳种子外面细长绒毛。

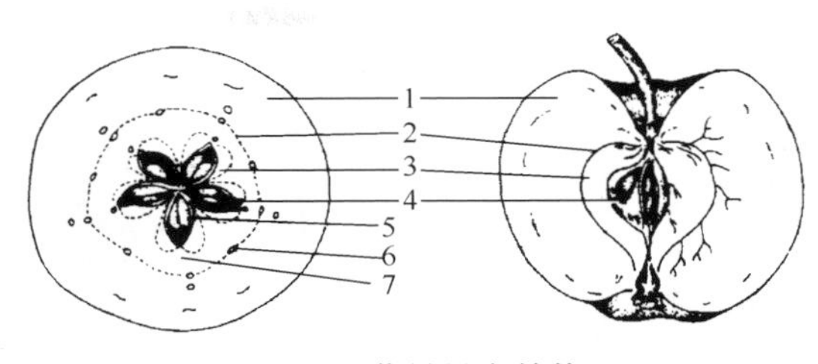

图 9-15　苹果果实结构

1—花筒膨大部分；2—心皮外限；3—中果皮；4—内果皮；5—种子；6—萼筒维管束；7—心皮维管束

3. 种子的基本类型

(1) 双子叶无胚乳种子

① 菜豆。

取一粒浸泡的菜豆种子观察（图 9-16），外形呈肾形，外被革质种皮，肾形凹侧有一长菱形斑痕为种脐，种脐一端有一小孔，用手挤压菜豆两侧，会有水珠自种孔溢出，这个孔即为种孔。剥去种皮，里面为胚，分开子叶，用放大镜观察，可看到胚芽及幼叶、胚根。子叶着生处为胚轴。

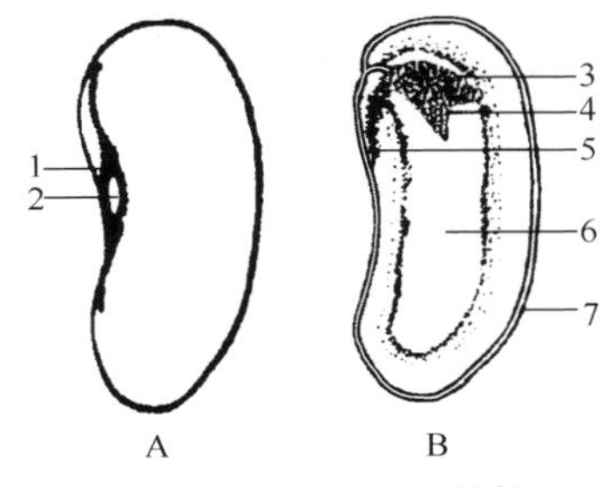

图 9-16　菜豆种子结构

A—种子的外形；B—去掉一侧的种皮和子叶。

1—种孔；2—种脐；3—胚轴；4—胚芽；5—胚根；6—子叶；7—种皮

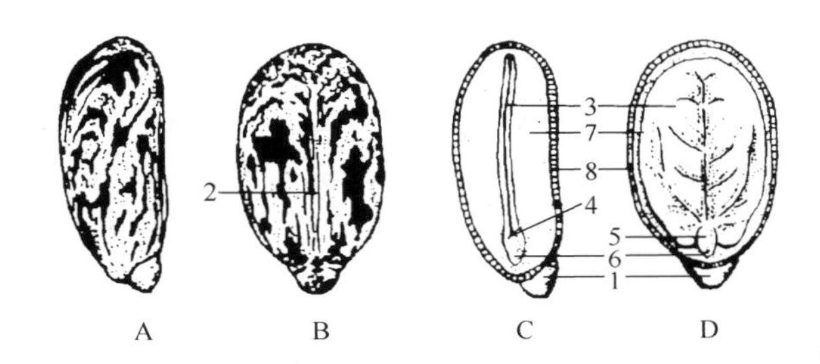

图 9-17　蓖麻种子结构

A—种子外形的侧面观；B—种子外形的腹面观；C—与子叶面垂直的正中纵切；D—与子叶面平行的正中纵切。

1—种阜；2—种脊；3—子叶；4—胚芽；5—胚轴；6—胚根；7—胚乳；8—种皮

② 荠菜。

观察荠菜成熟胚纵切片，识别种子各部分结构。

(2) 双子叶有胚乳种子

取一粒浸泡过的蓖麻种子观察（图 9-17），种子呈椭圆形，种皮呈硬壳状，光滑并具有斑纹，种子小头基部具海绵状突起为种阜，种子腹部中央隆起条纹为种脊。用放大镜观察，可见种子腹面种阜内侧有小突起，称种脐。种孔被种阜掩盖。剥去种皮，其中白色肥厚的部分为胚乳，用刀片平行于宽面纵切，可见两片大而薄的子叶，具明显的叶脉，两片子叶基部与胚轴相连，胚轴上方为胚芽，下方为胚根。

(3) 单子叶有胚乳种子

取一粒小麦子粒观察（图 9-18），子粒椭圆形，腹面有一纵沟，顶端有一丛较细的单细胞的表皮毛，即为果毛。取小麦果实纵切永久装片，在显微镜下观察，识别胚乳及胚的结构（注意比较小麦、玉米结构异同）。

4. 果实的类型

果实类型依发育特点划分成聚花果、聚合果、单果。单果根据果皮性质可分为肉果和

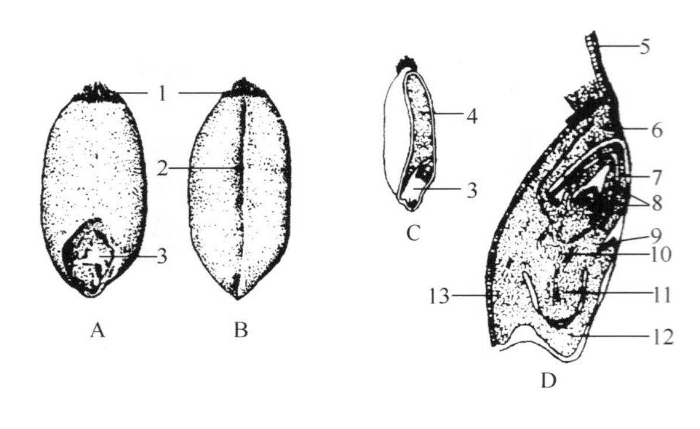

图 9-18　小麦果实的结构

A—背面观；B—腹面观；C—子粒纵切面；D—胚的纵切面。
1—冠毛（果毛）；2—腹沟；3—胚；4—胚乳；5—果皮与种皮愈合层；6—盾片；7—胚芽鞘；8—幼叶及胚芽生长点；9—外胚叶；10—胚轴；11—胚根；12—胚根鞘；13—糊粉层

干果。

（1）单果

① 肉果。

果皮肉质化，肥厚多汁。有浆果、核果、梨果 3 类。

a. 浆果。外果皮薄，中果皮和内果皮肉质化多汁，为食用部分，由一个或几个合生心皮发育而成。如葡萄、番茄、香蕉、柿子等。浆果有瓠果和柑果 2 个特殊类型，其特点如下。

瓠果：由下位子房发育而成的假果，由子房和花托共同发育而成。黄瓜食用部分包括花托、子房壁、胎座等，西瓜食用部分是由胎座膨大肉质化而成。

柑果：柑橘类果实。由合生心皮具中轴胎座的上位子房发育而成。外果皮革质，具油腺；中果皮疏松白色，有许多分枝状维管束；内果皮膜质，向里包围成若干室（橘瓣），室内充满由内果皮向内形成的汁囊（多细胞表皮毛）。

b. 核果。果实通常由单雌蕊发育而成。果皮可明显地分为三层，外果皮较薄，中果皮肉质，内果皮细胞壁木质化，形成坚硬的核。核内含 1 枚种子。如桃、李、杏、梅等的果实。

c. 梨果。由下位子房和花筒共同发育形成的假果，5 个心皮合生子房、5 个子房室，中轴胎座。肉质食用部分主要由花筒发育形成。

② 干果。

果实成熟后，果皮干燥。干果包括很多类，根据其果皮是否开裂分成裂果和闭果两大类。

a. 裂果类。

荚果：大豆、豌豆等果实，由单心皮雌蕊、上位子房发育而成。荚果成熟时沿背缝、腹缝线同时开裂，内有多粒种子。也有不开裂的，如花生、合欢。

角果：由 2 个心皮合生的子房发育而成，中间有假隔膜，种子着生于假隔膜的两边。成熟时沿腹缝线开裂，种子多数。根据果实长宽比不同又可分为长角果和短角果。如白菜、荠菜、油菜、萝卜。

蒴果：观察棉花、牵牛、车前、百合等，它们的果实由两个或两个以上心皮合生的子房发育而成，子房一室或多室，种子多数。成熟时，果实有多种开裂方式。

蓇葖果：果实由多个离生单雌蕊发育而成，实际为一聚合果，成熟时每个小果可沿背缝线或腹缝线开裂，内含种子多数。如八角茴香、花椒、玉兰。

b. 闭果类。

瘦果：子房由 1～3 个心皮合生雌蕊发育而成，子房 1 室，1 枚种子。成熟时果皮不开裂，但果皮和种子易分离。如向日葵、荞麦。

颖果：果皮薄，革质，只含一粒种子。果皮和种子愈合在一起，不易区分和剥离。果实小，一般易误认为种子。如小麦、玉米、水稻。

坚果：如板栗、栓皮栎。子房由 2 个或多个心皮合生而成，常子房 1 室，一粒种子，果皮坚硬，成熟时常附有花序的总苞（壳斗）。

翅果：子房由2个心皮或两个以上心皮合生而成，常子房1室，一粒种子。果实成熟时，果皮向外延伸呈翅状，有利于随风飘飞。如榆树、元宝槭、臭椿。

双悬果：由2个心皮的子房发育而来的果实，未成熟时联合，成熟时两心皮分离成两瓣，并列悬挂在中央果柄的上端，各含一粒种子。如胡萝卜、小茴香。

（2）聚合果

由一朵花中的许多离生雌蕊，发育而成许多小果实，聚生在一个花托上。

取草莓果实纵剖观察，每一单雌蕊发育成一小瘦果，聚生在肉质膨大花托上形成聚合果，花托为主要食用部分。

（3）聚花果

由整个花序发育而成的果实。

取桑椹纵剖观察，果实由整个雌花序发育而成，食用部分主要是由许多雌花的肉质化花萼组成。另有凤梨、无花果等也是聚花果。

【实验报告】

1. 荠菜成熟胚结构图，并注明各部分名称。
2. 绘苹果横剖面图，并注明各部分名称。
3. 绘桃果实纵剖面图，并注明各部分名称。
4. 绘小麦或玉米胚纵切面图，并注明各部分名称。
5. 总结各种类型果实特点。
6. 列表比较单子叶植物和双子叶植物种子结构的异同。

【思考题】

1. 观察荠菜种子发育中胚乳发育的过程，思考胚乳在植物种子中的作用。
2. 总结种皮上胚珠发育中留下的各种痕迹，思考胚珠发育与种子形成关系。
3. 凤梨、无花果、莲蓬、西瓜、梨都为假果，思考其结构和形成异同。
4. 比较不同果实的果皮结构，思考果皮对植物适应陆生生活的意义。
5. 思考种子的形态、结构特征对适应生活环境的意义。

实验12 种子萌发及幼苗形成过程的观察[1]

【研究背景】

种子是种子植物的繁殖器官，一般由种皮、胚和胚乳三部分构成。其中最重要的是胚，它是新生植物的雏体，由胚芽、胚根、胚轴和着生在胚轴上的子叶四部分组成。胚轴又分为上胚轴（子叶着生点到第一片真叶）和下胚轴（子叶着生点到胚根）。

成熟的植物种子经过休眠，在获得合适的内在和外界环境条件（充足水分、足够的氧气、适宜的温度）时，通过一系列的同化和异化作用，就可开始萌发而长成幼苗。由于种子的结构不同，其萌发和形成幼苗的过程也有差异，因而形成的幼苗类型也不同。

【目的与要求】

1. 理解种子萌发所需的条件，了解种子萌发形成幼苗的形态变化过程和幼苗类型的不同之处。

[1] 本实验可分小组进行，每小组采用2～3种种子作为实验材料。

2. 学会用徒手切片和显微化学方法鉴定种子中的贮藏物质。

3. 学习、掌握种子萌发的方法，了解有机物在种子萌发过程中的转化和利用。

4. 了解种子的休眠、寿命，学会选种和测定种子萌发率的方法，了解它们在农业生产上的意义。

【材料与用品】

小麦、玉米、水稻、大豆、蚕豆、菜豆、豌豆、花生、蓖麻、南瓜、向日葵等种子。

花盆（或底部有小孔的透明玻璃缸、小木箱等），未受污染的土壤（蛭石、沙子、锯木屑等）；显微镜、载玻片、盖玻片、培养皿、刀片、纱布、解剖针、镊子。

I-KI 溶液、苏丹Ⅲ溶液。

【内容与方法】

1. 利用徒手切片鉴定种子中的贮藏物质

（1）淀粉的鉴定

取禾谷类种子小麦（或玉米、水稻等），在水中浸泡，待种子泡软时做徒手切片。从中挑选较薄的切片制成临时装片，并用 I-KI 染色。在显微镜下观察，可看到被染成蓝色的淀粉粒（注意观察淀粉粒的脐点、轮纹）。

（2）蛋白质（糊粉粒）的鉴定

取一泡软的大豆种子子叶（或其他豆类种子、蓖麻种子或禾谷类种子），做徒手切片并制成临时装片，用 I-KI 染色，显微镜观察可看到被染成黄色的圆球状小颗粒，即为贮藏蛋白质的糊粉粒。

（3）脂肪和油滴的鉴定

取一粒花生种子的子叶（其他豆类种子、蓖麻、核桃、向日葵种子等）做徒手切片，并制成临时装片。用苏丹Ⅲ染色后在显微镜下观察，可以看到被染成橘红色的圆球形油滴。

用苏丹Ⅲ染色后的花生切片，再用 I-KI 复染，然后在显微镜下观察，这样可在同一切片中同时观察到上述三种贮藏物质。

蓝色的是__________；浅黄色的是__________；橘红色的是__________。

2. 种子萌发和幼苗形成过程及幼苗的类型

种子萌发时，种子的胚从相对静止状态转入生理活跃状态，胚细胞进行旺盛的有丝分裂，不断产生新细胞。胚根突破种皮向下生长形成根系，胚芽向上生长形成茎叶（图9-19和图 9-20）。

（1）选种

选取结构完整、粒大饱满的种子，置于水中浸泡 2～3d（浸泡时间视种皮的厚度和硬度不同而定），使种子充分吸水膨胀。

（2）播种

把吸水膨胀的种子播种于盛有疏松土壤（或锯木屑、沙子、蛭石）的花盆（小木箱、玻璃缸）中，每盆播种 100 粒，深度约 3cm，并适当浇水。另把一些种子置于铺有吸水纸或纱布的培养皿中，种子上再覆盖纱布或吸水纸，并保持湿润。

（3）观察记录

播种后，定时观察（每天一次）、记录种子萌发（培养皿中材料）和幼苗形成及形态变化的过程（花盆中材料）。

（4）种子萌发率的计算

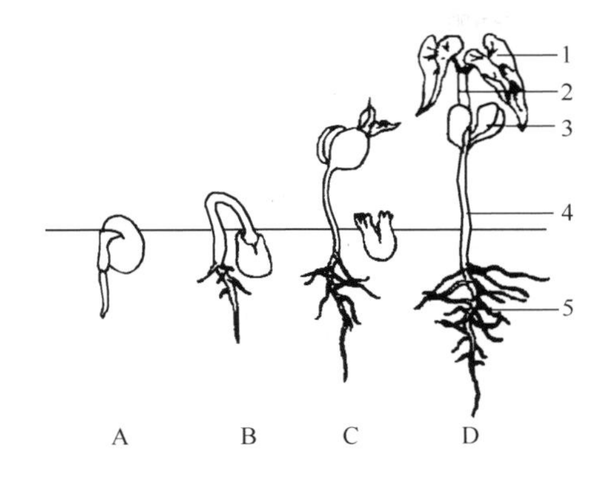

图 9-19 子叶出土萌发（菜豆）

A—种皮破裂，胚根伸出；B—胚根向下生长并长出根毛，下胚轴伸长形成倒钩；C—胚轴伸直，子叶脱离种皮并伸出土面；D—胚轴继续伸长，两片真叶张开，幼苗形成。1—真叶；2—上胚轴；3—子叶；4—下胚轴；5—主根

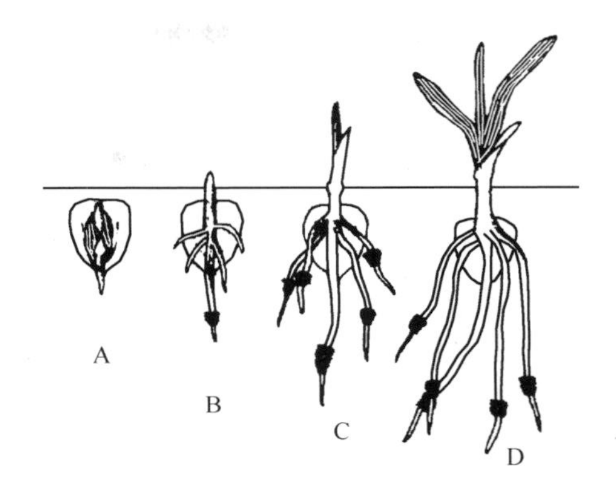

图 9-20 子叶留土萌发（玉米子粒）

A—胚根突破胚根鞘伸长，突破种皮、果皮；B—胚根伸长形成主根，胚芽鞘伸长突破种皮果皮；C，D—不定根伸长，上胚轴伸长，真叶伸出胚芽鞘，幼苗形成

利用培养皿中的材料（500粒种子，每个培养中置50～100粒），萌发的标准是：玉米、大豆、蚕豆的幼根、幼芽长度与种子直径等长；小麦、水稻幼苗根长度与种子等长，幼芽长度为种子长度的一半。

种子发芽率的计算：

$$发芽率(\%)=\frac{发芽种子的粒数}{供试种子粒数}\times 100\%$$

把观察结果填入表9-3。（注意种子萌发时胚的哪一部分先突破种皮而伸出种子？观察各实验种子的子叶是钻出土面还是留在土壤中？）

【实验报告】

1. 列表比较所做实验种子的萌发及形成幼苗的过程（表9-3）。

表 9-3 不同种子萌发及幼苗形成情况

种子名称	浸种时间	播种日期	根伸出日期	芽伸出日期	留土或出土萌发	备 注
大豆						
蚕豆						
小麦						
玉米						
菜豆						
水稻						
豌豆						
花生						
蓖麻子						
南瓜子						
向日葵子						

2. 观察、测量、记录后的样品按时间顺序放入标本瓶中，制成浸制标本（或制成腊叶标本）。

【思考题】

1. 种子萌发需要哪些外界条件？这些条件是种子萌发的必要条件吗？各类种子对这些条件的需要是否相同？

2. 在种子萌发过程中，各类种子的子叶功能是否一致？举例说明。

3. 如何理解“种子的胚是一个幼小植物体”？

4. 何为“子叶出土”幼苗？何为“子叶留土”幼苗？

实验 13　植物物候期的观察

【研究背景】

植物物候学是研究自然界的植物（包括农作物）和环境条件（气候、水文、土壤条件）的周期变化之间相互关系的科学。其目的是认识植物与自然季节现象变化关系的规律，以服务于农业生产和科学研究。

植物物候学是通过观察点或观察站（各个地方、各个区域），得知一年春、夏、秋、冬四个季节的变化和记录一年中植物的发芽、生长及枯荣情况，从而了解季节气候的变化及其对植物生长发育的影响。植物物候的记录如：杨柳绿、桃花红、花粉散、草结籽、果晚熟、禾贪青等，既反应了当时的天气，又反映出过去一个时期内的天气情况（阳光、温度等）的积累。因而，从物候的观察记录资料中，可以得知气候的早迟、气温的高低、阳光的照射等情况，所以，植物物候学也可称为植物气候学。

【材料与方法】

1. 根据当地环境条件，选择适于生长、分布较广泛的植物（包括木本和草本、一年生和多年生）。

2. 观察记录

① 木本植物的芽萌动期、芽开放期、展叶期、花期、果期、黄枯期。

② 草本植物的萌动期、展叶期、花期、果期、黄枯期。

③ 农作物观测记录时注意：播种、出苗、第三叶出现、分蘖、拔节、现蕾（抽穗）、开花结实、完熟（收获）等。并配合记录田间管理措施。

3. 配合观察记录

环境气象条件：风、雨、雷、电；温度；光照；霜、冻、雪等的起始及结束期。

【实验报告及思考题】

1. 将观测记录的资料制成表格或坐标曲线，并仔细分析这些资料，得出结论。

2. 不同区域（不同纬度、海滨或内陆）观测、记录的资料相互交换，对比分析后看同一种（类）被观测植物的物候期是否一致，并分析它们出现不一致情况的可能原因。

3. 分析植物的物候期与哪些条件有关（植物自身和外在条件）？

4. 不同区域生长的同类植物的物候期是否一致？分析原因。

5. 分析植物物候期在农业生产上的意义。

第三部分　植物系统分类学实验

第十章　藻 类 植 物

实验 1　蓝藻门 、裸藻门、黄藻门、硅藻门

【目的与要求】

1. 通过代表植物的观察，掌握各门的主要特征，更好地理解它们在植物系统发育中的地位。

2. 学习和掌握实验观察的基本方法和技能。

【材料与用品】

色球藻属、念珠藻属、无隔藻属及硅藻装片；地木耳（或发菜）的新鲜标本或干标本；色球藻属、颤藻属、裸藻属、黄丝藻属、无隔藻属、硅藻等新鲜材料。

显微镜、镊子、解剖针、载玻片、盖玻片、滴管、培养皿、吸水纸。

I-KI 溶液、0.1%亚甲基蓝溶液、浓 KOH 溶液。

【内容与方法】

1. 蓝藻门（Cyanophyta）

蓝藻是最原始、最古老的光合自养原植体植物。细胞无核膜、核仁及其他细胞器。在细胞中央具有核物质，属于原核生物。蓝藻植物体多为蓝绿色，广泛分布于淡水及潮湿的土壤、树皮、墙面及岩石表面，有些种类能生活在 80℃的温泉中，少数种类为海产。

（1）色球藻属（*Chroococcus*）（图 10-1）

隶属于色球藻目，色球藻科。色球藻属的种类常在池塘、水沟中营浮游生活，也常生长在潮湿的地面、树干或花盆壁上。用吸管滴一滴标本液于载玻片的中央，盖上盖玻片，先于低倍镜下观察，然后再转至高倍镜下观察。色球藻是单细胞或数个细胞组成的群体，注意单细胞和群体状态下细胞的形状。它们的细胞外面都有厚的胶质鞘。调节细准焦旋钮，观察在细胞中央颜色较淡的部位为中央质，周围颜色较深的部分为色素质。用 0.1%亚甲基蓝染色 1～2min，中央质可被染成深蓝色，观察效果较好。

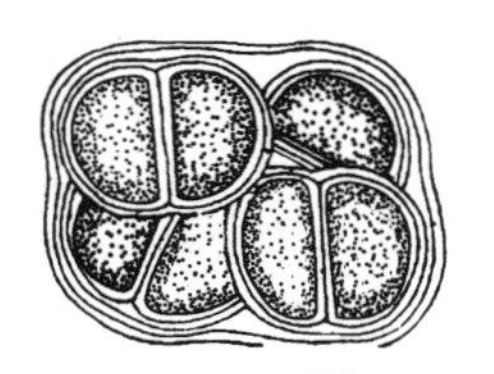
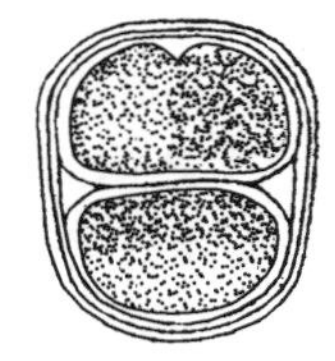

图 10-1　色球藻

（2）颤藻属（*Oscillatoria*）（图 10-2）

隶属于颤藻目，颤藻科。广布于污水沟和湿地上，一年四季均可采到。温暖季节生长旺盛，常在浅水底或地面形成蓝绿色黏滑的膜状物或成团漂浮水面。为得到纯净的实验材料，

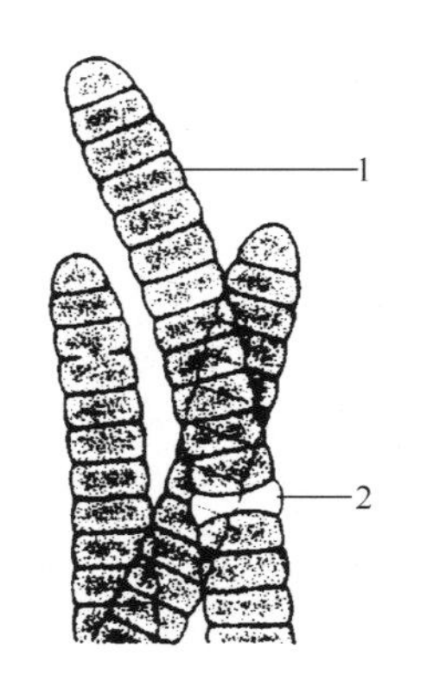

图 10-2　颤藻
1—营养细胞；
2—死细胞

可提前一天将采到的材料置于装有清水的小烧杯中，颤藻可借滑行、摆动移动到水面以上的烧杯壁上。实验时用镊子或解剖针挑取烧杯壁上少量的蓝绿色颤藻，制成临时装片，在显微镜下观察以下各项。

① 藻体的形态和运动。

颤藻是单列细胞组成的不分支的丝状体，丝状体能前后移动和左右颤动。注意观察丝状体细胞的形状（常宽大于长）、滑行和颤动的方式，以及藻体外是否有胶质鞘。

② 细胞结构和贮藏物质。

先在低倍镜下选择较宽、细胞较长的丝状体，然后换高倍镜仔细观察丝状体细胞的界限，注意两端的细胞形态有何特点。调节细准焦旋钮，观察细胞壁内侧呈蓝绿色的周质和细胞中央颜色较浅的中央质。用 0.1％亚甲基蓝染色 1～2min 后，中央质可染成深蓝色易与周质分开。

蓝藻的贮藏产物主要是蓝藻淀粉，呈微小颗粒分布于周质中。用 I-KI 溶液染色，可将它染成红褐色。蓝藻的贮藏物还有蓝藻颗粒体，多为分布在细胞横壁附近的大小不等的颗粒。周质中还有一些小黑点，是气泡。

③ 藻殖段的观察。

藻殖段是颤藻的主要营养繁殖方式。颤藻的丝状体上的死细胞或隔离盘，将丝状体分成一个个片段，即为藻殖段。先在低倍镜下观察，当发现丝状体中有发亮的细胞时，再用高倍镜观察，即可看清双凹形的死细胞。再仔细寻找丝状体上有无胶质的隔离盘（注意比较死细胞和隔离盘的区别）。

（3） 念珠藻属（*Nostoc*）（图 10-3）

隶属于颤藻目，念珠藻科。该属藻类常生于水中、潮湿土壤或石面上，是一种不同大小的胶质球或木耳状的胶质片。供食用的地木耳和发菜都隶属于该属。地木耳生于山溪边潮湿的土壤上，夏季雨后较易采到，为不规则的胶质片或胶团。发菜则为名贵干菜，群体外观为头发状的胶质丝，在我国主要分布于内蒙、宁夏、青海、甘肃等地。

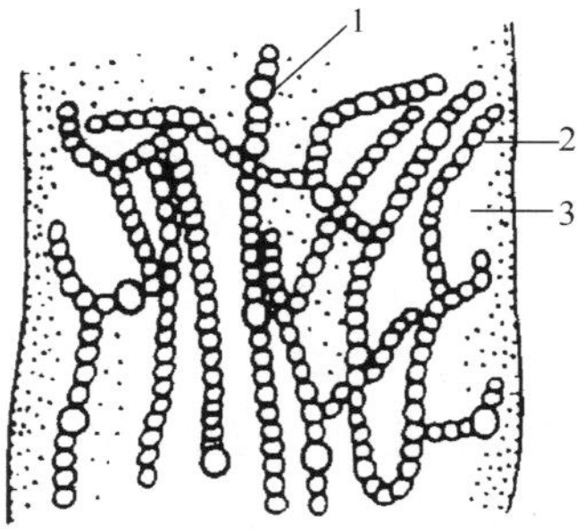

图 10-3　念珠藻
1—异形胞；2—营养细胞；
3—胶质

取少量新鲜或事先泡好的地木耳（或发菜）置于载玻片中央，加一滴水，先用镊子或解剖针将胶质小块适当捣碎，然后盖上盖玻片，制作成压片，在显微镜下观察。

① 藻体的形态。

藻体是由一列细胞组成的不分支的丝状体，无规则地集合在一个公共的胶质鞘中。

② 藻体细胞结构。

高倍镜下可以看到丝状体由圆形细胞组成。仔细观察可见丝状体中除普通的营养细胞外，还有两种不同细胞，一种是比营养细胞稍大、色浅、内含物均匀透明的异形胞，注意异形胞与营养细胞相连接处可看到发亮的折光性强的节球，它是相接处的内壁加厚形成。压片后藻丝常在此处断裂。另一种是连续几个较大的椭圆形厚壁细胞，其内含物变稠，颜色稍深，为厚壁孢子。比较营养细胞、异形胞和厚壁孢子之间的不同，并考虑异形胞在念珠藻的繁殖及固氮方面的作用。

2. 裸藻门（Euglenophyta）

裸藻绝大多数为无细胞壁、具鞭毛能游动的单细胞种类。细胞质外层特化为周质，有的周质较硬，使细胞保持一定的形态，有的周质较软，细胞能变形。细胞以纵裂方式繁殖。裸藻喜生于富含有机质的水体中，夏季大量繁殖使水呈绿色，并可浮在水面形成水华。

裸藻属（*Euglena*）（图 10-4）

隶属于裸藻目，裸藻科。多为绿色单鞭毛种类。细胞纺锤形，少数圆形，后端多少延伸成尾状。周质柔软，易变形。多生于有机质丰富的池塘、水沟中。

用吸管吸取标本液并滴一滴于载玻片的中央，盖上盖玻片，先于低倍镜下观察，可见裸藻借鞭毛的摆动而快速游动，藻体可以发生形变。用吸水纸从盖玻片一侧吸去水分，使藻体固定，转至高倍镜下观察，可见前端有一红色的眼点。在盖玻片一侧加一滴 I-KI 溶液将其杀死，进一步观察藻体前端的胞口、胞咽、储蓄泡及其周围一至几个伸缩泡，观察藻体内的载色体，位于细胞中央的细胞核，及裸藻淀粉颗粒（遇碘不呈蓝色）。调暗视野，可看到从胞口伸出的鞭毛。

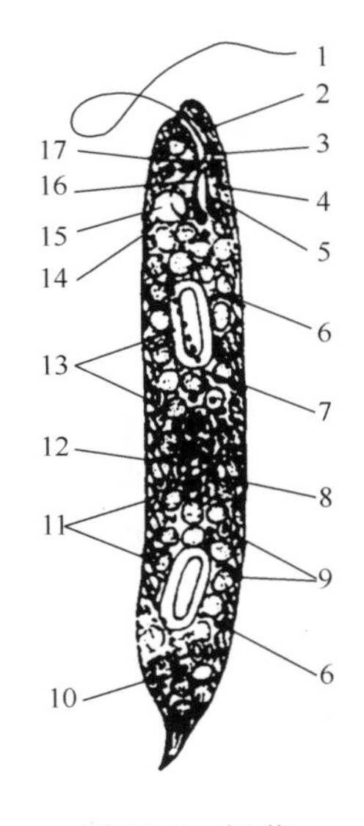

图 10-4　裸藻

1—鞭毛；2—胞咽；3—眼点；4—储蓄泡；5—不伸出胞口外的鞭毛；6—高尔基体；7—体表小乳突；8—脂肪；9—线粒体；10—载色体；11—体表螺旋体；12—细胞核；13—裸藻淀粉；14—副液泡；15—伸缩泡；16—鞭毛基部；17—基粒

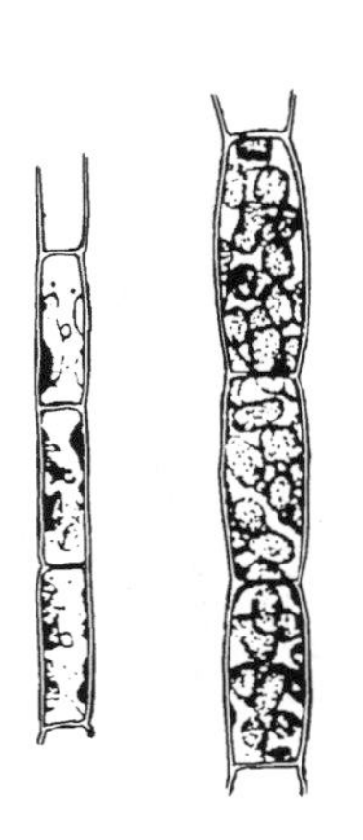

图 10-5　黄丝藻

3. 黄藻门（Xanthophyta）

(1) 黄丝藻属（*Tribonema*）（图 10-5）

隶属于异丝藻目，黄丝藻科。藻体为单列不分支的丝状体，细胞长圆柱形或两侧略膨大的腰鼓形，细胞壁由“H”形两半片套合而成。载色体 1 至多条，盘状或带状。常生于池塘、水沟中，春季生长旺盛时漂浮于水面，呈黄绿色棉絮状。

挑取少量藻丝制成临时装片，低倍镜下观察其丝状体的形态、结构。加一滴 I-KI 溶液染色并转至高倍镜下观察（注意区分被染成黄色的细胞核，几个扁圆形的黄绿色的载色体及油滴）。如用浓 KOH 溶液处理，黄丝藻常由“H”形细胞壁的中间断裂，可清楚地看到细胞壁的形状。

（2）无隔藻属（*Vaucheria*）（图 10-6）

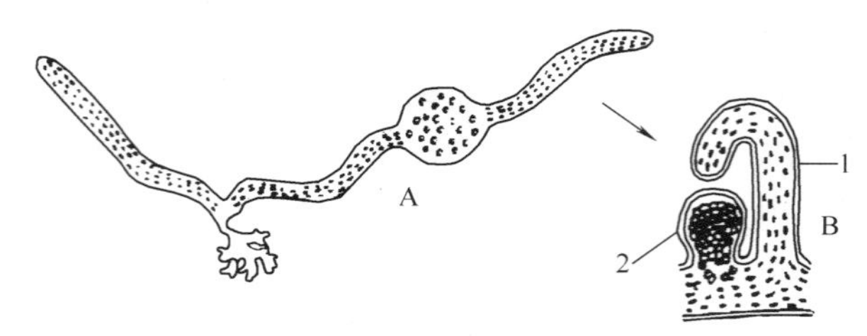

图 10-6　无隔藻

A—植物体；B—精囊和卵囊的形成。

1—精囊；2—卵囊

隶属于异管藻目，无隔藻科。藻体为稀疏分支的管状体，细胞质薄，紧贴管壁，中央为一大液泡，具多数核和多数颗粒状载色体，贮藏物质为油滴。该属常见于山泉水沟、稻田、河边湿地上，呈深绿色的群体。

用镊子取少量材料制成临时装片，于低倍镜下观察其藻体形态。（注意是否有横隔？什么情况下会产生横隔？注意观察其基部用于固着的无色分支的假根。）。然后再转至高倍镜下，并用 I-KI 溶液染色，观察细胞的结构，包括多个细胞核和载色体。

移动载玻片仔细检查在分支顶端是否有膨大的孢子囊。如有，注意观察其形状、横隔产生的部位、是否有复式游动孢子。同时仔细观察无隔藻有无有性生殖器官，如有，观察精子囊和卵囊的形状。

4．硅藻门（Bacillariophyta）

用吸管吸取混合的标本液制成临时水封片，在显微镜下观察它们的形态结构，并用解剖针轻点盖玻片使其翻转，观察壳面、环带、纹饰、载色体和运动情况（可结合永久装片观察）。重点观察下列各属（图 10-7）。

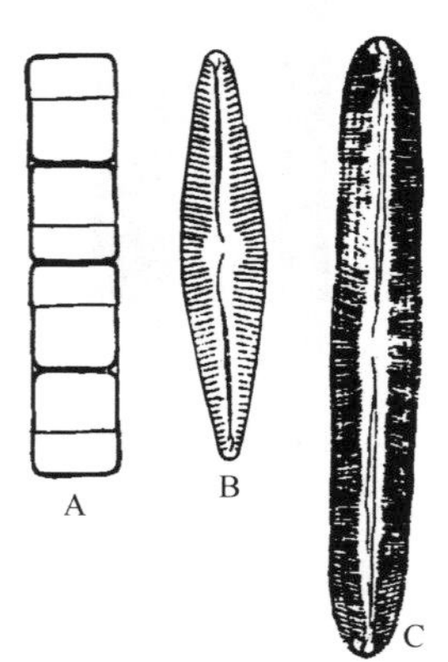

图 10-7　硅藻

A—直链藻；B—舟形藻；C—羽纹藻

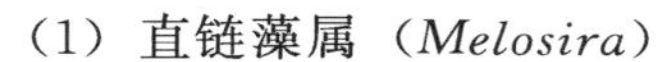

（1）直链藻属（*Melosira*）

隶属于圆筛藻目，圆筛藻科。直链藻细胞圆柱形，各细胞以壳面互相连接形成链状群体。观察时，注意分辨链状群体的细胞界限，观察细胞壳面特征时，需用解剖针拨开单个细胞。

（2）舟形藻属（*Navicula*）

隶属于双壳缝目，舟形藻科。该属为单细胞，壳面观呈纺锤形，带面观呈长方形，左右对称，有明显的纵沟及极节。两侧花纹为点纹或肋纹，载色体两片。本属为硅藻门种类最多的一个属，淡水中最多，多营底栖生活。注意观察以下方面。

① 体形和运动：壳面观舟形；长椭圆形，形似黄色的小船前后滑行，并分析其运动的原因。

② 细胞结构：选择个体较大者在高倍镜下从壳面观察其两块板状的载色体、纵沟（壳缝）、端节和中央节、两侧对称的花纹和发亮的圆球形小油滴。用解剖针轻点盖玻片将其翻转，观察其带面、其上壳与下壳的套合情况和细胞内的细胞核，加一滴 I-KI 溶液，可更清楚地看到细胞核和细胞质之间的界限。

（3）羽纹藻属（*Pinnularia*）

隶属于双壳缝目，舟形藻科。多为单细胞，壳面线形、长椭圆形至披针形。细胞两侧边平行，两端圆钝，少数种类两侧中部膨大，肋纹平行，可缓缓运动。带面观呈长方形，两块片状载色体位于环面的两侧，各具一细胞核。多生于淡水沟，有时也浮出水面，炎夏在池塘水面漂浮的一层灰色泡沫中，常含有大量的羽纹硅藻。

仔细在显微镜下找出本属硅藻，按舟形硅藻观察方法，仔细观察藻体形态及细胞结构，并与舟形硅藻作一比较，找出异同点。

(4) 脆杆藻属（*Fragilaria*）

隶属于无壳缝目，脆杆藻科。单细胞或连接成带状或以每细胞的一端相连成“Z”状群体。壳面长披针形至线形，两侧对称，边缘略膨大，两端渐狭窄，末端圆钝，具线形假壳缝，假壳缝两侧具细横纹或较粗的点纹。带面长方形，载色体多数，小盘状或片状，具蛋白核。本属常见于池塘、水沟、缓流的溪水和湖泊等水体。

用吸管取水样做水封片，按上述方法、内容观察。

【实验报告】

1. 绘出颤藻丝状体一部分，示营养细胞、死细胞、隔离盘和藻殖段。

2. 绘出念珠藻丝状体及其周围的胶质，示营养细胞、异形胞、厚壁孢子和藻殖段。

3. 绘出舟形硅藻或羽形硅藻的壳面观和带面观，示各部分结构。

【思考题】

1. 蓝藻门有哪些主要特征，其原始性和古老性表现在哪些方面？

2. 黄藻门与硅藻门有哪些主要区别？

3. 以直链藻和舟形藻为例，试述中心硅藻纲与羽纹硅藻纲的主要区别。

4. 名词解释：原核　中心质　周质　异形胞　隔离盘　藻殖段　载色体　动孢子　上壳　下壳　壳面　壳缝　点纹　肋纹　环带　复大孢子

实验 2　绿藻门、轮藻门

【目的与要求】

1. 通过代表植物的观察，掌握绿藻门和轮藻门的主要特征，了解绿藻门的进化趋势以及在植物界演化中的地位。

2. 掌握绿藻门、轮藻门各代表植物的特征及鉴定和实验观察方法。

【材料与用品】

衣藻属、团藻属、盘藻属、空球藻属、栅藻属、水绵属、丝藻属、刚毛藻属、水网藻属、轮藻属等新鲜材料；衣藻属、团藻属、盘藻属、空球藻属、栅藻属、双星藻、新月藻属、水绵属接合生殖、轮藻的精子囊及卵囊等装片；石莼、浒苔属、礁膜属等干制标本。

显微镜、镊子、解剖针、载玻片、盖玻片、滴管、培养皿、吸水纸。

I-KI 溶液、浓 KOH 溶液、0.1%亚甲基蓝溶液、2%～3%盐酸（或乙酸）溶液。

【内容与方法】

1. 绿藻门（Chlorophyta）

(1) 衣藻属（*Chlamydomonas*）（图 10-8）

隶属于团藻目、衣藻科，是能运动的单细胞藻类的代表。本属分布广泛，多生于有机质丰富的水体或湿土表面，春秋两季生长旺盛。

用吸管吸取一滴培养液制成水封片，先在低倍镜下观察，然后选择个体较大的用高倍镜

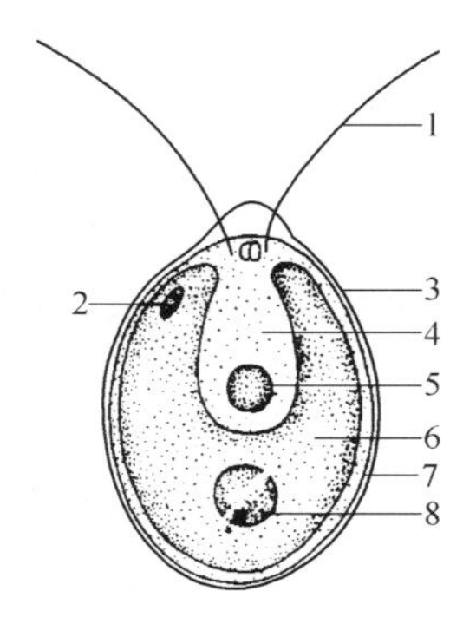

图 10-8 衣藻

1—鞭毛；2—眼点；3—细胞壁；4—细胞质；5—细胞核；6—载色体；7—细胞膜；8—蛋白核

观察，注意以下特征。

细胞球形、卵形、椭圆形或宽纺锤形，具两条顶生等长的鞭毛。如果运动过快，可在盖玻片一侧用吸水纸吸去多余水分或加入胶水使其运动减慢。

① 细胞结构。

依次观察以下结构：

细胞壁——位于细胞的最外层。

载色体——一个，多为杯状，占原生质体的绝大部分空间。

眼点——红色，位于细胞前端侧面。

伸缩泡——位于细胞前端的细胞质中，显微镜下为两个发亮的小泡。

蛋白核——多为一个，大型，埋藏在载色体基部。用 I-KI 染色后，蛋白核变成蓝紫色。

鞭毛——将视野调暗，可看见不动或微动的鞭毛。由于吸碘鞭毛膨胀加粗，因而更为明显。

细胞核——由于较小，且被载色体遮挡，所以一般不易看清。

② 无性生殖和有性生殖。

取培养缸底部的绿色沉积物制片，在显微镜下观察，可见有的衣藻失去鞭毛，不能游动，细胞里有 2 个、4 个、8 个或 16 个游动孢子，即为无性生殖。有性生殖不常见，有时可看见橘红色的合子，细胞壁厚，壁上常具刺状花纹。

(2) 团藻属 (*Volvox*)（图 10-9）

隶属于团藻目，团藻科。该属是团藻目中最进化的类型。藻体是由数百至上万个衣藻型细胞组成的多细胞空心球体，各细胞间有原生质丝相连。植物体有前后端分化，其后端有些细胞分化为较大的生殖胞。团藻多在春夏季生长于淡水池塘或临时积水坑中。

用吸管吸取团藻水样制成水封片，在显微镜下观察它们的形态、结构、运动方式、细胞数目，并注意观察体内有否第一代甚至第二代子群体，理解其无性生殖和有性生殖过程。如无活体材料，可用永久装片代替。

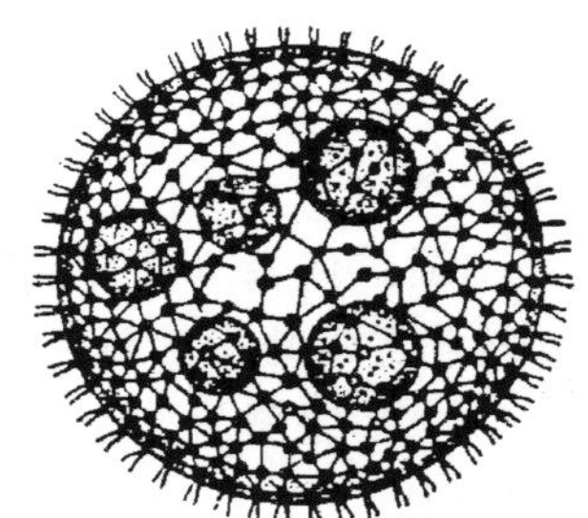

图 10-9 团藻

(3) 丝藻属 (*Ulothrix*)

隶属于丝藻目，丝藻科。多固着生长在清洁流水的石头或水中其他物体上，丛生呈深绿色绒毡状。采集时需用小刀从固着物上刮下，以保持固着器的完整。用镊子取少量藻制成水封片，在显微镜下观察以下各项特征（图 10-10）。

① 藻体形态和细胞结构。

丝藻为单列细胞组成的不分支的丝状体，基部分化为固着器，比较营养细胞与固着器的区别。营养细胞长圆柱形，有一个大型环带状的载色体，加一滴 I-KI 溶液，可看出载色体上的蛋白核和位于细胞中央的细胞核。

② 生殖方式。

有时将所采材料放入蒸馏水中，数小时后可观察到具 2～4 条鞭毛的游动孢子和 4 条鞭毛的游动配子。

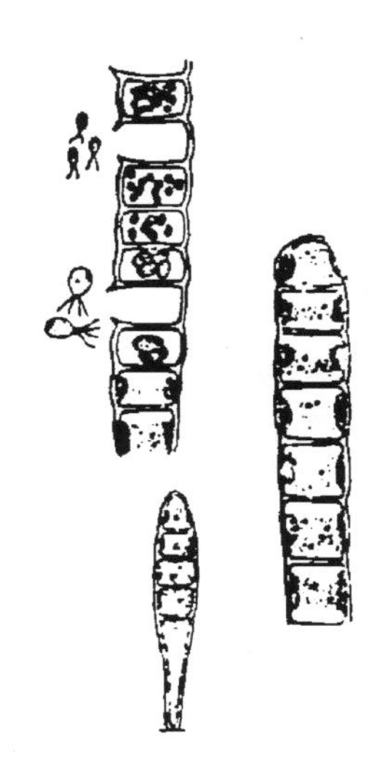

图 10-10　丝藻

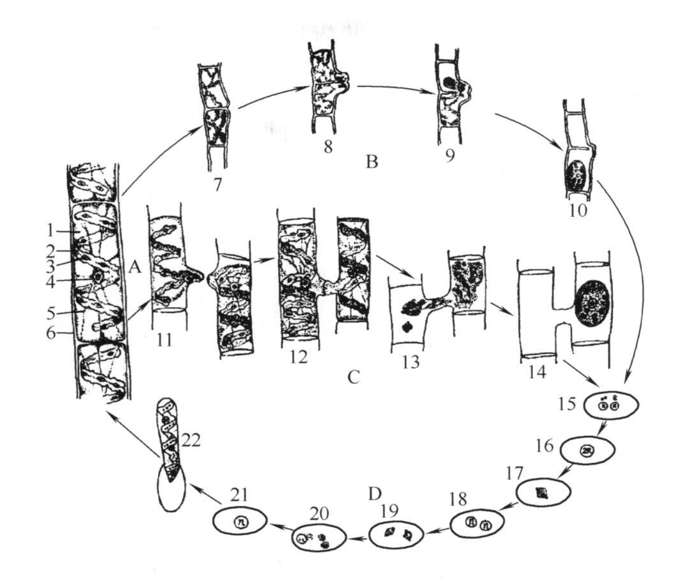

图 10-11　水绵及接合生殖

A—水绵的细胞构造；B—水绵的侧面接合；C—水绵的梯形接合；D—合子萌发。1—液泡；2—载色体；3—蛋白核；4—细胞核；5—原生质；6—细胞壁；7～10—侧面接合期；11～14—梯形接合期；15～22—合子萌发各期

(4) 水绵属（*Spiroyra*）（图 10-11）

隶属于双星藻目，双星藻科。植物体由长圆柱形细胞形成不分支的丝状体，具 1 至多条带状载色体和接合生殖方式，是最常见的丝状绿藻，广布于池塘、沟渠、稻田中，常成团生于水底或漂浮于水面上。碧绿色，手触有滑腻感，一年四季均可采到。

用镊子取几条水绵制成水封片（注意用解剖针拨散开），在显微镜下观察以下特征。

① 藻体形态与细胞结构。

低倍镜下观察，可见水绵为单列细胞组成的不分支的丝状体，最明显的特征是每个细胞中都有螺旋绕生的带状载色体。不同种类载色体条数不同，从 1 条到多条，每条载色体上有一列蛋白核。用 I-KI 溶液染色后置高倍镜下观察，可看到着褐色的细胞壁和着淡黄色的贴壁分布的细胞质。把光线调暗，调节细准焦旋钮，可看到分布于细胞中央的黄色细胞核（注意与蛋白核区分）。仔细观察，还可看到中央原生质和周围细胞质由原生质丝穿越大液泡彼此相连。

② 接合生殖。

水绵多在春秋季节发生接合生殖，这时藻体由绿色变为黄绿色。若将所采新鲜材料的瓶子正对阳光，用放大镜观察，丝状体上褐色的斑点，即为合子，说明水绵正在进行接合生殖。用镊子取几条有接合生殖的水绵制成水封片，置于显微镜下观察接合生殖的各个时期，没有新鲜材料可用永久装片代替。其接合生殖过程如下：

a. 两条丝状体并列，相对的细胞侧壁产生突起；

b. 两相对细胞的突起相接，横壁溶解形成接合管，各形成一个配子。同时，两相对细胞的原生质体浓缩；

c. 一条丝状体中的每个细胞（雄配子囊）内的配子以变形虫式的运动，通过接合管流入另一丝状体的细胞（雌配子囊）中；

d. 一条丝状体的细胞其内全部形成合子，另一条丝状体的细胞全部为空壁，特称梯状接合。有时还可看到单条藻丝相邻细胞的侧面接合情况；

观察成熟的合子的形状、颜色和壁上的纹饰。

（5）石莼属（*Ulva*）（图 10-12）

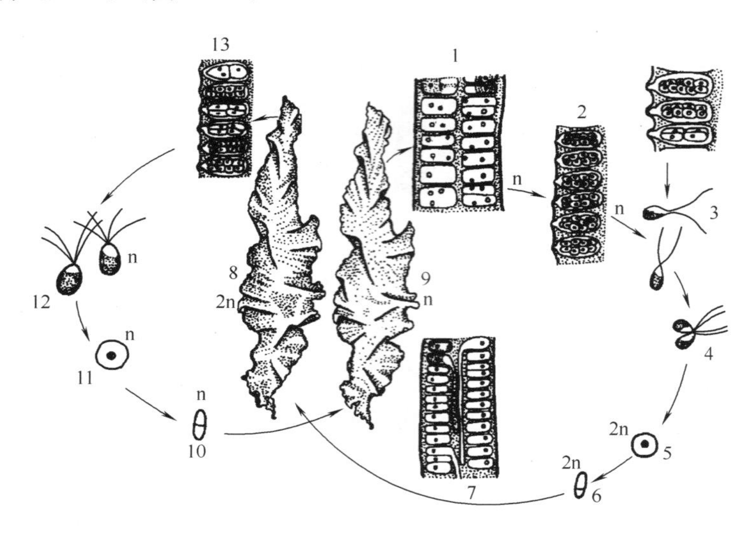

图 10-12　石莼

1—中部横切面；2—配子囊切面；3—配子；4—异宗配子结合；5—合子；6—合子萌发；7—基部横切面；8—孢子体；9—配子体；10—孢子萌发；11—游动孢子静止期；12—游动孢子；13—游动孢子囊的切面

隶属于石莼目，石莼科。藻体为绿色片状体，由两层细胞构成。细胞中具一个细胞核和一个片状的载色体，藻体基部为多细胞组成的固着器。石莼为海产绿藻，生于潮间带上部（高潮带）的岩石或其他物体上，沿海居民称为“海白菜”。

先观察腊叶标本的外形；然后取小片浸泡的材料做成水封片，在显微镜下观察细胞的形状、载色体的形状和数目，并掌握其生活史。

（6）其他绿藻门植物的观察

观察盘藻属（*Gonium*）、空球藻属（*Eudorina*）、栅藻属（*Scenedesmus*）、刚毛藻属（*Cladophora*）、水网藻属（*Hydrodictyon*）、双星藻属（*Zygnema*）、新月藻属（*Closterium*）等新鲜材料（或永久制片）以及浒苔属（*Enteromorpha*）、礁膜属（*Monostroma*）等大型绿藻的腊叶标本，认识多种绿藻门植物。

2. 轮藻门（Charophyta）

轮藻属（*Chara*）（图 10-13）

隶属于轮藻目，轮藻科。本属植物雌雄同株或异株，茎和短枝有或无皮层，小枝不分叉，短枝的节上轮生具单细胞的刺状突起。雌雄同株者卵囊位于刺状突起的上方，精子囊位于下方。

① 首先取轮藻属的新鲜材料（或浸制标本），用放大镜观察植物体的外形，区分出基部分枝的假根，上部的主枝、侧枝，茎上的节和节间，节间上轮生的短枝以及短枝的节、节间和节上轮生的单细胞刺状突起。在生殖季节肉眼还可看到橘红色的精子囊和深褐色

的卵囊。

② 取一段有轮生短枝的茎制成装片，在低倍显微镜下观察节和节间细胞的形状，比较节和节间细胞在长度和形状上的不同。观察节间细胞时，要仔细辨认节间中央的大细胞，即中央细胞，中央细胞周围是一层细长的皮层细胞。为了更清楚地观察，可制作透明标本。方法是把要观察的材料放入2%～3%盐酸或乙酸溶液中，浸泡数分钟后取出，用清水洗涤后装片观察。还可做横切片观察中央细胞与皮层细胞的关系。

③ 取有生殖器官的新鲜轮藻做成装片，在显微镜下观察卵囊和精子囊的着生位置，比较二者的大小和形状，并仔细观察各自的结构。辨认卵囊外围的5个螺旋状绕生的管细胞、5个冠细胞和一个大的卵细胞；辨认精子囊外壁的8个盾状细胞的界限。然后轻轻压片使精子囊破裂，置高倍镜下观察，仔细辨认盾细胞、盾柄细胞、头细胞、次头细胞、精囊丝以及精囊丝内每个细胞所产生的精子。

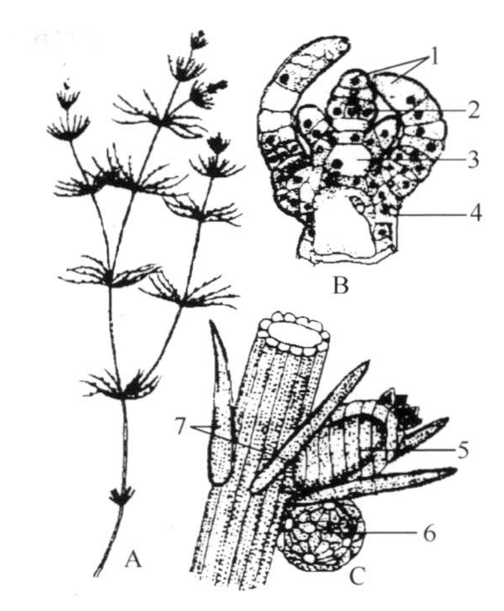

图 10-13　轮藻属

A—植物体；B—顶端纵切；
C—短枝的一部分。
1—顶端细胞；2—节细胞；3—节间细胞；
4—皮层细胞；5—卵囊；
6—精囊；7—苞片

【实验报告】

1. 绘出衣藻的细胞结构，示细胞壁、细胞质、细胞核、载色体、蛋白核、伸缩泡、眼点和鞭毛。

2. 绘出水绵的一个细胞结构，示细胞壁、细胞质、细胞核、载色体、蛋白核、原生质和中央大液泡。

3. 绘出水绵梯形接合生殖各个时期，示产生突起、形成接合管和配子、配子接合和合子形成过程。

4. 绘出轮藻一段短枝，示短枝上的刺状突起、精子囊及卵囊。

【思考题】

1. 试述绿藻门的主要特征，说明绿藻在形态、结构、生殖方式和生活史等方面的演化趋势。

2. 比较绿藻门和轮藻门的异同，解释使轮藻从绿藻门中独立为门的原因。

3. 名词解释：群体　多细胞体　同配生殖　异配生殖　卵式生殖　接合生殖　同宗配合　异宗配合　梯形接合　核相交替　世代交替　同形世代交替　孢子体　配子体　游动孢子　静孢子　似亲孢子

实验3　红藻门、褐藻门

【目的与要求】

1. 掌握红藻门、褐藻门的主要特征。

2. 了解紫菜、海带等代表植物的生活史。

【材料与用品】

紫菜干制品、海带干制品或新鲜材料、鹿角菜干制品或新鲜材料；紫菜、多管藻、水云、海带、鹿角菜，其他红藻门、褐藻门植物的腊叶标本；紫菜横切片，壳斑藻装片，多管藻雄配子体装片，多管藻果孢子体装片，多管藻四分孢子体装片，水云制片，海带带片横切片，海带雌、雄配子体装片，鹿角菜生殖托切片。

显微镜、镊子、解剖针、载玻片、盖玻片、滴管、培养皿、吸水纸。

I-KI 溶液。

【内容与方法】

1. 红藻门（Rhodophyta）

植物体多为多细胞体，形态多样。光合色素除叶绿素 a 和叶绿素 d、胡萝卜素、叶黄素外，还含有藻红素和藻蓝素，因而藻体紫红色较多，贮藏产物为红藻淀粉。红藻生活史中不产生游动细胞，有性生殖为卵式生殖。多数为海产，淡水种类较少。

（1）紫菜属（*Parphyra*）（图 10-14）

隶属于红毛菜目，红毛菜科。藻体为紫红色扁平叶状体，多由单层细胞构成，基部具盘状固着器，异形世代交替。本属约几十种，全为海产，我国沿海常见约 10 种，如甘紫菜、条斑紫菜等。

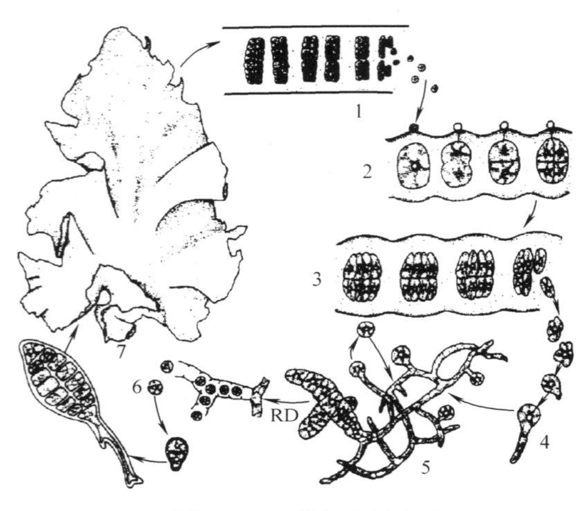

图 10-14　紫菜生活史

1—精子囊；2—果孢；3—果孢子囊；4—果孢子萌发；5—壳斑藻；6—壳孢子；7—营养体。RD—减数分裂（reduction division）

① 紫菜外形的观察。

取浸制标本（或腊叶标本）观察，紫菜为极薄的紫红色叶状体，多为一层细胞，边缘波状，基部有盘状固着器。

② 营养细胞结构的观察。

取一小片事先浸泡好的紫菜制成水封片，显微镜下观察细胞的形状、细胞内的一个细胞核、一个星芒状载色体及其上面的蛋白核。加一滴 I-KI 溶液，可看到贮藏物红藻淀粉先变为黄褐色，再变为葡萄红色，最后变为紫色。

③ 精子囊和果孢子的观察。

取一片事先浸泡好的紫菜放入培养皿中使其展开，先从颜色上大体辨认精子囊和果孢子的区域。前者为乳白色，后者为深紫红色。然后在不同部位各撕一小片制成水封片，在显微镜下观察，可见精子囊 4 个细胞一组，共 4 组，16 个细胞（16 个精子囊）。甘紫菜为 64 个精子囊（4 层），条斑紫菜为 128 个精子囊（共 8 层），每个精子囊有一个不动精子。显微镜下甘紫菜每个果孢子囊内有 8 个果孢子，分 2 层，每层 4 个。条斑紫菜每个果孢子囊内有 16 个果孢子，分 4 层。果孢子是由合子经有丝分裂产生的，若将紫菜叶状体折叠一下或从破损处可看到果胞的受精丝。可配合永久封片观察。

④ 壳斑藻的观察。

壳斑藻是紫菜的孢子体。取壳斑藻制片，观察其长列单细胞组成的丝状体的形状、颜色以及每个细胞的形状（注意有否膨大、粗短的顶端细胞和其中两两成对的壳孢子。想想壳孢子在什么条件下才能萌发成大型紫菜）。

（2）多管藻属 *Polysiphonia*（图 10-15）

隶属于仙菜目，松节藻科。藻体为分支的丝状体，基部具单细胞的固着器，多为雌雄异株，典型的同形世代交替。多分布于海洋低潮带或石沼中，固着生长。

① 先取腊叶标本观察藻体的外形，然后取事先浸泡好的材料制成水封片，置显微镜下观察其藻体中央的一列中轴细胞和周围的围轴细胞，在分支顶端还可看到单列细胞的尖细毛丝体。

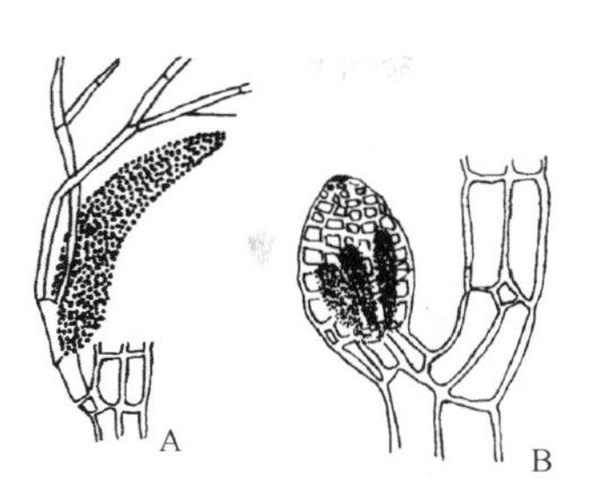

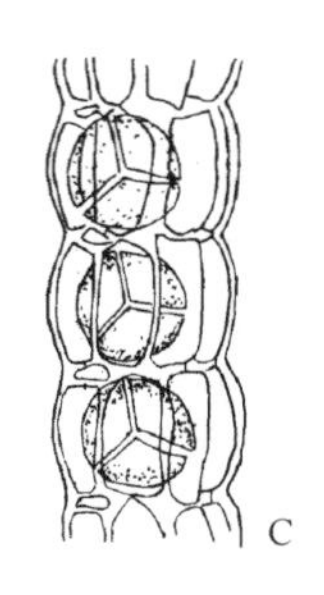

图 10-15　多管藻

A—精子囊穗；B—囊果枝；C—四分孢子囊枝

② 取多管藻雄配子体装片，置显微镜下观察（注意雄配子体顶端的精子囊穗，成熟时成葡萄状）。然后取多管藻果孢子体装片，置显微镜下观察，辨认球形或卵形的果孢子体（囊果），其外面是由多细胞组成的果被，囊果内被染成深褐色的是果孢子囊，内有果孢子。再取多管藻四分孢子体装片，辨认其上产生的四分孢子。

（3）观察其他红藻门植物的腊叶标本

2. 褐藻门（Phaeophyta）

植物体均为多细胞体，有简单分支的丝状体、异丝体、假薄壁组织体以及较高级的有组织分化的植物体等多种类型。光合色素为叶绿素 a 和叶绿素 c、β-胡萝卜素和叶黄素，其中墨角藻黄素含量较大使藻体多呈褐色。贮藏产物为褐藻淀粉和甘露醇。运动细胞具两条侧生、不等长的鞭毛。褐藻绝大多数为海产，只有几个种生活于淡水中。在潮间带的低潮线附近营固着生活。

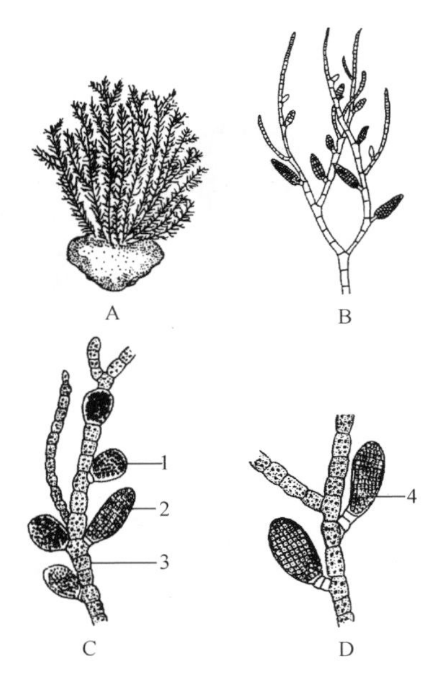

图 10-16　水云

A—水云自然生长状态；B—藻体形态；C—孢子体；D—配子体。1—单室孢子囊；2—多室孢子囊；3—营养细胞；4—多室配子囊

（1）水云属（*Ectocarpus*）（图 10-16）

隶属于水云目，水云科，是褐藻中较简单的种类。藻体是由单列细胞组成的异丝体，下部匍匐部分呈不规则假根状附生在其他物体上。直立部分具繁茂的分支，枝末尖细。水云为世界性分布的藻类，各沿海均有分布，一般生长在中、低潮带岩石上或其他海藻上。

① 先观察水云的腊叶标本（注意藻体的颜色，形状）。然后取少量新鲜或浸泡的材料制成水装片或用永久制片置显微镜下，观察其单列细胞组成的异丝体，单个的细胞核和多个盘状的载色体。

② 观察水云的单室孢子囊、多室孢子囊和多室配子囊。水云为同形世代交替。如果在同一丝状体既有单室孢子囊又有多室孢子囊，则该丝状体为水云的孢子体。而水云的配子体只有多室配子囊（注意区别水云的孢子体和配子体）。

（2）海带属（*Laminaria*）（图 10-17）

隶属于海带目，海带科。植物体有组织分化，典型的异型世代交替。为冷温性海藻，原产前苏联远东地区、日本及朝鲜北部沿海，后由日本传入我国大连沿海，又逐渐在辽东和山东半岛自然生长。目前我国由北至南直到广东西部沿海均可人工养殖，是人们喜爱的食品。

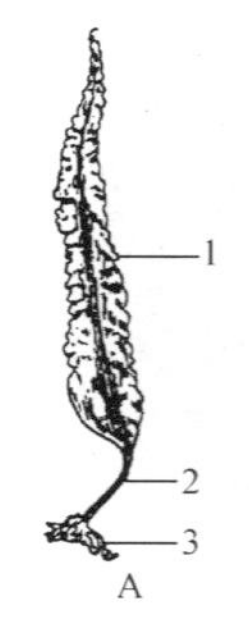

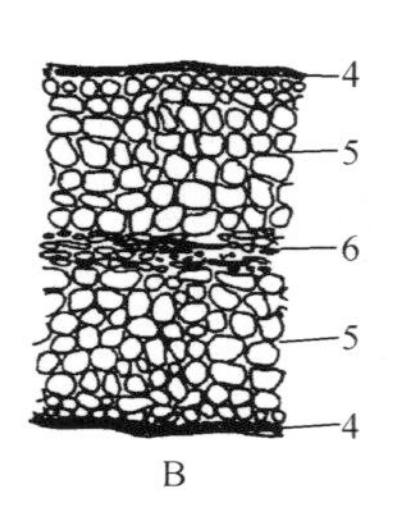

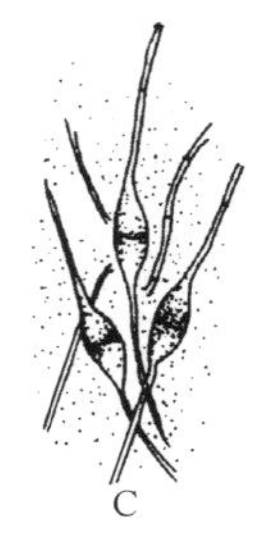

图 10-17 海带孢子体的形态结构
A—藻体外形；B—带片横切面；C—喇叭丝的放大图。
1—带片；2—柄；3—固着器；4—表皮；
5—皮层；6—髓

① 孢子体的外形观察。取海带腊叶标本观察，区分固着器、带片、带柄（注意其形状和大小）。

② 藻体的解剖结构观察。取幼嫩的海带带片做徒手切片制成水封片或取永久切片，置显微镜下观察，由外向内辨认下列各部分结构，并思考它们的功能。

表皮：由带片两面最外边 1～2 层小型、排列紧密并具载色体的细胞组成。

皮层：表皮下方的多层细胞，靠近表皮的几层较小，有的含有载色体，为外皮层，在此部中还可看到黏液腔。

髓部：带片中央部分。由细长的髓丝和端部膨大的喇叭丝组成。

③ 海带孢子囊的观察。先从浸泡的带片选取有深褐色斑块突起的区域（即为孢子囊的区域），做徒手切片制成水装片或取永久切片，观察在带片两侧表皮上排列成栅栏层的孢子囊和隔丝。（注意孢子囊为单细胞、棒状，内有颗粒状未释放的游动孢子。隔丝在孢子囊之间，注意其下部无色，上部稍膨大高出孢子囊，顶端具透明胶质冠，并且彼此连成胶质层。）

④ 海带雌、雄配子体的观察。分别取海带雌、雄配子体永久装片在显微镜下观察（注意比较雌雄配子体的细胞数目和大小）。雄配子体几个到十几个细胞组成，细胞较小，顶端有精子囊。雌配子体多为一个大的球形或梨形细胞（也有几个），褐色，颜色较深，当其长到 11～12μm 时，就转化为卵囊，内产一卵。注意观察有无排出的卵附在卵囊的顶端的破裂的口上。

（3）鹿角菜（*Pelvetia*）（图 10-18）

隶属于墨角藻目，墨角菜科。藻体褐色，软骨质，藻体高约 6～15cm。属温带性海藻，可食用。

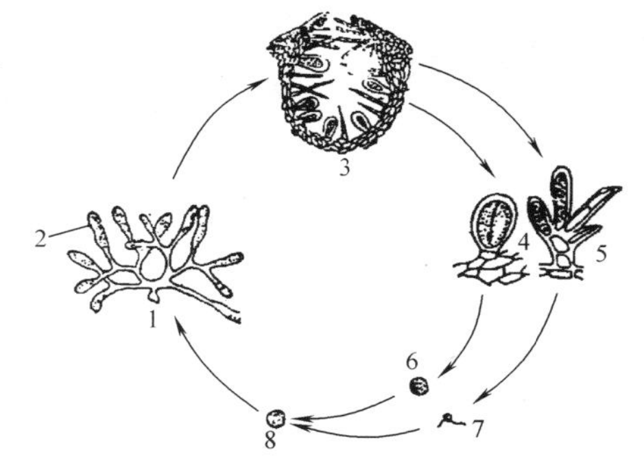

图 10-18 鹿角菜的生活史
1—植物体；2—生殖托；3—生殖窝；4—卵囊；
5—精囊；6—卵；7—精子；8—合子

① 藻体的外形观察。取鹿角菜的腊叶标本，观察藻体的颜色、形状，分支方式（二叉状）、固着器以及藻体分支的末端长角果生殖托，并用放大镜仔细观察生殖托，表面明显的节状突起和小孔，即生殖窝的开口。

② 取鹿角菜生殖托切片置显微镜下观察，区分生殖窝内位于分支顶端的长梨形精子囊、圆形卵囊（内有 2 个卵），以及生于精子囊和卵囊之间的毛状隔丝。

（4）观察其他褐藻门植物的腊叶标本

【实验报告】

1. 绘紫菜精子囊和果孢子囊表面观图。
2. 绘海带具有孢子囊的带片横切面结构图，示孢子囊、隔丝、表皮、皮层及髓。
3. 绘鹿角菜生殖窝纵切面结构图，示精子囊、卵囊、隔丝。

【思考题】

1. 以图解的方式写出紫菜、海带的生活史。

2. 比较水云、海带、鹿角菜生活史的异同。

3. 红藻门、褐藻门的主要特征是什么？两门各有何不同特点？

4. 名词解释：果孢 果孢子 壳斑藻 壳孢子 果孢子体 四分孢子体 四分孢子 异丝体 单室孢子囊 多室孢子囊 多室配子囊 异型世代交替 生殖托 生殖窝

实验 4 藻类植物的采集和培养

【目的与要求】

熟悉藻类植物的采集和培养方法。

【材料与用具】

工具袋（厚帆布包）、25 号筛绢浮游生物网、塑料瓶（或试剂瓶）（100ml）、广口瓶（250ml、500ml）、大镊子、采集刀、吸管、铅笔、标签纸、纸袋（或信封）等。

【内容与方法】

1. 淡水藻类的采集方法

（1）浮游藻类

在较大较深的水体中，可用浮游生物网在水中呈“∞”字形来回慢慢地拖动采集。采集后将网垂直提出水面，打开网底的阀门，将采集到的标本注入标本瓶（或广口瓶）中。同时做采集记录、编号，并在瓶上贴上标签，或用铅笔在纸条上写上编号，放入瓶中。

在浅且较小的水体中，可直接用广口瓶灌注或用吸管吸取后再移入瓶中。

（2）固着藻类

以固着器或假根固着于岩石、水生植物或其他基质上的藻类（如刚毛藻、丝藻）等，采集时可直接用手或镊子采下。如果不能保证标本的完整，则须用采集刀刮取或连基物一起采下。

（3）气生藻类

对生活于潮湿的地面上、墙角、树皮上及花盆壁上的藻类可直接用采集刀刮下放入纸袋中。

2. 淡水藻类的野外识别观察

在野外采集藻类时，要先对所采集的藻类有一个总体认识。藻类植物的粗略观察归类，一要看藻体的颜色，二要熟悉不同藻类的生活习性。有的藻类喜生于富含有机质的池塘、沟渠、污水坑中，如裸藻、颤藻等；有的藻类则生活于清洁的山泉溪流中，如串珠藻等；还有的藻类则生活于水流湍急的河流、瀑布等环境中，如绿丝藻。对个体微小的浮游藻类，在野外用肉眼无法直接观察其形态结构，但可根据水色初步推断其大类群的组成。如水色很绿，可能为浮游绿藻较多，如水色为茶褐色，则可能含有较多的硅藻、金藻或甲藻；如果水面有一层绿色薄膜，则可能是裸藻形成的水华；若水面漂浮的蓝绿色或蓝黑色团块，则可能是颤藻类蓝藻；若水底表面上有蓝绿色薄层，一般也为颤藻类蓝藻；浅水沟渠或池塘水底表面上褐色酱油状底栖物则多为硅藻。

对一些特点突出的较大型丝状藻类用肉眼也可鉴别。如水绵、双星藻不分支，手感黏滑；刚毛藻可看出具多分支，用手触摸有粗糙感；绿丝藻一般生活于清洁水流的石面上，丛生形成一片绿色毡层，用手触摸既不黏滑也不粗糙；而轮藻的植物体大型，高达几十厘米，并有明显的节和节间，节上轮生短分支，短枝的下侧还有橘红色的精囊球，因此极易识别。

3. 常见淡水藻类的分离和培养

(1) 衣藻的分离和培养

① 衣藻的分离。

将野外采集来的衣藻水样经显微镜镜检后，倒入广口瓶内，置于窗台向阳处，由于衣藻有趋光性，几个小时后，可见向阳面的瓶壁与水面的交界处出现一条绿线，用吸管从绿线处吸取一滴水，一般可得到成群的衣藻。

② 培养（详见第一部分第二章）。

(2) 团藻的分离和培养。

可用土壤浸出液或池塘水（最好是采集团藻标本的池塘水）经煮沸或高压灭菌，冷却，将含有团藻的水也倒入其中进行培养。因团藻喜凉，培养温度应在8～20℃之间。

(3) 水绵的培养（详见第一部分第二章）。

水绵分布广泛，而且一年四季均可采到，一般不需培养。如果需要可用土壤浸出液、天然池塘水1∶1或富含有机质的菜园土和水（1∶1）的混合液（除去漂浮物）培养；也可用水绵的无机培养基培养，该培养基还能诱导、促进水绵的接合生殖。培养基配方如下：硝酸钾1g、硫酸镁1g、磷酸二氢钾1g、硝酸钙3g、水1000ml，使用时稀释2倍即可。

(4) 硅藻的培养。

培养硅藻可用硅藻1号（HB-D1）培养液，其配方如下：硝酸钠120mg、硫酸镁70mg、磷酸氢二钾40mg、磷酸二氢钾80mg、氯化钙20mg、氯化钠10mg、硅酸钠100mg、柠檬酸铁5mg、土壤浸出液20mg、硫酸锰2mg，加蒸馏水到1000ml。

4. 海藻的采集和保存

(1) 采集

位于沿海城市的学校，可利用自身的有利条件，采集一些海藻。采集海藻最好在退潮以后，在岩石或缝隙间寻找采集。大型海藻多营固着生活，采集时要设法用采集刀把固着器挖出，以保证标本的完整性。采集的小标本可放入盛有海水的广口瓶中，大标本放入采集桶内带回。

(2) 保存

海藻一般是做成浸制标本来加以保存。其方法是，把采回来的标本先清洗处理干净后，直接投入5%海水-福尔马林液（清洁海水95ml与30%～40%福尔马林5ml混合而成）中，封紧瓶口，可长期保存。海藻标本的采集、制作，也要进行编号、记录、贴标签等工作。

【实验报告】

概括总结藻类植物的采集、培养过程以及其中的关键步骤。

【思考题】

采集时，瓶中所装藻类一般不能超过瓶容积的2/3，为什么？

第十一章 菌类和地衣

实验5 黏菌门、真菌门（1）

【目的与要求】

1. 通过黏菌门代表植物的观察，了解该门的主要特征。

2. 通过代表植物的观察，掌握鞭毛菌亚门、接合菌亚门、子囊菌亚门的主要特征。

【材料与用品】

发网菌、水霉、根霉、酵母菌、青霉、曲霉的新鲜材料及永久制片。

显微镜、实体显微镜、镊子、解剖针、载玻片、盖玻片、滴管、培养皿、吸水纸。

【内容与方法】

1. 黏菌门（Myxomycota）

黏菌是介于动物和真菌之间的生物类群。在生长期或营养期为裸露（无细胞壁）的原生质团，称为变形体，其构造、运动和摄食方式与原生动物的变形虫相似。繁殖时产生具纤维素细胞壁的孢子，与植物孢子类似。

发网菌属（*Stemonitis*）（图 11-1）　取培养好的黏菌新鲜材料先在实体显微镜下观察变形体的形态（网状）。然后用解剖针挑取褐色菌体少许制成水封片，显微镜下仔细观察黏菌的结构特征（多核，无细胞壁），黏菌的孢子囊及孢子的形态结构。（注意孢子囊单生还是丛生？有无柄？孢子囊内有无孢丝？）

2. 真菌门（1）（Eumycota）

（1）鞭毛菌亚门（Mastigomycotina）

除少数单细胞种类外，通常菌丝为无隔菌丝，多核。无性生殖产生游动孢子，有性生殖有同配、异配和卵式生殖。

水霉属（*Saprolegnia*）（图 11-2）。

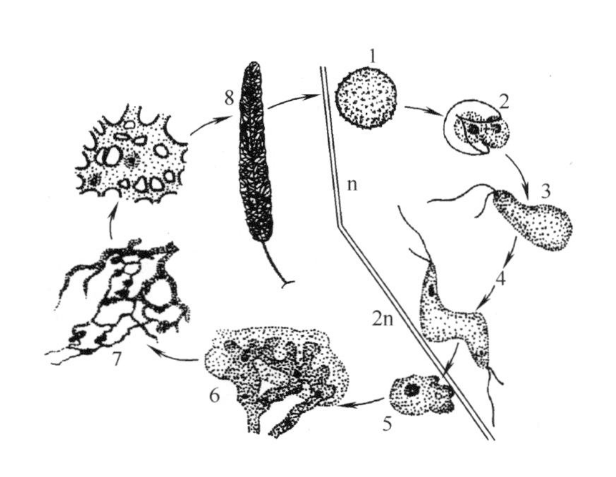

图 11-1　发网菌

1—孢子；2—孢子萌发；3—游动细胞；4—质配；5—核配（合子）；6—变形体；7—变形体（后期）；8—孢子囊

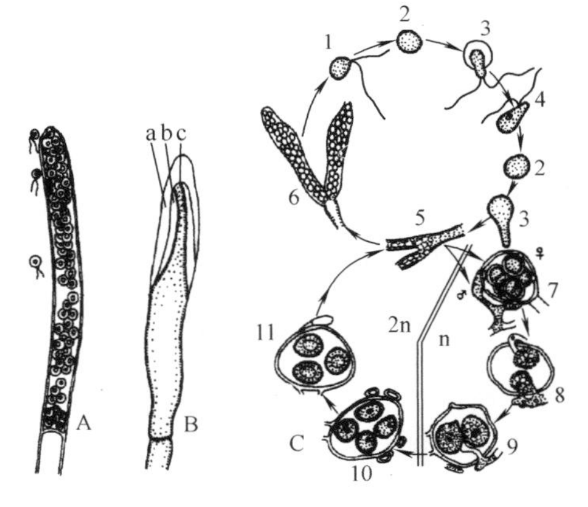

图 11-2　水霉

A—游动孢子囊和游动孢子；B—游动孢子囊的层出形成；C—生活史。a，b—已空的游动孢子囊；c—正在发育的幼游动孢子囊。1—初生游动孢子；2—休止孢子；3—萌发；4—次生游动孢子；5—菌丝体；6—游动孢子囊；7—卵囊和精子囊；8—受精管穿入卵囊；9—质配；10—核配；11—卵孢子

取永久装片或新鲜材料制成水封片，在显微镜下仔细观察其菌丝体的形态，菌丝有否分隔。移动载玻片在菌丝顶端常可看到稍膨大的游动孢子囊，孢子囊基部有一横隔与菌丝隔开。

培养水霉时可将死蝇或小死鱼放在培养皿或烧杯中，其内加适量的池塘水，20～30℃几天即可长出水霉菌丝。

(2) 接合菌亚门 (Zygomycotina)

少数种类为单细胞，多数菌丝体由无隔菌丝构成。无性生殖产生孢囊孢子，有性生殖有同配、异配、卵式生殖，或由配子囊的接合形成接合孢子。

根霉属 (*Rhizopus*) (图 11-3)。

取培养的根霉新鲜材料，用解剖针挑取少量菌丝制成水封片或用永久装片，于显微镜下观察菌丝的形态。(注意其营养菌丝有无分隔？是否分化为匍匐菌丝和假根?) 然后在有孢子囊的部位观察孢子囊梗产生的部位 (假根处)、孢子囊内的囊轴和黑色的孢囊孢子。

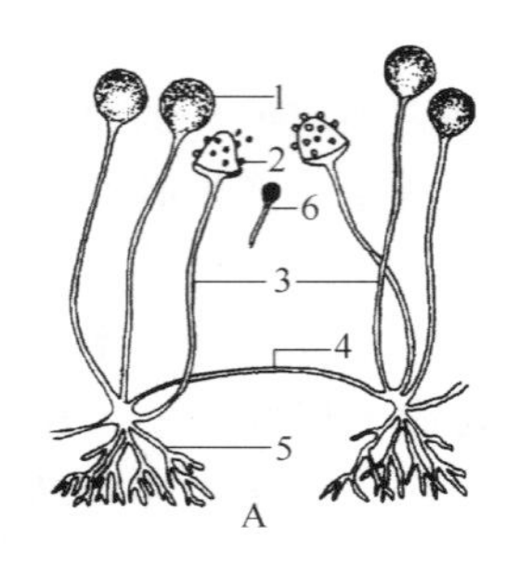

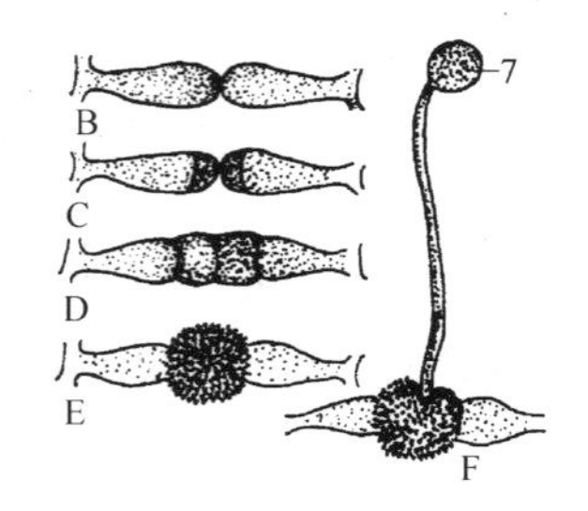

图 11-3　根霉

A—无性生殖；B～E—有性生殖 (配子囊配合：B—菌丝顶端膨大；C—产生配子囊；D—配子囊配合；E—接合孢子) 各时期；F—接合孢子萌发。1—孢子囊；2—孢囊孢子；3—孢囊梗；4—匍匐菌丝；5—假根；6—孢子萌发；7—接合孢子囊

培养根霉时可用几小块馒头 (或面包) 放在铺有吸水纸的培养皿内，在空气中暴露 2～3h，然后加盖在20～30℃下培养 2～3d，见有白色菌丝并开始有黑色小颗粒时即可用于实验。

(3) 子囊菌亚门 (Ascomycotina)

除少数单细胞种类外，绝大多数菌丝为有隔菌丝，通常单核，也有多核的。无性生殖单细胞种类为出芽繁殖，多细胞种类产生分生孢子。有性生殖形成子囊和子囊孢子，包被于子实体 (又叫子囊果) 内。

① 酵母菌属 (*Saccharomyces*) (图 11-4)。

为子囊菌亚门最低级的一属，菌体为单细胞，有明显的细胞核和细胞壁。多生长在富含淀粉、糖类的基质中，可用来酿酒、发面等。

取酵母的永久装片或取一滴新鲜材料制成水封片，在显微镜下观察，注意其细胞的形状 (卵形或椭圆形)，细胞内的一个大液泡，细胞质及含有的油滴。尤其应注意其出芽生殖。在繁殖旺盛的时期，在芽体未脱离母体之前往往又产生新的芽体，许多芽体连在一起形成拟菌丝。

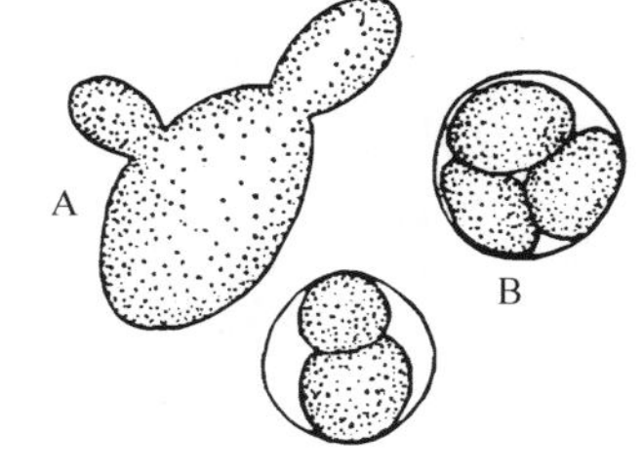

图 11-4　酵母

A—营养细胞上出芽；B—子囊和子囊孢子

培养酵母时，可用 5% 的蔗糖溶液放在烧杯中，加少许发面用的酵母粉，适宜的温度下培养几天，即可用于实验观察。

② 青霉属 (*Penicillium*) (图 11-5)。

菌丝体由有隔菌丝构成，菌丝发达，无性生殖产生分生孢子。青霉分布广泛，几乎可在含有有机质的任何基质上出现，常引起食物、皮革、布匹及其他有机产品的霉变。最常见的橘青霉多生于橘子、梨和苹果上。

先取新鲜材料在实体显微镜下观察青霉的菌丝体、分生孢子梗及分生孢子的形状，然后取新鲜材料制成水装片或用永久装片，在显微镜下观察：菌丝的形态，有无分隔，分支状况；分生孢子梗的形态，分支方式 (扫帚状)；分生孢子梗末级的梗基、瓶状的分生孢子小梗和青绿色的分生孢子。

培养青霉时，可将一块橘子皮放在培养皿内，在空气中暴露 1～2h，然后加盖，20～30℃下培养几天，见到橘子皮上有白色的菌丝并开始变绿，即可用以实验。

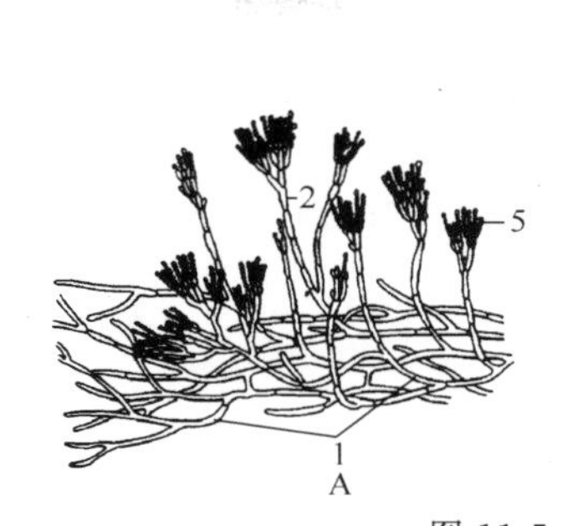

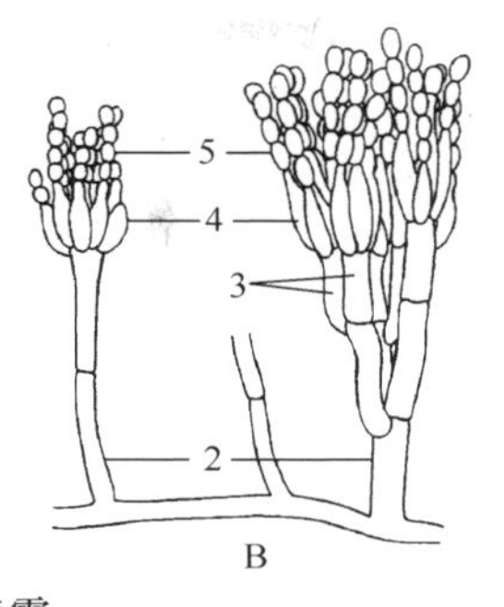

图 11-5　青霉

A—青霉属菌株；B—放大的分生孢子梗。1—营养菌丝；2—分生孢子梗；3—梗基；4—小梗；5—分生孢子

③ 曲霉属（*Aspergillus*）（图 11-6）。

曲霉与青霉一样，具发达的菌丝，无性生殖产生分生孢子。其生活习性、分布等均与青霉类似。

取曲霉永久装片或新鲜材料制成水封片，显微镜下观察：菌丝的形态，有无分隔，分支状况；分生孢子梗的形态，其顶端膨大的球状顶囊；顶囊表面放射状排列的瓶状小梗（1～2 层）和黄绿色、黄色或黑色的分生孢子。（注意与青霉加以比较。）

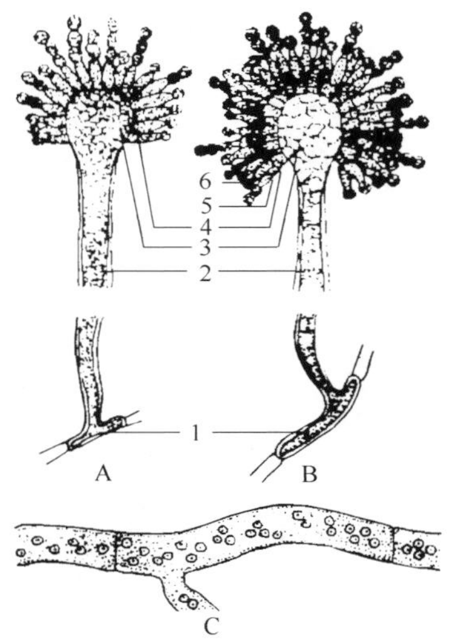

图 11-6　曲霉

A—分生孢子梗具单层小梗；B—分生孢子梗具双层小梗；C—菌丝（示多核）。1—足细胞；2—分生孢子梗；3—孢囊（顶囊）；4—初生小梗；5—次生小梗；6—分生孢子

【实验报告】

1. 绘根霉菌丝体形态，示匍匐菌丝、假根、孢子囊梗和孢子囊、孢囊孢子。

2. 绘青霉菌丝体形态，示部分营养菌丝、各级分生孢子梗及分生孢子。

3. 绘酵母菌单细胞和拟菌丝体形态。

【思考题】

1. 为什么说黏菌是介于动物和真菌之间的类群？

2. 根霉、青霉、曲霉和酵母菌在形态结构和生殖方式上有何不同？

3. 根霉、青霉、曲霉和酵母菌有哪些经济意义？

4. 名词解释：变形体　无隔菌丝　有隔菌丝　菌丝体　菌丝组织体　双游现象　接合孢子　孢囊孢子　分生孢子　子实体　子囊果　子囊　子囊孢子　出芽生殖　拟菌丝　子囊壳　子囊盘

实验 6　真菌门（2）、地衣门

【目的与要求】

1. 通过担子菌亚门代表植物的观察，掌握担子菌亚门的主要特征。

2. 通过观察地衣的外部形态和内部结构，掌握地衣的主要特征。

【材料与用品】

禾柄锈菌病株标本；禾柄锈菌性孢子器、锈孢子器装片、小麦叶片横切（示夏孢子堆）、小麦叶片横切（示冬孢子堆）、担子菌锁状联合装片、木耳子实层切片、银耳子实层切片、蘑菇菌盖横切片；木耳干品、银耳干品；蘑菇浸泡标本、各种形态的地衣标本；异层地衣切片、同层地衣切片、地衣子囊盘切片、各种担子菌标本。

显微镜、实体显微镜、镊子、解剖针、载玻片、盖玻片、滴管、培养皿、吸水纸。

KOH 溶液。

【内容与方法】

1. 真菌门（2）（Eumycota）

担子菌亚门（Basidiomycotina）

（1）禾柄锈菌（*Puccinia*）（图 11-7）

隶属于锈菌目，锈菌科。是一种转主寄生的真菌，生活史中需要 2 个不同的寄主。其第一寄主为小麦、大麦、燕麦等禾本科植物，第二寄主为小檗属、十大功劳属等属的一些种类，不产生子实体，但形成冬孢子等 5 种类型的孢子。引起小麦锈病，严重危害作物的生长和产量。

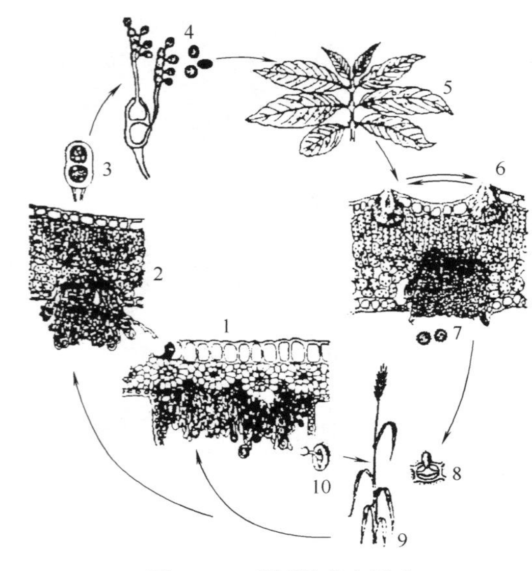

图 11-7　禾柄锈菌生活史

1—在小麦病斑处产生夏孢子堆和夏孢子；2—冬孢子堆和冬孢子的形成；3—冬孢子放大；4—冬孢子萌发并产生担孢子；5—小檗叶的病斑；6—病斑横断面（上部表示性孢子器，下部表示锈孢子器）；7—锈孢子；8—锈孢子萌发从小麦气孔侵入；9—小麦病株；10—夏孢子再侵入小麦

① 取小檗病株标本，观察叶的近轴面的橘黄色斑块，即为性孢子器，内产性孢子。在叶片的远轴面的橘黄色斑块，即为锈孢子器，内产锈孢子。

② 取小檗叶横切片于显微镜下观察，分辨性孢子器和锈孢子器的形状和位置。通常性孢子器在近轴面，瓶状。锈孢子器在远轴面，呈杯状。

③ 取小麦病株标本，观察其茎秆和叶，其上的红色斑点即为夏孢子堆，黑色的斑点为冬孢子堆。

④ 取小麦叶片横切示夏孢子堆切片，于显微镜下观察，在叶的表面有成堆的椭圆形的夏孢子。（注意夏孢子单个，黄褐色，壁上常有刺状突起，具双核，下有柄。）再取小麦叶片横切示冬孢子堆切片，可见很多具两个细胞的冬孢子密集成堆。冬孢子黑褐色，下有长柄。具双核，也有单核的。

（2）木耳属（*Auricularia*）（图 11-8）

隶属于银耳目。担子果耳状、叶状或杯形，紫褐色至暗青灰色，胶质半透明，有弹性，干后强烈收缩变为脆硬的角质及近革质。生于栎、杨、榆、槭等阔叶树朽木上，可食用、药用，并可人工培养。

取事先浸泡好的木耳子实体，观察担子果的形态，然后用镊子取一小块子实体放在载玻片中央，加上盖玻片后将其轻轻压碎，置显微镜下观察，可见木耳的子实层有担子和侧丝组成，担子分为上担子和下担子，下担子长圆柱型，有 3 个横隔（横隔担子），每个细胞有一细长的臂，称为上担子，它的尖端伸到胶质表面，其上长出一个小梗，梗上生有 1 个肾形的担孢子。可用永久切片配合观察。

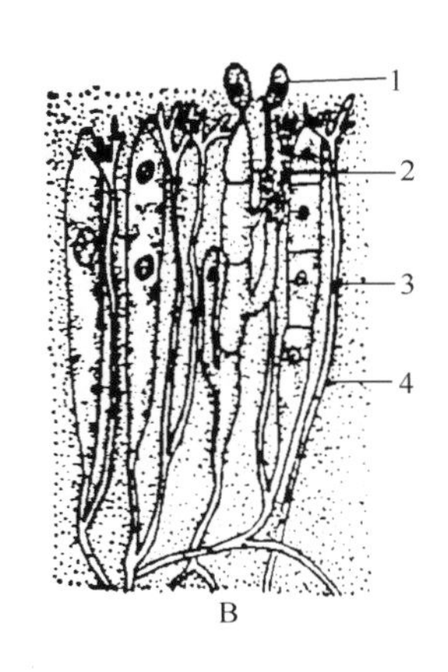

图 11-8　木耳属

A—子实体外形；B—子实体垂直切面。

1—担孢子；2—担子；3—侧丝；4—胶质

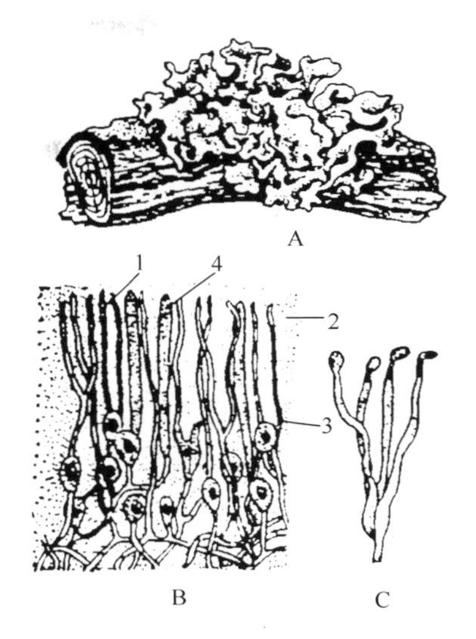

图 11-9　银耳属

A—担子果生状；B—子实层垂直切面；

C—担子及担孢子。1—担子；2—胶质；3—侧丝；4—隔胞

（3）银耳属（*Tremella*）（图 11-9）

隶属于银耳目。担子果胶质，纯白色或带淡褐色，由许多丛生瓣片组成，干后收缩。腐生于栎属等多种阔叶树枯立木上，可食用、药用，并可人工培养。

取事先浸泡好的银耳子实体，观察担子果的形态，然后用镊子取一小块子实体放在载玻片中央（可加一滴 KOH 溶液），加上盖玻片后将其轻轻碾碎展开，置显微镜下观察，可见银耳的子实层有担子和侧丝组成。银耳的担子为纵隔担子，观察时需注意从底面、顶面和侧面加以区分。担子也分为上担子和下担子，下担子纵分成四个细胞，底面和顶面观均为“田”字形。

可配合银耳子实层切片观察，并与木耳加以比较。

（4）蘑菇属（*Agaricus*）（图 11-10）

隶属于伞菌目，黑伞科。担子果伞状，由菌盖、菌柄和菌环等组成。

① 蘑菇外形的观察。

取蘑菇子实体，仔细观察菌盖和菌柄的颜色、形状、菌柄的位置以及菌柄中上部白色的菌环（有时可能自行消失）。（思考菌环是怎样形成的？）然后用镊子小心撕开菌盖表面的膜，观察菌肉的颜色，以及菌盖下面放射状的菌褶。蘑菇的子实层就生于菌褶的两面。

② 菌褶结构的观察。

取蘑菇菌盖横切片或切取蘑菇菌盖的一部分进行徒手切片后制成水封片，置于显微镜下观察，先注意区分出菌肉和菌褶，有时还可看到切到的菌柄，然后仔细观察菌褶的结构，可见菌褶的两面排列着整齐的子实层，子实层由无隔担子和侧丝组成，担子长圆柱形，顶端有 4 个小梗，其上各生 1 个担孢子。在担子之间稍短的圆柱状细胞为侧丝。子实层下方是由数层细胞组成的子实层基，菌褶的中央是由疏松菌丝组成的菌髓。

蘑菇是观察担子菌锁状联合的好材料。观察时取菌肉压开后制作水装片，通过缩小光圈和反复调节细准焦螺旋，可大体上看出锁状联合发生的过程，尤其可看到菌丝侧面的喙状突

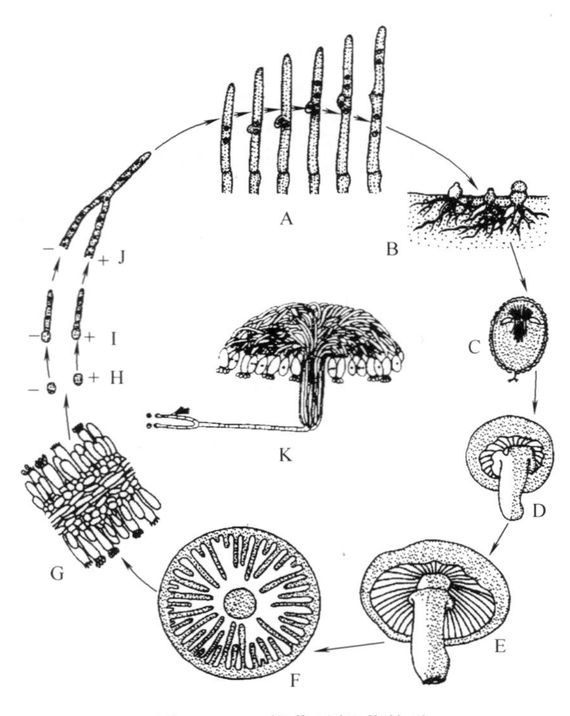

图 11-10　蘑菇及褶菌构造

A—双核菌丝的细胞分裂（锁状联合）；B—菌蕾；C—菌蕾开始分化（放大）；D—幼担子果；E—成熟的担子果；F—菌盖的横切面（示菌褶）；G—菌褶的一部分放大（示子实层和担子、担孢子）；H—担孢子落地；I—担孢子萌发为初生菌丝体；J—初生菌丝体接合形成次生菌丝体；K—双核菌丝发育成担子果

起。可配合担子菌锁状联合装片。

（5）观察其他担子菌亚门的标本

2. 地衣门（Lichens）

地衣是由藻类和真菌共生在一起所形成的一类特殊的原植体植物。共生体的真菌以子囊菌种类最多，藻类主要为蓝藻和绿藻。地衣分布广泛，可生长在岩石、树皮、林地及沙地上。

（1）地衣形态的观察（图 11-11）

取不同类别的地衣标本，观察地衣的形态，通常可分为三种，在三种形态之间也有过渡类型。

① 壳状地衣。

地衣的菌丝与基质紧贴在一起，很难从基质上剥离。如常见于岩石上的茶渍衣，仔细观察还可见其上有许多小盘状物，它是由组成地衣的子囊菌进行生殖所产生的子囊盘。

② 叶状地衣。

植物体扁平，呈叶状，有背腹之分，常在腹面生出假根或脐附于基质上，易于剥离。如常见的梅衣属。另外有时叶状体上还可看到颗粒状的粉芽堆。粉芽是由皮层分离出来的少数藻细胞群外被菌丝缠绕而成。

③ 枝状地衣。

地衣体呈树枝状，直立或下垂，仅基部附着于基物上。如石蕊属和松萝属，比较它们与壳状地衣、叶状地衣有何不同？它们的子囊盘生长在何部位？

（2）地衣的内部结构观察（图 11-11）

取地衣永久切片或取叶状地衣新鲜材料进行徒手切片，从上而下观察地衣的上皮层（由菌丝紧密交织而成）、藻胞层（由藻类细胞所组成）、髓层（由疏松菌丝组成）。另取同层地衣切片观察，比较与异层地衣有何区别？

（3）地衣的子囊盘和子囊孢子的观察（图 11-12）

取地衣子囊盘切片或取新鲜材料做徒手切片，观察地衣体上由子囊菌产生

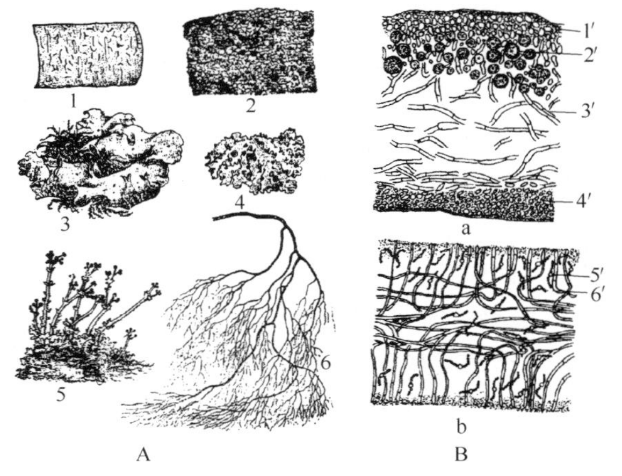

图 11-11　地衣形态（A）和结构（B）

1—文字衣属；2—茶渍衣属；3—地卷衣属；4—梅衣属；5—石蕊属；6—松萝属。a—异层地衣；b—同层地衣。1′—上皮层；2′—藻胞层；3′—髓层；4′—下皮层；5′—念珠藻；6′—菌丝

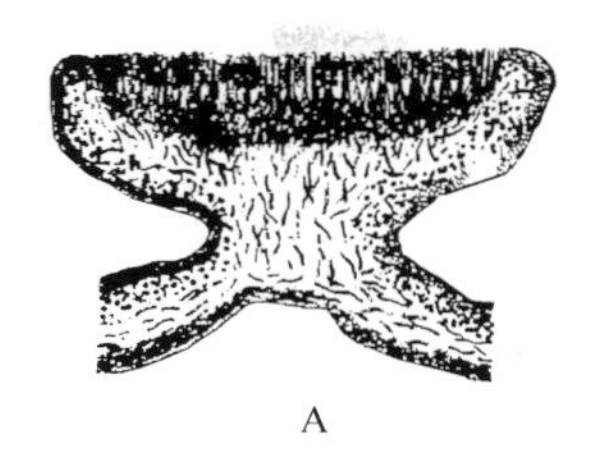
A

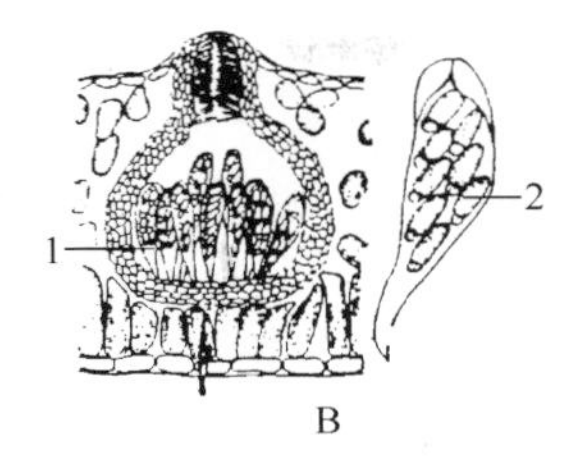

B

图 11-12　地衣子囊盘（A）和子囊孢子（B）

1—子囊；2—子囊及子囊孢子放大

的子囊盘，先在低倍镜下观察子囊盘与叶状体的关系，分辨子囊盘从何处产生？然后再换高倍镜观察子实层，辨认子囊、侧丝和子囊内的子囊孢子。

【实验报告】

1. 绘蘑菇子实体外形图和菌褶一部分，示各部分结构。

2. 绘异层地衣横切面结构图，示各部分结构。

【思考题】

1. 担子菌亚门的主要特征是什么？

2. 试述禾柄锈菌的生活史。

3. 试述蘑菇的生活史。

4. 地衣中藻类与真菌的关系如何？比较同层地衣与异层地衣的区别。

5. 名词解释：初生菌丝体　次生菌丝体　三生菌丝体　担子果　担子　担孢子　锁状联合　转主寄生　单主寄生　横隔担子　纵隔担子　菌环　菌托　壳状地衣　叶状地衣　枝状地衣

第十二章　苔 藓 植 物

实验 7　苔纲、藓纲

【目的与要求】

1. 通过代表植物的观察，掌握苔藓植物的主要特征，更好地理解它们在植物界的系统地位。

2. 了解苔纲和藓纲的主要区别，识别一些常见的苔藓植物。

【材料与用品】

地钱、葫芦藓的标本或新鲜植物体；地钱雌器托切片、地钱雄器托切片、地钱配子体横切片、地钱孢子体纵切片、地钱孢芽杯及孢芽切片、葫芦藓孢子体与配子体装片、葫芦藓配子体横切片、葫芦藓精子器切片、葫芦藓颈卵器切片、葫芦藓孢子体纵切片、葫芦藓原丝体装片；其他苔藓植物标本。

放大镜、实体显微镜、显微镜、镊子、解剖针、刀片、载玻片、盖玻片、滴管、培养皿、吸水纸。

【内容与方法】

1. 苔纲（Hepaticae）

地钱（*Marchantia polymorpha* L.）。隶属于地钱目，地钱科。为叶状体苔类。喜生于

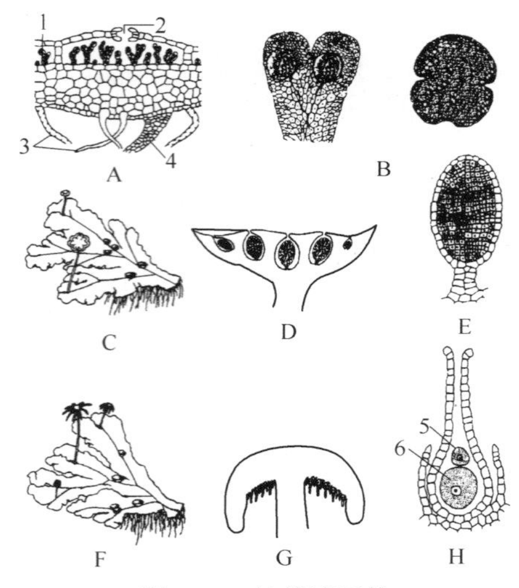

图 12-1 地钱配子体

A—配子体切面；B—胞芽杯及胞芽；C—雄配子体；D—精子器托；E—精子器；F—雌配子体；G—颈卵器托；H—颈卵器。1—同化组织；2—气孔；3—假根；4—鳞片；5—腹沟细胞；6—卵

阴湿的林地、墙角、井边和水沟边，广布世界各地。

（1）地钱配子体外形观察（图 12-1）

地钱植物体为绿色、扁平、二叉分支的叶状体，有背腹之分。用放大镜或实体显微镜观察其背面，可见表面形成许多菱形或斜方形网纹（想一想它们是如何形成的?）网纹中央有一小白点，即气孔。叶状体背面常可看到胞芽杯，内有许多胞芽。叶状体的腹面有许多白色的假根和紫色的鳞片。地钱为雌雄异株，生殖季节可分别在雌雄配子体背面看到雌器托和雄器托。

（2）地钱叶状体结构观察

取地钱配子体横切片或用新鲜材料做徒手切片，置于显微镜下观察，依次辨认上表皮、气孔、气室、同化组织、薄壁组织、下表皮、假根和鳞片。

（3）地钱生殖器官的观察

取地钱雄器托切片，可见雄器托分为托盘和托柄两部分。托盘圆盘状，近上表面有许多精子器腔，每腔内生有一卵圆形精子器，内有许多具顶生、等长、双鞭毛的精子。

取地钱雌器托切片，可见雌生殖托同样分为托盘和托柄两部分，托盘伞形，有 8～10 条下垂的指状芒线，在两芒线间生一列倒悬的颈卵器，颈卵器瓶状，分为颈部和腹部，腹部有一个卵细胞。（注意区分颈卵器周围的总蒴苞、假蒴苞等结构。）

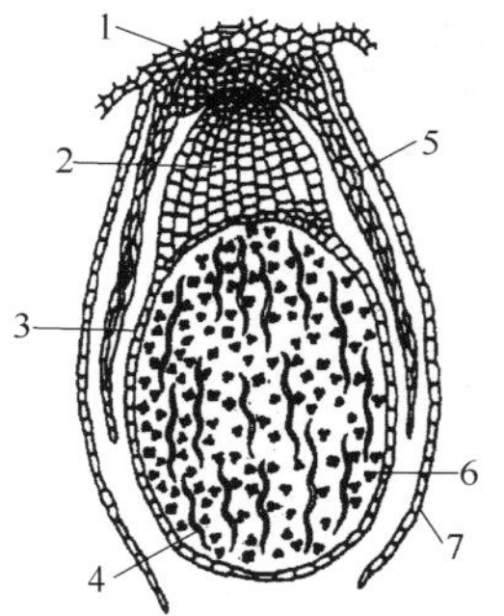

图 12-2 地钱孢子体

1—基足；2—蒴柄；3—孢蒴；4—弹丝；5—残留的颈部细胞；6—孢子；7—假被

（4）地钱孢子体的观察（图 12-2）

取地钱孢子体纵切片，可见其孢子体由孢蒴、蒴柄和基足三部分组成。孢蒴内有圆形的孢子和单细胞细长的弹丝，弹丝末端尖锐，细胞壁呈螺旋状加厚。

（5）地钱胞芽的观察

取地钱胞芽杯及胞芽切片，或用镊子从新鲜地钱配子体表面的胞芽杯中镊取少量胞芽制成水封片，于显微镜下观察胞芽的形状及着生方式。

2. 藓纲（Musci）

葫芦藓（*Funaria hygrometrica* Hedw.）（图 12-3）。隶属于葫芦藓目，葫芦藓科。为土生喜氮的小型藓类，习见于田园、庭院、路旁等地，为全球广布种。

（1）葫芦藓配子体与孢子体外形观察

取葫芦藓孢子体与配子体装片，或者取葫芦藓新鲜标本或干标本让其吸水，在显微镜下观察配子体形态。配子体为直立的茎叶体，茎短，柔弱，基部具假根。叶丛生，螺旋状着生，卵形或舌形，有一条明显的中肋。孢子体具细长的蒴柄，孢蒴长梨形或葫芦形，悬垂，蒴帽兜形，具长喙。

（2）葫芦藓配子体结构观察

在实体显微镜下摘取几片葫芦藓叶片制成水封片，于显微镜下观察，可见葫芦藓叶片由一层细胞组成，叶片中央具一条由多层、长形细胞构成的中肋。取葫芦藓配子体横切片，可看到茎的构造比较简单，由表皮、皮层和中间的中轴组成（比较它们的区别）。

（3）葫芦藓精子器的观察

取葫芦藓精子器切片于显微镜下观察，可见其雄器苞内有多个棒状的精子器以及多细胞的隔丝。精子器内有许多小孢子母细胞或已发育成熟的精子（比较精子器与隔丝的区别）。

（4）葫芦藓颈卵器的观察

取葫芦藓颈卵器切片于显微镜下观察，可见其雌器苞顶端有数个瓶状的颈卵器。颈部细长，壁由一层细胞构成；腹部膨大，壁由多层细胞构成，内有一个卵细胞（注意雌器苞有无隔丝）。

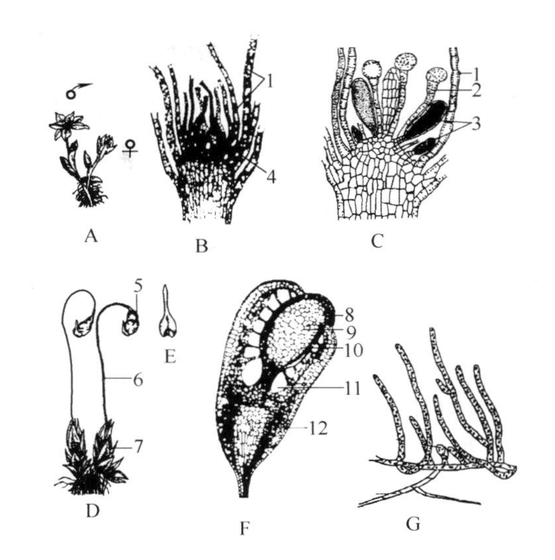

图 12-3　葫芦藓（包括原丝体）

A—植株；B—雌枝纵切面；C—雄枝纵切面；D—具孢子体的植株；E—蒴帽；F—孢蒴；G—原丝体。1—叶；2—隔丝；3—精子器；4—颈卵器；5—孢蒴；6—蒴柄；7—配子体；8—蒴盖；9—蒴轴；10—造孢组织；11—气室；12—蒴台

（5）葫芦藓孢子体结构观察

在载玻片中央滴一滴水，然后取葫芦藓新鲜的孢蒴放入水中，先用解剖针在实体显微镜下拨下蒴盖，观察蒴盖的形状。然后再仔细观察孢蒴口部，可见到蒴齿（2层，共32枚）、环带和从孢蒴内释放出来的孢子。自然条件下，孢子即借助于蒴齿的运动弹出体外。用解剖针将孢蒴捅破，可看到里面的蒴轴。

再取葫芦藓孢子体纵切片于显微镜下观察，可见到孢蒴分为蒴盖、蒴壶和蒴台三部分。蒴壶构造复杂，包括表皮、蒴壁、气室、营养丝、蒴轴和孢子等结构。蒴台则由疏松的薄壁细胞组成。

（6）葫芦藓原丝体的观察

取葫芦藓原丝体装片（或培养的新鲜材料），于显微镜下观察原丝体的颜色、形态、细胞的形状，有无假根和芽体等性状。

3. 观察其他苔藓植物标本或新鲜材料

【实验报告】

1. 绘地钱叶状体切面观，示各部分结构。

2. 绘具有雌生殖托、雄生殖托的地钱配子体外形图。

3. 绘葫芦藓配子体与孢子体外形图，示各部分结构。

【思考题】

1. 试述苔藓植物的主要特征。

2. 简述地钱和葫芦藓的生活史。

3. 为什么说苔藓植物是植物界从水生向陆生的过渡类型？

4. 名词解释：拟茎叶体　颈卵器　精子器　原丝体　雄器托　雌器托　指状芒线　孢蒴　蒴帽　蒴齿　弹丝

第十三章　蕨类植物

实验8　石松亚门、楔叶亚门及真蕨亚门

【目的与要求】

1. 通过对代表植物石松、卷柏、节节草、蕨等的观察，掌握蕨类植物的主要特征。

2. 认识部分常见的蕨类植物。

【材料与用品】

石松标本；卷柏（或中华卷柏）腊叶标本；石松子叶穗纵切片、石松茎横切片、卷柏孢子叶穗纵切片、问荆（或节节草）新鲜植株（或腊叶标本）；蕨腊叶标本；蕨地下茎横切片、蕨孢子囊群水封片（或永久封片）、蕨原叶体装片。

显微镜、解剖镜、放大镜、镊子、解剖针、载玻片、盖玻片、培养皿、滴瓶。

【内容与方法】

1. 石松亚门（Lycophytina）

（1）石松属（*Lycopodium*）（图13-1）

隶属于石松目、石松科。分布于热带、亚热带，也有分布于温带及寒带地区的，喜酸性土壤。

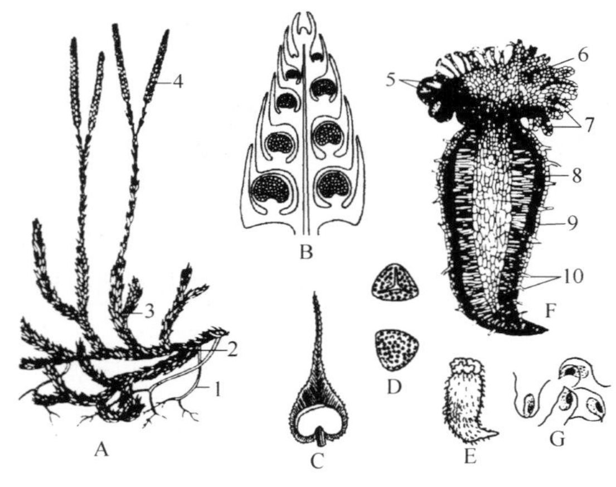

图13-1　石松

A—植株；B—孢子叶穗纵切；C—孢子叶及孢子囊；D—孢子；E—配子体；F—配子体纵切面（放大）；G—精子。1—不定根；2—匍匐茎；3—直立茎；4—孢子叶穗；5—精子器；6—胚；7—颈卵器；8—皮层（具菌丝的组织）；9—表皮；10—假根

观察孢子体外形：取石松标本观察，植物体为多年生草本，茎匍匐或直立，匍匐枝上着生不定根，直立枝二叉分支。小型叶，螺旋着生于小枝上，用放大镜或解剖镜观察叶子有无叶脉，若有叶脉，观察是否分支。孢子叶聚生于分支顶端，形成孢子叶穗。

观察石松孢子叶穗纵切片：芽穗轴两侧排列着孢子叶，每片孢子叶腋下着生一个具短柄的肾形孢子囊，囊内生有许多大小相等的孢子（同型孢子）。孢子叶穗基部的孢子囊先成熟，愈靠上部愈晚成熟，为向顶式发育。

观察石松茎横切片：茎为圆柱形，中央无髓，最外一层为表皮，表皮以内较宽的部分为皮层，皮层以内为中柱，被染成红色的细胞为木质部，呈数条带状，韧皮部生于木质部之间。这种中柱称为编织中柱，为原生中柱的一种。

（2）卷柏属（*Selaginella*）（图13-2）

隶属于卷柏目、卷柏科。多生于山地、潮湿林下、草地、岩石或峭壁上。

取卷柏（或中华卷柏）腊叶标本用放大镜观察，植物体为多年生草本，茎匍匐（中华卷

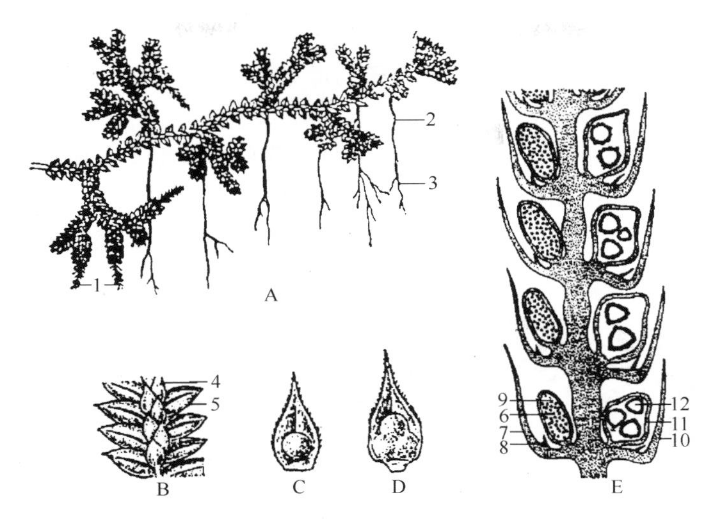

图 13-2　中华卷柏

A—植株；B—枝的部分放大；C—小孢子叶和小孢子囊；D—大孢子叶和大孢子囊；E—孢子叶球纵切。1—孢子叶球；2—根托；3—不定根；4—中叶；5—侧叶；6—小孢子囊；7—小孢子叶；8—叶舌；9—小孢子；10—大孢子叶；11—大孢子囊；12—大孢子

柏）或直立（卷柏），小型叶排成 4 行，2 行侧叶较大，2 行中叶较小。中华卷柏还有一种无叶的分支即根托，其上生许多不定根。枝尖端着生有棒状的孢子叶穗，每一孢子叶腋内生一个孢子囊。

取卷柏孢子叶穗纵切片观察，可见穗轴两侧排列着孢子叶，孢子异形，大、小孢子囊各生于孢子叶内侧，并具囊柄（注意孢子叶和营养叶的近轴面基部都有一个较小的突起物，称为叶舌）。大孢子囊内含有 4 个大孢子，小孢子囊内含有多数小孢子。

2. 楔叶亚门（Sphenophytina）

木贼属（*Equisetum*）（图 13-3）　隶属于木贼目、木贼科。多生长于潮湿的林缘、山地、河边、沙土及荒地等。

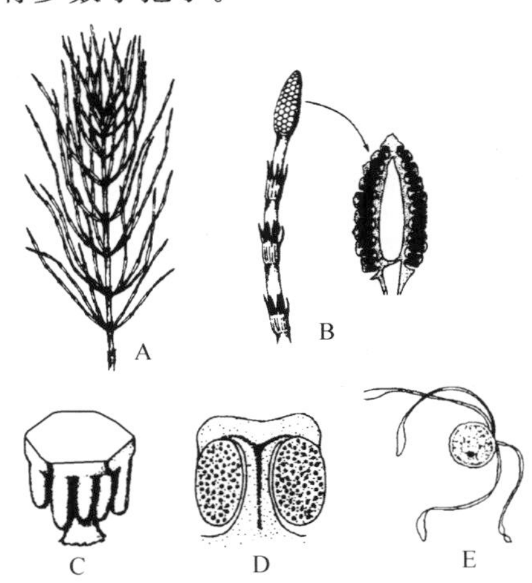

图 13-3　问荆

A—营养枝；B—生殖枝；C—孢囊柄；D—孢囊柄纵切；E—弹丝已展开的孢子

取问荆（或节节草）新鲜标本（或腊叶标本）观察，植物体为多年生草本，地上茎和地下茎均有明显的节和节间，地下茎横走，节处生有不定根；地上茎直立，中空，有棱脊，节处生有一轮鳞片叶，基部连合成鞘，上部分裂成齿。问荆有营养枝和生殖枝之分，营养枝绿色，节上有许多轮生的分支；生殖枝不分支，棕褐色，枝顶端产生孢子叶球。生殖枝在春天先从地下茎长出，当其快枯萎时，绿色的营养枝才从地下茎长出地面，而节节草则无营养枝和生殖枝的分化。

取孢子叶球观察，为椭圆形笔头状，由许多特优的六角形孢子叶聚生在一起。用镊子取下孢子叶放在解剖镜下观察，其六角形盾状体为孢子叶，下部为柄，柄周围悬挂有 5～10 枚孢子囊。成熟时，囊内有许多孢子，用解剖针捅破孢子囊，置显微镜下观察，可见孢子圆球形，孢子外壁分裂成4条弹丝。然后加一滴水于孢子上，会发现弹丝因吸水而卷曲，可帮助孢子的散布。

3. 真蕨亚门（Filicophytina）

蕨属（*Pteridium*）（图13-4） 隶属于真蕨目、蕨科。多生于山地林下或林缘等处。

取蕨腊叶标本观察，孢子体具根、茎、叶的分化，根状茎横走，二叉分支，密被褐色细毛，根状茎向下生出不定根，向上生出叶，叶柄较长，叶大型，二至四回羽状复叶，叶背面边缘生有连续的孢子囊群，囊群盖由小羽片背卷而成，呈线形，称为假囊群盖。

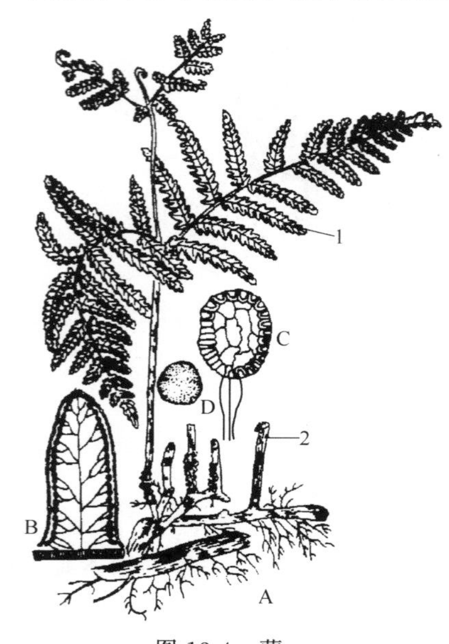

图13-4 蕨

A—孢子体；B—叶背面的孢子囊群；C—孢子囊；D—孢子。1—大型羽状复叶；2—幼叶

取蕨的根状茎横切片在显微镜下观察其内部构造。最外层为表皮，其内为皮层，皮层外层为厚壁细胞，其余为薄壁细胞。维管束分离，在茎内排列为两环，为多环网状中柱，在内外环维管束之间也有机械组织，维管束最外面（紧接内皮层）为维管束鞘，中央为木质部，木质部外周为韧皮部，木质部为中始式。

取蕨的孢子囊群制成水封片或取蕨孢子囊群装片在显微镜下观察，孢子囊扁平形具多细胞的长柄和单层细胞的壁，有一条纵裂的环带，环带细胞都明显地有三个壁面（内切向壁、两个径向壁）特殊的木质化增厚。环带从孢子囊基部起，大约围绕孢子囊的3/4，正位于孢子囊的中线。与环带相连的另一端仍是数个薄壁细胞，称之为裂口带，其中有两个薄壁细胞的径向壁比较长称为唇细胞；孢子成熟时，由于环带的反卷作用，其在唇细胞处横向裂开，并将孢子弹出；孢子同型。

取原叶体装片在显微镜下观察，蕨原叶体心脏形，由薄壁细胞组成，含叶绿体，能独立生活，腹面生多数单细胞假根，在假根之间生有一些球形的精子器，突出表面，内含多数精子；在凹陷处附近，有一些长颈烧瓶状的颈卵器，颈卵器腹部埋入原叶体中，颈部露出。

取蕨幼孢子体镜下观察，可见在原叶体上由胚发育出幼小孢子体（注意其根和茎是如何长出的）。

4. 常见蕨类植物

观察江南卷柏、银粉背蕨、中华水韭、松叶蕨、贯众、骨碎补、紫萁、槐叶苹、满江红的标本。

【实验报告】

1. 绘卷柏孢子叶穗纵切面图。

2. 绘蕨原叶体腹面观，示精子器和颈卵器。

3. 绘问荆一个孢子叶穗外形图，一个孢囊柄及其上着生孢子囊侧面观。

【思考题】

1. 蕨类植物分为几个亚门？各亚门有何特点？

2. 比较石松、节节草和蕨的中柱有何不同？

3. 以真蕨为例，简述蕨类植物生活史。

4. 名词解释：原叶体　孢子叶穗　大型叶　小型叶　异型孢子　同型孢子　厚囊性发育　薄囊性发育　孢子囊群　囊群盖　环带　唇细胞　孢子果

第十四章　裸子植物

实验9　银杏纲、苏铁纲、松柏纲

【目的与要求】

1. 通过对苏铁、银杏、油松、杉木、侧柏等代表植物的观察，掌握裸子植物的主要特征。

2. 认识常见的裸子植物。

【材料与用品】

苏铁带球花新鲜材料、苏铁大孢子叶新鲜材料（或腊叶标本）、银杏腊叶标本（或新鲜材料）、银杏种子纵切片、油松新鲜材料（或腊叶标本）、油松大孢子叶球纵切片、油松小孢子叶球纵切片、油松叶横切片、杉木腊叶标本、侧柏新鲜材料（或腊叶标本）。

显微镜、放大镜、刀片、镊子、解剖针、载玻片、盖玻片。

乙酸洋红溶液。

【内容与方法】

1. 苏铁科（Cycadaceae）

观察盆栽苏铁（铁树，*Cycas revolute* Thunb.）（图14-1），为常绿乔木，茎不分支，大型羽状叶集生于茎的顶部，幼叶拳卷。雌雄异株，大、小孢子叶球分别着生于雌、雄株的茎顶。

（1）大孢子叶球（雌球花）的观察

取大孢子叶浸制或腊叶标本观察，全部密被黄褐色绒毛，先端羽状分裂，基部柄状，两侧着生2～6枚裸露的胚珠，具棕黄色茸毛（后逐渐脱落）的球形直生胚珠。

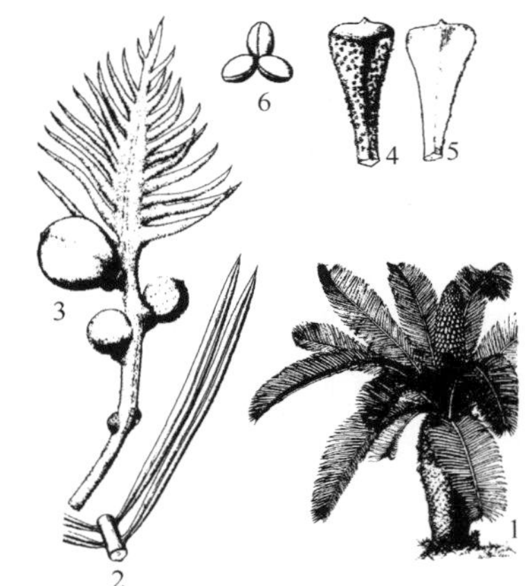

图14-1　苏铁（雌雄球花）

1—着雄球花植株；2—羽状全裂叶的一小段；3—大孢子叶及种子；4，5—小孢子叶背腹面；6—聚生的花药

（2）小孢子叶球（雄球花）的观察

呈棒状，生于茎的顶端，由球轴、小孢子叶及小孢子囊群组成；小孢子叶多数，舌状，螺旋着生在球轴上，初时向上，后渐向下，密生棕黄色茸毛。在舌状小孢子叶的背面，可见许多圆形小孢子囊，通常3～5个集生成群，再由群连成一片。囊壁为多层细胞构成，属厚囊性发育。小孢子囊内有多数小孢子，宽椭圆形，两侧对称，具一长纵沟。

2. 银杏科（Ginkgoaceae）

取银杏（*Ginkgo biloba* L.）（图14-2）腊叶标本或新鲜材料观察，银杏为落叶乔木，有

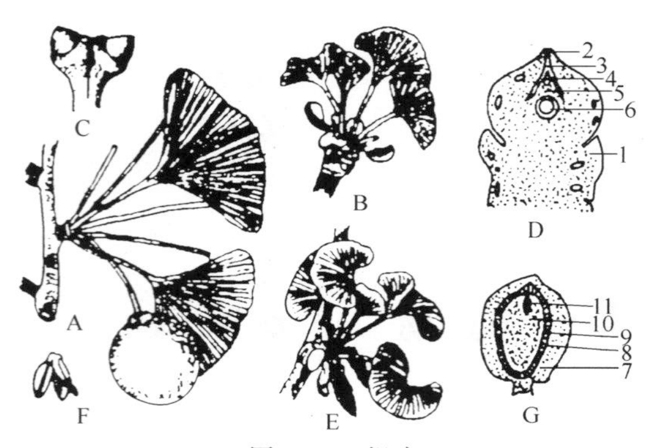

图 14-2　银杏

A—长、短枝和种子；B—短枝和雌花；C—珠托和胚珠；D—胚珠和珠托纵切面；E—柔荑状雄花和短枝；F—雄蕊；G—种子纵切面。1—珠托；2—珠被；3—珠孔；4—花粉室；5—珠心；6—雌配子体；7—外种皮；8—中种皮；9—内种皮；10—胚乳；11—胚

长枝、短枝之分，叶扇形，叶脉二叉状（注意叶在枝上的排列方式）。雌雄异株，大、小孢子叶球均着生在短枝上。

（1）大孢子叶球（雌球花）

具一长柄，上部二分叉，其末端膨大的肉质部分称珠领，珠领上各生一个直立胚珠，通常只有一个胚珠发育成种子。

（2）小孢子叶球（雄球花）

呈现柔荑花序状，生于短枝顶端的鳞片腋内，小孢子叶有一短柄，柄端有 2 个悬垂的小孢子囊，内有多数小孢子。

（3）种子纵剖

用刀片或解剖刀将种子纵切进行观察，种皮分 3 层，外种皮肉质，中种皮白色，骨质，内种皮红色，膜质。（注意胚生长的位置和子叶的数目。）

3. 松科（Pinaceae）

取油松（*Pinus tabulaeformis* Carr.）（图 14-3）新鲜材料（或腊叶标本）观察，首先区别长、短枝，针叶二针一束，基部有叶鞘。小孢子叶球多个簇生于当年长枝的基部，大孢子叶球 1～2 个生于当年长枝的顶端，呈紫红色。

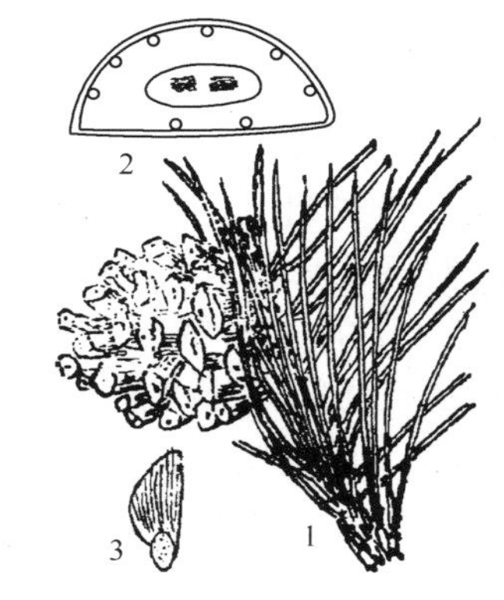

图 14-3　油松

1—球果枝；2—叶横切面；3—种子

（1）大孢子叶球（雌球花）

取幼小的大孢子叶球，用刀片纵切，观察珠鳞和苞鳞在花轴上排列的方式（苞鳞着生于珠鳞背面，胚珠着生在珠鳞的腹面，观察有几个胚珠？珠孔开口朝哪个方向?）。苞鳞不随种子成熟而增大，珠鳞则明显增大并木质化，故称为种鳞。

取成熟的球果，观察种鳞顶端扩大露出的部分为鳞盾，鳞盾中部有隆起或凹陷的部分称为鳞脐。种鳞基部有两粒种子，种子有翅，来源于珠鳞的表皮组织。观察油松具翅的种子，剥开种皮仔细观察胚的形态构造和子叶数目。

（2）小孢子叶球（雄球花）

取油松小孢子叶球观察，小孢子叶球有一纵轴，纵轴上螺旋状排列着小孢子叶，从中取下一个小孢子叶在显微镜下观察，其背面（下面）着生两个小孢子囊。从小孢子囊取一些花粉粒，制成水封片或加一滴乙酸洋红染色。［注意小孢子外壁膨大而形成的两个气囊，内有退化的第 1、2 原叶体细胞（仅有遗迹）和生殖细胞与管细胞。］

（3）叶的横切

将油松叶做徒手横切片，或取油松叶横切制片，于显微镜下观察（注意维管束的数目、树脂道的分布和数目，属于哪个亚属，可与白皮松、赤松、华山松等作比较）。

4. 杉科（Taxodiaceae）

取杉木［*Cunninghamia lanceolata*（Lamb.）Hook.］（图 14-4）的腊叶标本观察，叶为

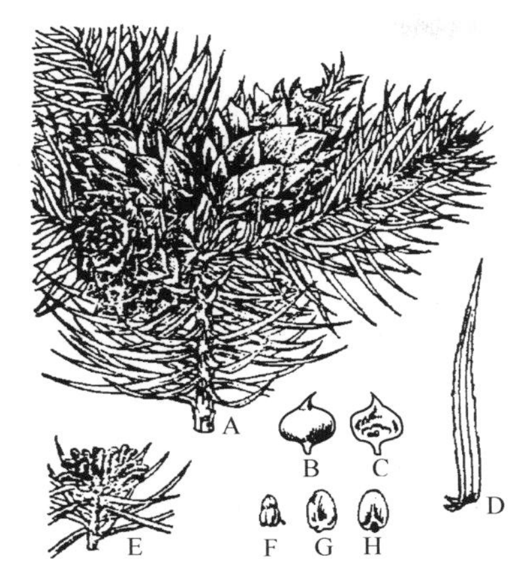

图 14-4 杉木

A—球果枝；B—苞鳞背面；C—苞鳞腹面及珠鳞、胚珠；
D—叶；E—小孢子叶球枝；F—小孢子囊；
G，H—种子背腹面

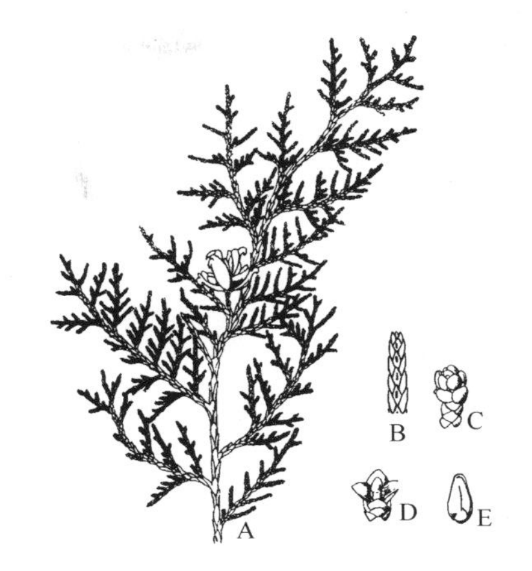

图 14-5 侧柏

A—球果枝；B—着鳞片状叶小枝；C—雄球花；
D—雌球花；E—种子

条状披针形，革质，坚硬，螺旋状互生，在侧枝上扭转排列成两列，叶下中脉两侧有白色的气孔带。孢子叶球单性同株，大、小孢子叶球分别着生于不同枝条的顶端。

（1）大孢子叶球（雌球花）

取一个大孢子叶球观察珠鳞和苞鳞的联合情况，苞鳞大，三角状卵形，先端有坚硬的刺尖头，边缘有不规则的锯齿，珠鳞小，先端 3 裂，种子有窄翅。

（2）小孢子叶球（雄球花）

用放大镜观察小孢子叶，其为螺旋状排列，小孢子囊 3～4 枚，小孢子无气囊。

5. 柏科（Cupressaceae）

取侧柏［*Platycladus orientalis*（L.）Franco］（图 14-5）的新鲜材料（或腊叶标本）观察，注意它全为鳞片叶，叶在小枝上为交叉对生，小枝排成平面，孢子叶球单性同株，单生于短枝顶端。

（1）大孢子叶球

大孢子叶球近球形，由 3～4 对珠鳞组成，交互对生，仅中间两对珠鳞各有 1～2 枚胚珠，其中靠下方一对各着生有两枚胚珠，靠上方一对珠鳞，每个只有 1 个胚珠，最上一对珠鳞和最下一对珠鳞常常不育。种子无翅。

（2）小孢子叶球

小孢子叶球生于枝条的顶端，卵圆形，成熟时淡黄色，每个小孢子叶球由 10 个小孢子叶组成，交互对生，每个小孢子叶有 2～4 枚小孢子囊。用针将小孢子囊弄破，取小孢子少许置载玻片上，经染色后盖上盖玻片，置显微镜下观察小孢子的结构。

6. 常见裸子植物

观察日本冷杉、白杆、金钱松、水杉、南洋杉、圆柏、罗汉松、草麻黄、买麻藤等常见裸子植物的标本。

7. 校园内裸子植物

到校园内对裸子植物进行认真地观察和比较，启发学生识别裸子植物科、属、种的能力，以进一步巩固和加深课堂和室内实验的内容。

【实验报告】

1. 绘苏铁带有种子的大孢子叶形态图，并注明各部分名称。

2. 绘银杏大孢子叶球图，示珠领和胚珠。

3. 绘油松大、小孢子叶球纵切面简图。

4. 绘油松叶横切面图，示维管束和树脂道。

【思考题】

1. 裸子植物的主要特征是什么？

2. 编制苏铁科、银杏科、松科、杉科和柏科的分科检索表。

3. 银杏在外形上像杏，它们有什么本质区别？

4. 苏铁和蕨类有哪些相似特点？说明了什么问题？

5. 名词解释：长枝　短枝　大孢子叶球　小孢子叶球　珠领　珠鳞　苞鳞　鳞盾　鳞脐

第十五章　被子植物

实验10　植物形态多样性和形态术语

在植物长期演化过程中，植物与环境相互影响与作用，使不同植物形成了各自不同的生长方式和多种多样的形态，无论哪种发展趋势都是植物自身适应环境以获得充足阳光，制造、贮藏营养物质和繁衍后代的需求。

植物形态术语繁多，有两千余条。规范化的形态术语是人们认知植物和学术交流的基础。本实验选择了种子植物营养器官和生殖器官中常见形态和常用形态术语，给以简要文字解释，同时配以图形直观说明。

1. 根的形态多样性和形态术语

根一般生长在地下，但也有生长在地上的，无论地下根还是地上根，都会出现形态结构的变化。

(1) 贮藏根

外观肥大、肉质的地下根，内部常具大量贮藏营养物质的薄壁组织，贮藏物用于植株越冬后生长发育之用。其中萝卜、胡萝卜、甜菜的根为肉质直根；甘薯根为块根。

(2) 气生根

生长在空气中的根，根据其在植物体上所起的作用分为：支柱根、攀援根、呼吸根等。

① 支柱根。玉米、高粱等浅根性的草本植物，茎基部的几个节上可长出几层不定根，向地并入土，有吸收、支持和防止倒伏的功能。另外某些热带雨林植物粗大的树干上可发出许多的不定根，生长达地入土，经次生生长加粗，形成强大的支柱，有支持和吸收功能，如榕树等。

② 攀援根。茎细长，生有无数不定根，以不定根固着于树、石和墙壁等，攀援而上，如常春藤、络石、凌霄等。

③ 呼吸根。某些沿海和沼泽地生长的植物，根背地生长，露出水面，这种根内部有发达的通气组织，有利于通气和贮存气体，如红树科植物和水松等。

（3）寄生根

菟丝子、列当等寄生植物，产生变态的不定根——寄生根（吸器），深入寄主体内与寄主的维管组织相连，以此吸取寄主的水分和营养物质，繁衍后代，而寄主则发育不良，甚至死亡。

（4）附生根

根附生于其他的植物体上，如石斛。

（5）板状根

某些热带雨林植物，其根以茎干的基部为中心，辐射延伸，突出地面呈板状，具有支持和稳固植物体的功能，如望天树等。

（6）收缩根

某些草本植物根的薄壁组织细胞横向扩展、纵向收缩，使根的表面出现明显皱纹。由于根的收缩将地表的芽拉入地下，以利于度过不良环境，如绵枣、蒲公英属等。

2. 茎的形态多样性和形态术语

（1）生长习性

① 直立茎。茎垂直于地面生长。在自然界中大多数植物的茎属于直立茎。

② 平卧茎。茎平卧于地面上，节处不生根，如地锦、蒺藜、马齿苋等。

③ 匍匐茎。茎平铺于地面上，节上生有不定根，可营养繁殖产生新的小植株，如草莓、蛇莓等。

④ 攀援茎。茎倚卷须或攀援根等器官攀援于它物而向上生长，如黄瓜、葡萄等。

⑤ 缠绕茎。茎不能直立，以茎螺旋缠绕其他支持物而向上生长，如田旋花、牵牛花等。

（2）茎的形态变化

① 块茎。马铃薯等植物茎基部叶腋长出匍匐枝，入土后顶端的几个节和节间增粗形成节间短缩的块茎，具有贮藏营养物质和营养繁殖的作用。块茎顶端具顶芽，周围具螺旋状排列的芽眼，每个芽眼内有几枚侧芽。芽眼下方初期具鳞叶，后期鳞叶脱落，留下芽眉（叶痕）。

② 鳞茎。地下变态茎，节间极短，呈盘状，其上着生肉质的变态叶，如洋葱、葱、蒜、水仙等。

③ 球茎。地下变态茎，节间短，膨大成球形，如荸荠、慈菇等。

④ 根状茎。地下茎横卧于土壤中，具明显的节与节间，叶退化成非绿色的鳞片叶。叶腋处的腋芽和顶芽可形成背地生长直立的地上茎，节上产生不定根，如竹、芦苇、莲和姜等。

⑤ 肉质茎。茎绿色肥大多汁，具发达的薄壁组织，贮藏水分和营养物质，如莴苣、仙人掌类植物。

⑥ 枝卷须。部分枝变为卷须，卷须感受敏锐，植株倚卷须缠绕于支持物上，向上攀援生长，如南瓜、葡萄等。

⑦ 枝刺。部分枝呈刺状，其中的维管组织与茎干的维管组织相连，如山楂、皂荚、柑橘、沙棘等，而蔷薇、月季茎上的刺则为皮刺，其中没有维管组织与茎干的维管组织相连。

⑧ 叶状枝。茎扁化，呈叶状，叶退化成鳞片，由茎进行光合作用，如竹节蓼、假叶树、文竹等。

3. 叶的形态多样性和形态术语

（1）叶片全形

根据叶片的整体形态，可分为以下类型（图 15-1）。

（2）叶尖

叶尖的基本类型有以下几种（图 15-2）。

（3）叶基

叶基有下列几种基本类型（图 15-3）。

（4）叶缘

叶缘的基本类型有以下几种（图 15-4）。

（5）叶裂

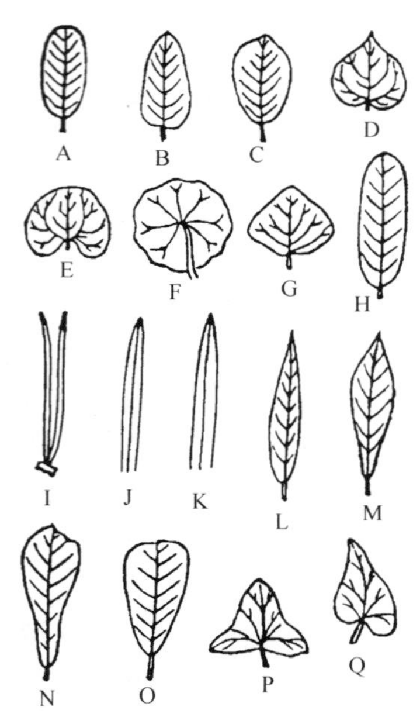

图 15-1　叶片全形的基本形态

A—椭圆形；B—卵形；C—倒卵形；D—心形；E—肾形；F—圆形（盾形）；G—菱形；H—长椭圆形；I—针形；J—线形；K—剑形；L—披针形；M—倒披针形；N—匙形；O—楔形；P—三角形；Q—斜形

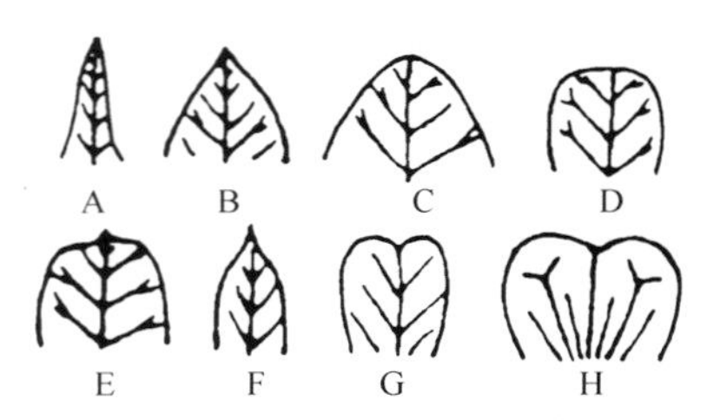

图 15-2　叶尖的基本形态

A—渐尖形；B—急尖形；C—钝形；D—截形；E—具短尖形；F—具骤尖形；G—微缺形；H—倒心形

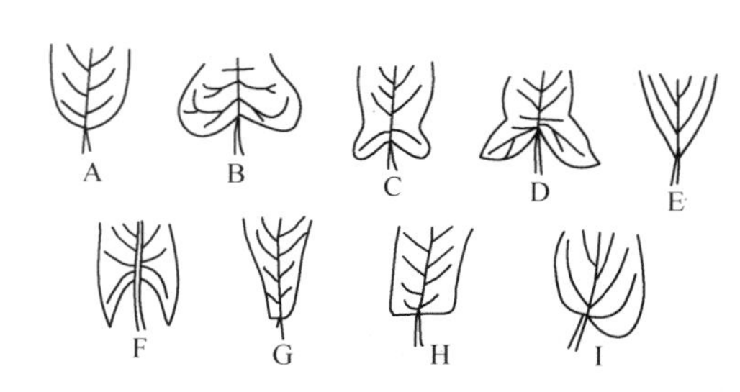

图 15-3　叶基的基本形态

A—钝形；B—心形；C—耳形；D—戟形；E—渐尖；F—箭形；G—匙形；H—截形；I—偏斜形

根据叶裂深于半个叶片宽度的大小可分为浅裂（叶裂深不到半个叶片宽度的一半）、半裂（叶裂等于半个叶片的一半）、深裂（叶裂深于半个叶片宽度的一半）和全裂（叶裂达中脉或基部）（图 15-5）。

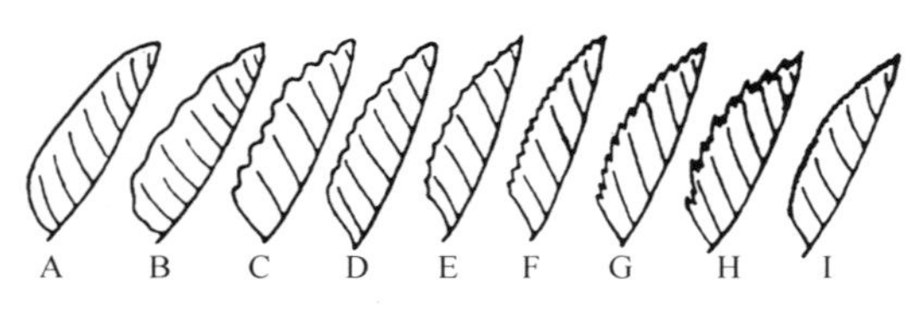

图 15-4　叶缘的基本形态

A—全缘；B—波状缘；C—皱缩状缘；D—圆齿状；E—圆缺；F—牙齿状；G—锯齿；H—重锯齿；I—细锯齿

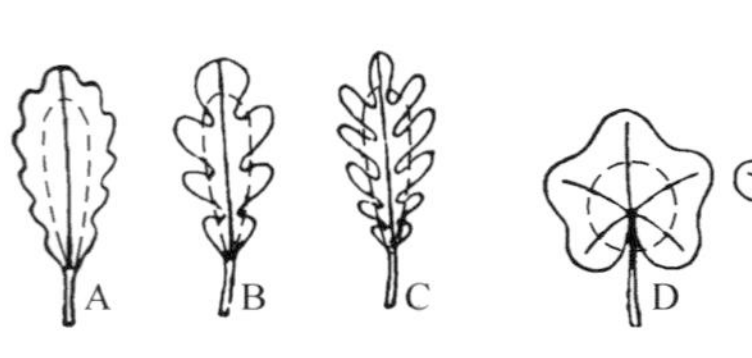

图 15-5　叶裂的基本形态

A—羽状浅裂；B—羽状深裂；C—羽状全裂；D—掌状浅裂；E—掌状深裂；F—掌状全裂

（6）叶脉

叶脉基本类型包括：掌状脉——几条近等粗的脉自叶柄顶部射出；羽状脉——侧脉由中

脉分出排列成羽毛状；平行脉——侧脉与中脉平行到达叶顶，或自中脉横出至叶缘；射出脉——盾形叶的叶脉自叶柄顶端射向四周；弧形脉——侧脉排列呈弧形；叉状脉——叶脉排列成二叉状（图 15-6）。

(7) 叶序（图 15-7）

叶在茎或枝上排列的方式叫叶序。

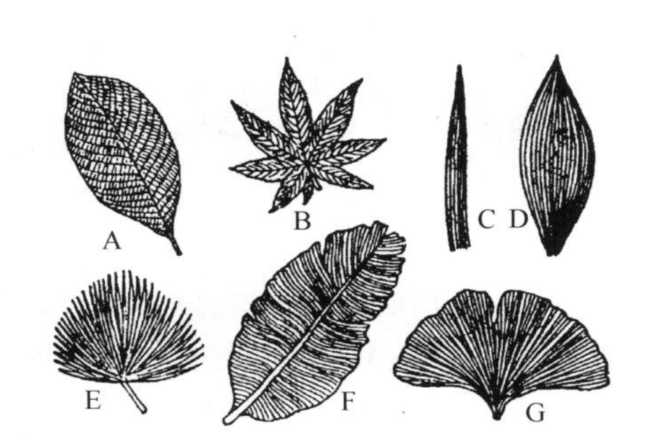

图 15-6　叶脉的基本形态

A，B—网状脉（A—羽状网脉；B—掌状网脉）；
C～F—平行脉（C—直出脉；D—弧形脉；
E—射出脉；F—侧出脉）；G—叉状脉

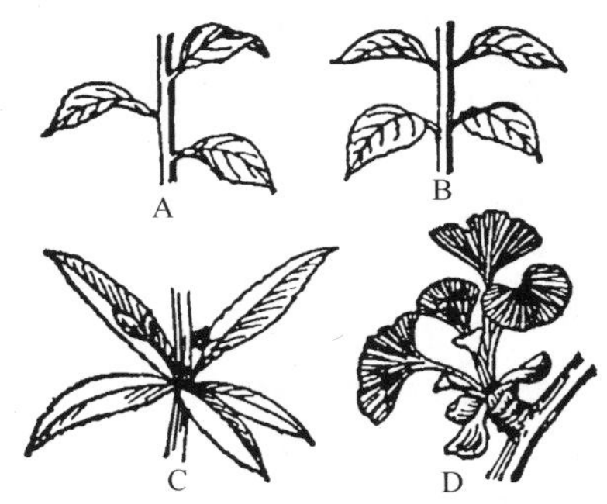

图 15-7　叶序的基本形态

A—互生；B—对生；C—轮生；D—簇生

叶互生：每节上着生一片叶；

叶对生：每节上着生两片叶；

叶轮生：一节上着生三片或三片以上的叶；

叶簇生：两片或两片以上的叶着生在极缩短的短枝上；

叶基生：叶着生在茎的基部；

叶套折：叶相互交叠成两列。

(8) 复叶

由 2 至多个叶片着生在一个总叶柄或叶轴上的叶叫复叶，复叶有以下几种类型（图 15-8）。掌状复叶、羽状三出复叶、单身复叶、奇数羽状复叶、偶数羽状复叶、二回羽状复叶、三回羽状复叶等。

(9) 叶形态的变化（图 15-9）

鳞叶：指鳞茎上具贮藏作用的肉质鳞叶和球茎、块茎和根状茎上退化的膜质鳞叶，如百合、洋葱、大蒜、水仙等。

叶卷须：复叶顶端的小叶成卷须，具攀援作用，如豌豆等。

叶刺：叶变态为刺，如仙人掌科的植物叶呈刺状；洋槐的托叶呈刺状。叶刺与茎刺类同，都有维管束与茎通连。

叶捕虫器：为食虫植物叶的变态结构，如茅膏菜具捕虫叶；猪笼草具捕虫囊。

4. 花形态多样性和形态术语

(1) 花冠

组成花冠的花瓣有离瓣和合瓣之分；花冠又有辐射对称、两侧对称和不对称之别。由于花瓣的离合、花冠筒的长短、花冠裂片的形状和深浅等不同，形成各种形态的花冠，常见有下列几种类型。

筒状：花冠筒长，管形，如向日葵花序的管状花。

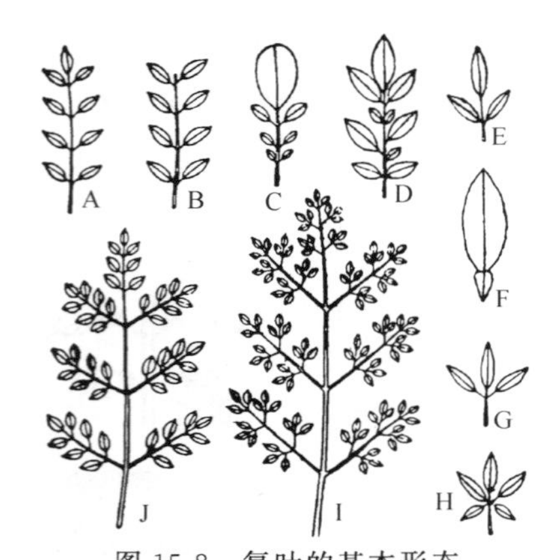

图 15-8 复叶的基本形态

A—奇数羽状复叶；B—偶数羽状复叶；C—大头羽状复叶；D—参差羽状复叶；E—三出羽状复叶；F—单身羽状复叶；G—三出掌状复叶；H—掌状复叶；I—三回羽状复叶；J—二回羽状复叶

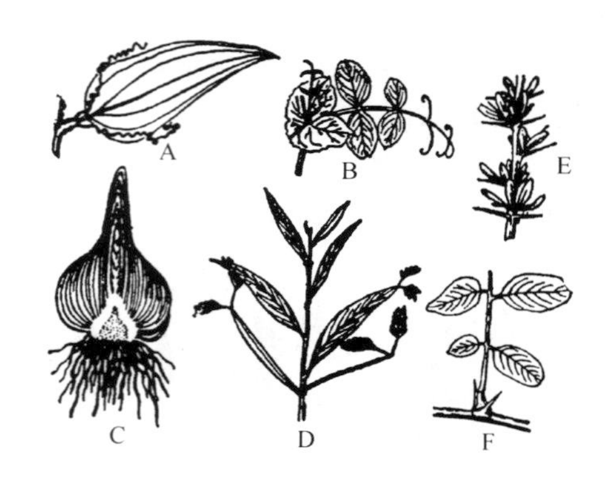

图 15-9 叶的形态变化

A，B—叶卷须（A—菝葜；B—豌豆）；C—鳞叶（风信子）；D—叶状柄（金合欢属）；E，F—叶刺（E—小檗；F—刺槐）

漏斗状：花冠下部呈筒状，并由基部向上扩大成漏斗状，如甘薯、牵牛花。

钟状：花冠筒稍短而宽，上部扩大成一钟形，如南瓜、桔梗、风铃草。

轮状：花冠筒短，裂片由基部向四周辐射展开，状如车轮，如茄、番茄。

唇形：花冠呈两唇形，上唇常两裂，下唇常三裂，如芝麻、益母草。

舌状：花冠基部为短筒状，上面向一边展开成扁平舌状，如向日葵花序边缘的舌状花。

蝶形：花瓣五片，排列成蝶形。最上一瓣为大型旗瓣，两侧的两瓣为翼瓣，为旗瓣所覆盖，最下两瓣位于两翼瓣之内，其下缘常稍合生，为龙骨瓣，如花生、豌豆。

十字形：四个分离的花瓣排列成十字形，如油菜、白菜，萝卜等。

（2）花被片的排列方式（图 15-10）

图 15-10 花被片的排列方式

A—镊合状；B—内向镊合状；C—外向镊合状；D—旋转状；E—覆瓦状；F—重覆瓦状

花被片（花瓣、萼片）在花芽期的排列方式因植物种类不同有下列几种。

镊合状：指花瓣或萼片各片的边缘彼此接触，但不覆盖，如茄、番茄。

旋转状：指花瓣或萼片每一片的一边覆盖着相邻一片的边缘，而另一边又被另一相邻片的边缘所覆盖，如棉花、牵牛。

覆瓦状：花被片中有一片完全在外，另有一片完全在内，如油菜、樱草。若花被片两片完全在外，另两片完全在内，称重覆瓦状排列。

（3）雄蕊的类型

雄蕊常随植物的种类不同而不同，较特殊的主要有以下几种类型。

单体雄蕊：一朵花中的花丝连合成一体，如棉花、扶桑。

二体雄蕊：一朵花中的雄蕊花丝连成两束，常见的如蝶形花科植物 9 个雄蕊的花丝连合，1个单生，成两束，如蚕豆。

多体雄蕊：一朵花中的雄蕊的花丝连合成三束以上，如金丝桃、蓖麻。

聚药雄蕊：花药合生，花丝分离，如菊科植物。

二强雄蕊：雄蕊4个，2个长，2个短，如唇形科植物。

四强雄蕊：雄蕊6个，4个长，2个短，如十字花科植物。

(4) 花药着生的方式

花药在花丝上着生的方式有以下几种（图15-11）。

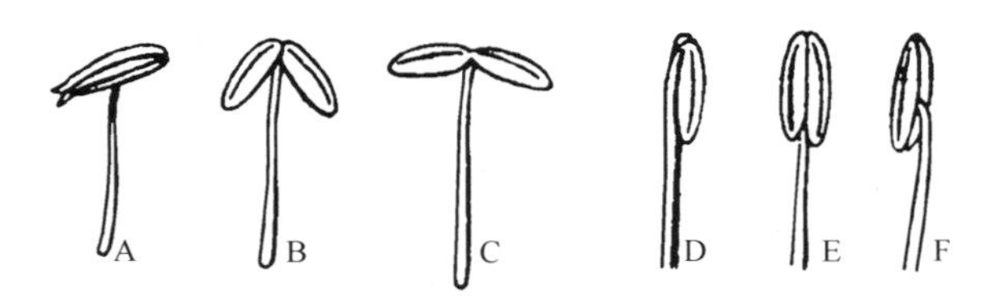

图15-11　花药着生方式

A—丁字形着药；B—个字形着药；C—广歧药；D—全着药；E—基着药；F—背着药

基着药：花药仅基部与花丝连接，如望江南、莎草、小檗、唐菖蒲等。

背着药：花药背部着生于花丝上，如桑、苹果、油菜等。

丁字形着药：花丝顶端与花药背面中部一点相连，呈“丁”字形，花药可摆动，如小麦、水稻、百合等。

广歧药：花药基部张开成水平线，顶部着生于花丝顶端，如毛地黄、地黄。

个字形着药：花药张开成“个”字形，如凌霄花。

全着药：花药全部附着于花丝上，如莲、玉兰等。

(5) 花药开裂的方式

花药成熟后开裂，散出花粉。花药开裂方式有以下几种（图15-12）。

纵裂：药室纵长开裂，是最常见的一种，如小麦、油菜等。

孔裂：药室顶端开一小孔，花粉由此散出，如茄、马铃薯、杜鹃花等。

瓣裂：药室有2个或4个活板状的盖片，花粉由掀开盖的孔散出，如小檗、樟树等。

(6) 雌蕊的类型

根据心皮的离合与数目，雌蕊可分为以下几种类型（图15-13）。

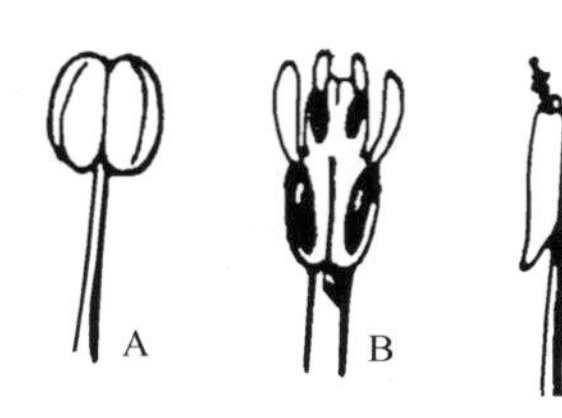

图15-12　花药开裂方式

A—纵裂；B—瓣裂；C—孔裂

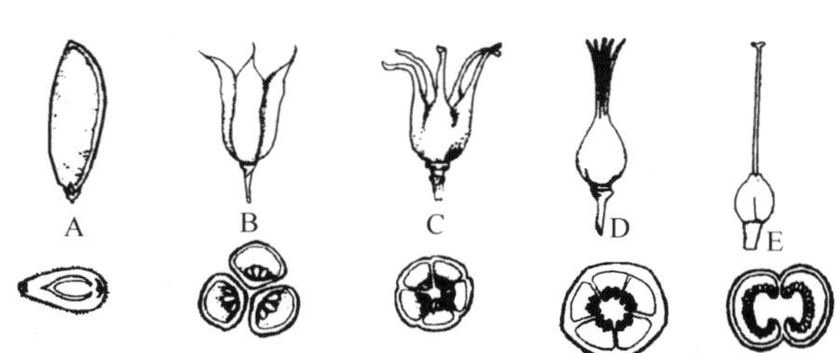

图15-13　雌蕊类型

A—单雌蕊，一心皮；B—离生雌蕊，三心皮；C～E—合生雌蕊

单雌蕊：一朵花中的雌蕊只由一个心皮构成，叫单雌蕊，如大豆、花生、桃等。

离生单雌蕊：一朵花中的若干雌蕊由几个彼此分离的心皮构成，如八角、木兰、毛茛、蔷薇、草莓等。

复雌蕊：一朵花中的雌蕊由两个以上合生的心皮构成，多数被子植物具有此种类型，如油菜、茄、棉花等。复雌蕊中有子房合生，花柱、柱头分离；有子房、花柱合生，柱头分离；也有子房、花柱、柱头全部合生，柱头呈头状等三种类型。

一个复雌蕊的心皮数目，常和花柱、柱头、子房室成正相关，可借此判断复雌蕊的心皮数目（详见附录1第三章）。

(7) 子房的位置

子房着生在花托上，由于子房与花托连生的情况不同可分以下几种类型。

上位子房：又叫子房上位，子房仅以底部和花托相连，花的其余部分均不与子房相连。其中又可分为两种情况：上位子房下位花：子房仅以底部和花托相连，萼片、花瓣、雄蕊着生的位置低于子房，如油菜、玉兰等。上位子房周位花：子房仅以底部和杯状花筒底部的花托相连，花被与雄蕊着生于杯状花筒的边缘，即子房的周围，如桃、李等。

下位子房：又叫子房下位，整个子房埋于下陷的花托中，并与花托完全愈合，花的其余部分着生在子房以上花托的边缘，故也叫上位花，如南瓜、苹果等。

半下位子房：又叫子房半下位或中位，是介于上述二者之间的一种类型。子房的下半部陷生于花托中，并与花托愈合；子房上半部及花柱和柱头仍是独立的，花的其余部分着生在子房周围花托的边缘，故也叫周位花，如甜菜、菱、马齿苋等。

(8) 胎座的类型

胚珠着生的部位叫胎座，胎座有以下几种类型。

边缘胎座：单心皮，子房一室，胚珠生于腹缝线上，如豌豆、蚕豆、大豆等。

侧膜胎座：两个以上的心皮所构成的一室子房或假数室子房，胚珠生于心皮的边缘，如油菜、白菜、南瓜、黄瓜、番木瓜等。

中轴胎座：两个心皮以上构成的多室子房，心皮边缘于中央形成中轴，胚珠生于中轴上，如棉花、柑橘、百合、梨、苹果等。

特立中央胎座：两个心皮以上构成的一室子房或不完全数室子房，子房室的基部向上伸长形成中央的轴柱，但不达子房顶部，胚珠着生于轴柱上，如石竹科植物。

基生胎座和顶生胎座：胚珠生于子房室的基部或顶部，前者如菊科植物，后者如瑞香科植物。

(9) 胚珠的类型

胚珠发育时由于各部分生长速率不同而出现如下不同类型的胚珠。

直生胚珠：胚珠各部分均匀生长，珠柄、合点和珠孔在一条直线上，珠孔在上，合点在下，如荞麦、苎麻、大黄、胡桃等。

倒生胚珠：胚珠一侧生长快，相对一侧生长慢，即造成胚珠发生 180°倒转，珠孔在下，靠近珠柄，合点在上，多数被子植物的胚珠属此种，如棉、菊、稻、麦、瓜类等。

横生胚珠：胚珠横卧，珠孔、珠心纵轴和合点连成的直线与珠柄成直角，如花生、锦葵、梅等。

弯生胚珠：胚珠下部直立，上部略弯，珠孔偏下，珠孔、珠心纵轴和合点不在一条直线上，如油菜、蚕豆、菜豆、柑橘等。

(10) 花序

花可以单生，也可以多数花依一定的方式和顺序排列在花序轴上形成花序。根据花序轴分支的方式和开花顺序，将花序分为两类。

① 无限花序或向心花序。开花的顺序是花轴下部的花先开，渐及上部，或由边缘向中心开，类型如下。

总状花序：花有近等长的花梗，排列在一个不分支且较长的花轴上，花序轴在一段时间内能继续增长，如白菜、油菜、紫藤等。

穗状花序：与总状花序相似，但花无梗，如车前。若花序轴依穗状式着生分支，每一分支相当于一个穗状花序，叫复穗状花序，如小麦。

肉穗花序：花序轴膨大、肉质化，叫肉穗花序，如半夏、天南星的花序和玉米的雌花序。

柔荑花序：单性花排列于一细长的花轴上，通常下垂，开花后整个花序或连果实一起脱落，如桑、杨、柳等。

圆锥花序：花序轴上生有多个总状花序，又称复总状花序，如珍珠梅、女贞的花序。

伞房花序：花序轴较短，着生许多花柄不等长的花，基部花柄较长，越近顶部花柄越短，各花位于一近似平面上，如麻叶绣球、山楂等。若几个伞房花序排列在花序总轴的近顶部者叫复伞房花序，如华北绣线菊、石楠等。

伞形花序：花序轴缩短，各花自花序轴顶端生出，花柄等长，整个花序状如张开的伞，如五加、人参等。几个伞形花序生于花序轴的顶端者叫复伞形花序，如胡萝卜、芹菜、小茴香等。

头状花序：花无梗，集生于一平坦或隆起的花序托上，如菊科植物。

隐头花序：花序轴特别膨大而内陷成中空头状，许多无柄小花隐生于凹陷空腔的腔壁上，整个花序仅留顶端一小孔与外方相通，如无花果、榕树。

② 有限花序或离心花序。又叫聚伞花序，花序中最顶点或最中心的花先开，再渐及下边或周围，类型如下。

单歧聚伞花序：花序轴顶端先开一花，然后在顶花下的一侧形成分支，继而分支之顶端又生一花，其下方再生一侧枝，如此依次开花。各次分枝可从同一方向的一侧长出，整个花序成卷曲状，如勿忘草、附地菜等；也可各次分枝从左右依次长出，整个花序成左右对称，如唐菖蒲等。

二歧聚伞花序：顶花先形成，然后在其下方两侧同时发育出一对分枝，枝的顶端生花。以后分枝再按上法继续生出分枝和顶花，如石竹、冬青、卫矛等。

多歧聚伞花序：顶花下同时发育出三个以上分枝，各分枝再以聚伞方式分枝开花，如垂盆草、土三七等。此种花序又可分为密伞花序如大戟花序和轮伞花序如唇形科植物的花序两种。

花序的类型比较复杂，有些植物的花序是有限花序和无限花序混生的，如葱是伞形花序，但中间的花先开，又有聚伞花序的特点；水稻是圆锥花序，但开花的顺序具有聚伞类花序的特点。

5. 果实形态多样性和形态术语

果实可分为三类，即单果、聚合果和聚花果。

(1) 单果

一朵花中只有一个雌蕊形成一个果实叫单果，可分为肉质果和干果两类。

① 肉质果。果实成熟后肉质多汁。依果实的性质和各部分的来源不同，又分为浆果、核果、梨果三种（图 15-14）。

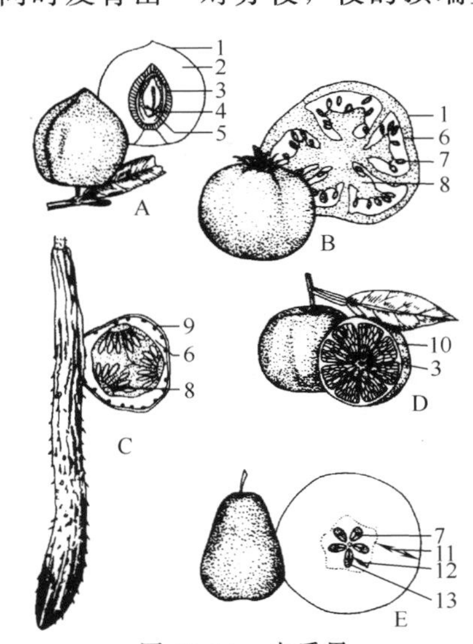

图 15-14　肉质果

A—核果（桃）；B—浆果（番茄）；C—瓠果（黄瓜）；D—柑果（柑橘）；E—梨果（梨）。1—外果皮；2—中果皮；3—内果皮；4—胚乳；5—胚；6—中果皮与内果皮；7—种子；8—胎座；9—花托与外果皮；10—外果皮与中果皮；11—花筒部分；12—果皮及子房室；13—内果皮

浆果：外果皮薄，中果皮、内果皮均肉质化并充满汁液，如番茄、葡萄等。浆果有柑果和瓠果两个特例。

柑果：外果皮革质，中果皮较疏松，内果皮膜质分为若干室，向内伸出许多汁囊，如柑橘、柚等。柑果为芸香科植物所特有。

瓠果：由具侧膜胎座的下位子房发育而成的果实，花托和外果皮结合为坚硬的果壁，中果皮和内果皮肉质，胎座发达，如南瓜、西瓜等。瓠果为葫芦科植物所特有。

核果：由一至数心皮组成的雌蕊发育而来，外果皮薄，中果皮肉质，内果皮坚硬，如桃、李、杏和樱桃等。

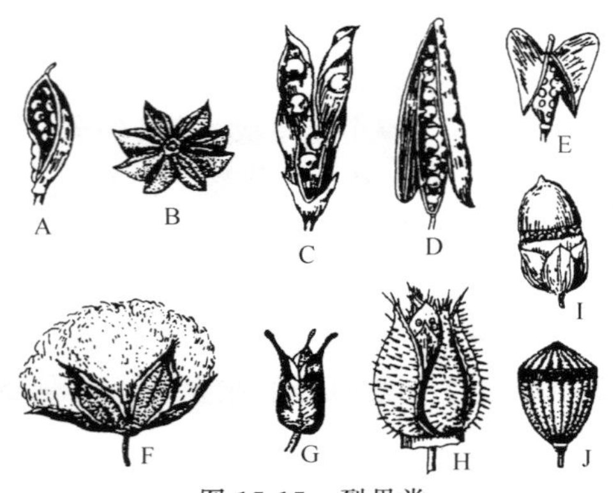

图 15-15　裂果类

A—蓇葖果（飞燕草）；B—聚合蓇葖果（八角茴香）；C—荚果（豌豆）；D—长角果（芸薹属）；E—短角果（荠菜）；F—背裂蒴果（棉花）；G—间裂蒴果（金丝桃）；H—轴裂蒴果（曼陀罗）；I—盖裂蒴果（马齿苋）；J—孔裂蒴果（虞美人）

梨果：由花筒与下位子房愈合发育而成的果实，花筒形成的果壁与外果皮及中果皮均肉质化，内果皮纸质或革质化，中轴胎座，如梨、苹果、山楂等。

② 干果。果实成熟后果皮干燥，依开裂与否可分为裂果与闭果两类。

a. 裂果。果实成熟后，果皮开裂。因心皮数目及开裂方式不同，又分下列几种（图15-15）。

荚果：由单雌蕊发育而成的果实，成熟时，沿腹缝线与背缝线同时裂开，如大豆、蚕豆等。但也有不开裂的，还有其他开裂方式的。荚果为豆科植物所特有。

蓇葖果：由单雌蕊发育而成的果实，成熟时仅沿一个缝线裂开（腹缝线或背缝线），如梧桐、芍药、牡丹等，且常构成聚合果。

角果：两心皮组成，具假隔膜，成熟时从两腹逢线裂开，有长角果和短角果之分，如萝卜、油菜是长角果；荠菜、独行菜是短角果。角果为十字花科植物所特有。

蒴果：由复雌蕊发育成的果实，成熟时有各种开裂方式。如棉花、蓖麻等。

b. 闭果。果实成熟后，果皮不开裂，分以下几种（图 15-16）。

瘦果：果皮与种皮易分离，含一粒种子，如向日葵。

颖果：果皮与种皮合生，不易分离，含一粒种子，如小麦、玉米等。颖果为禾本科植物所特有。

翅果：果皮向外延伸成翅，有利于果实传播，如榆、臭椿。

坚果：果皮坚硬，内含一粒种子，如板栗。

分果：由两个或两个以上心皮构成，各室含一粒种子，成熟时心皮沿中轴分开，如胡萝卜、芹菜、锦葵等。

(2) 聚合果

聚合果：由一花内若干离生心皮雌蕊聚生

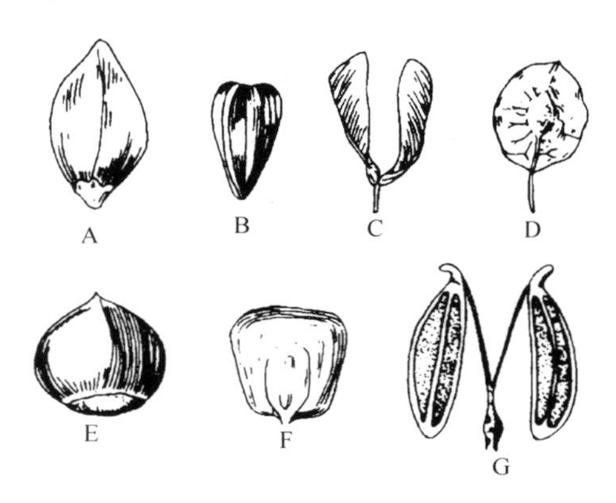

图 15-16　闭果类

A—瘦果（荞麦）；B—瘦果（向日葵）；C—翅果（槭树）；D—翅果（榆树）；E—坚果（板栗）；F—颖果（玉米）；G—双悬果（伞形科）

在花托上发育而成的果实，每一离生雌蕊形成一单果。根据聚合果中单果的类型有聚合瘦果，如草莓；聚合核果，如悬钩子；聚合坚果，如莲；聚合蓇葖果，如玉兰、八角、芍药（图 15-17）。

（3）聚花果

聚花果又叫复果，由整个花序形成的果实，如桑葚是由多数单性花集生在花轴上，每朵花有 4 萼片和 1 子房，子房成熟为小坚果，萼片变为肉质多浆的结构，包围于小坚果之外；凤梨的花序轴肉质，连同其上的多数子房和苞片共同形成多浆的肉质果实；无花果为隐头花序形成膨大的花序轴，内壁上着生许多小坚果（图 15-18）。

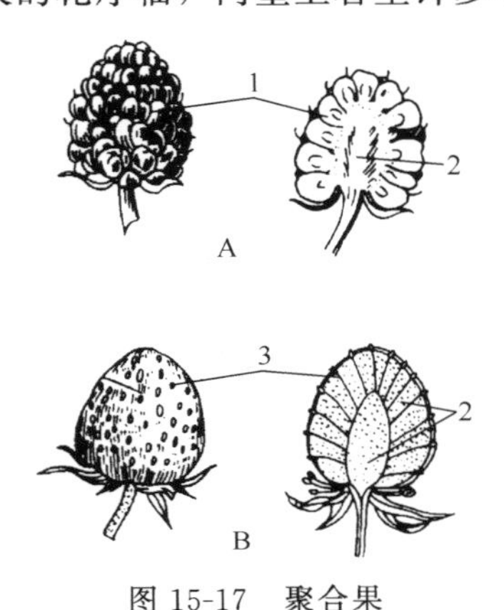

图 15-17　聚合果

A—悬钩子的聚合核果；B—草莓的聚合瘦果。
1—小核果；2—膨大花托；3—小瘦果

图 15-18　聚花果

A—桑葚；B—凤梨；C—无花果

【实验报告及思考题】

1. 比较下列各组名词：块根与块茎，球茎与鳞茎，匍匐茎与平卧茎，茎卷须与叶卷须，掌状三出叶与羽状三出叶，叶尖锐尖与渐尖，叶基戟形、箭形与耳垂形，叶缘锯齿缘与牙齿缘，掌状全裂叶与掌状复叶，边缘胎座与侧膜胎座，中轴胎座与特立中央胎座，子房上位与子房下位，荚果与角果，分果与瘦果。

2. 观察校园内外植物，用植物形态术语记录器官的形态。

实验 11　植物检索表的编制和使用

【目的与要求】

1. 熟悉检索表的类型和使用方法。

2. 学会编制植物检索表。

【材料与用品】

用于鉴定植物科、属或种的新鲜材料或腊叶标本（尽量带花、果）。有条件的学校可提前安排学生每人采集 15～20 种校园植物，由老师筛选后，对于较生疏的种类让学生鉴定，对于认识的种类分给学生用来编制检索表。

放大镜、镊子、解剖针、用于鉴定植物的检索表（或复印件）。

【内容与方法】

1. 检索表的类型和编制原理

检索表是植物分类中识别和鉴定植物必不可少的工具，其基本编制方法是把一群植物的典型特征归纳分成相对应的两个分支，再把每个分枝中的典型特征再归纳分成相对应的两个分支，如此反复下去直到目标为止。根据检索的目的不同，检索表有分科、分属、分种等检索表。常用的植物检索表主要有两种，即定距（缩式）检索表和二歧（平行）检索表。表15-1为榆科植物分属检索表的两种类型。

表 15-1 榆科植物分属检索表

定距检索表（缩式检索表）：

1. 叶为羽状脉；侧芽先端不紧贴小枝。
  2. 枝无刺，坚果或翅果。
    3. 翅果 …………………………………………………… 榆属
    3. 坚果 …………………………………………………… 榉属
  2. 枝通常有刺，小坚果有翅 ……………………………… 刺榆属
1. 叶为三出脉；侧芽先端紧贴小枝。
  4. 核果。
    5. 叶片侧脉伸达齿端 ………………………………… 糙叶树属
    5. 叶片侧脉不伸达齿端而上弯 ……………………………… 朴属
  4. 小坚果 …………………………………………………… 青檀属

二歧检索表（平行检索表）：

1. 为羽状脉；侧芽先端不紧贴小枝 ……………………………… 2
1. 叶为三出脉；侧芽先端紧贴小枝 ……………………………… 4
2. 枝无刺，坚果或翅果 ………………………………………… 3
2. 枝通常有刺，小坚果有翅 ……………………………… 刺榆属
3. 翅果 ………………………………………………………… 榆属
3. 坚果 ………………………………………………………… 榉属
4. 核果 ………………………………………………………… 5
4. 小坚果 …………………………………………………… 青檀属
5. 叶片侧脉伸达齿端 ………………………………… 糙叶树属
5. 叶片侧脉不伸达齿端而上弯 ……………………………… 朴属

2. 鉴定植物

取需鉴定的材料1～3种，先仔细观察它们的各部位特征，然后用检索表进行鉴定，查出结果后，再通过专门的工具书或相关资料查实核对，若标本上的所有形态特征均和资料中描述的一致，说明鉴定正确，否则就需重新鉴定，直到正确为止。

3. 检索表的编制

从实验教师处领8～10种植物材料，编制一个用于区分这些植物的检索表，在编制之前先把它们的主要特征观察清楚并归纳比较，确定各级检索特征后再编制检索表。

编制时的注意事项：

① 首先决定是编制分科、分属还是分种检索表，确定后，在对各植物的特征进行严谨、细致观察和研究的基础上，列出它们的主要特征并找出相同点和突出区别，这时才可编制检索表。

② 在选用区别特征时，要注意选用性状稳定且容易观察的相反或易于区别的特征，如木本或草本，单叶或复叶等。似是而非、易于混淆的特征不能选用，如叶大叶小。

③ 在检索表中，只能有两种形状状态相对应，而不能有三种或更多种并列。

【实验报告】

编制8～10种植物的定距式检索表。

【思考题】

1. 如在某地采到一种不认识的植物，鉴定时是首先选择该地区的植物检索表，还是选择全国性的检索表？为什么？

2. 用检索表鉴定植物过程中，某一项特征模糊或搞不清楚，但下一项（或几项）特征符合，可不可以跳过去向下检查？为什么？

3. 在鉴定植物时，如果确定了待查标本符合两项对应特征的其中之一时，还要不要看另一个特征？为什么？

实验 12 植物标本的采集和制作

【目的与要求】

1. 通过实验使学生熟悉采集植物标本所需工具的准备和用途。

2. 掌握植物标本的采集、制作方法，为野外实习打下基础。

【材料与用具】

标本夹、吸水纸、枝剪、掘根铲、工具包（厚帆布包）、采集袋（可用较大的塑料袋）、号签（用硬白纸裁成 4cm×3cm 的长方形纸片，一端穿上棉白线即可）、野外记录本、铅笔、放大镜、镊子、广口瓶、台纸、标签、缝衣针、棉白线、胶水等。

【内容与方法】

1. 用具的准备

在实验前准备好实验材料和用具。

2. 植物标本的采集

（1）采集时间

采集不同植物应选各自的花果期进行，就一天来说，时间最好选在上午 9 点以后，因为早晨露水没有干，植物的水分比较多，不利于标本的压制。同样，要尽量避免在阴雨天采集标本。

（2）采集地点

由于不同环境中生长着不同的植物，因此标本采集路线的选择应具有代表性，要注意选择植物种类比较丰富的路线和地点，并注意往返路线不要重复。

（3）采集标本的大小和份数

所采集标本的大小要考虑到制作标本时的方便，制作标本的台纸一般用的是 8 开的白板纸（40cm×27cm），因此采集标本的大小，一般不要超过 35cm×25cm。每种植物的采集量一般为 3～5 份。特殊或重要种类适量多采几份。

（4）采集标本的方法

所采集的标本要完整、典型、有代表性且没有病虫害。具体到不同的植物其要求也不一样。

① 木本植物。一般取其具有代表性的枝条（尽量带有花和果）。对矮小的木本植物也可将全株（包括根）挖出。

② 草本植物。一般采取其植物全株（包括根和各种变态地下茎），对生活在岩石和树皮上的固着的基质或基物一起采下，待后处理。

③ 藤本植物。采集藤本植物（包括木质和草质藤本）时，应视其茎的长度和粗细进行选择性采集。粗而长的藤本植物可分段采集其具有代表性的部分（包括繁殖器官），细而短

的应的应采集全株。

④ 采集时的注意事项。

采集标本时，应注意雌雄异株的植物，并将两者编为同一号码，注明雌株或雄株。

对寄生植物应连寄主一起采集 ，并记下寄主名称。

采集苔藓植物时，应尽量选择有孢蒴的植株，并应将其生长的基物一起采回。

采集蕨类植物时，要尽可能地采集具有孢子囊的标本，并挖出生活于地下的根状茎，对具两形叶的蕨类，两种叶都要采回。

(5) 野外纪录

标本采集后立即编号，拴号牌，认真填写采集记录，不得随意从简。因为如果没有详细的记录，很难进行准确的鉴定和研究。植物采集记录册的主要内容、形式见表 15-2。

表 15-2　植物采集记录册

__________大学植物采集记录册

采集人及号数：		年　月　日
产地：		
生境(如森林、草地、山坡等)：		
海拔：	习性：	体高：
胸径：	树皮：	
根：	茎：	
叶(正反面的颜色或有无毛)：		
花(花序、颜色等)：		
果实(颜色、性状)：		
中文名或俗名：	科名：	
学名：		
附记(特殊性状、经济用途等)：		

3. 植物腊叶标本的制作

(1) 压制

野外采集回来的标本，在清除其根上的泥土、污物并作适当修剪后，就可压制在吸水纸的标本夹中。对过长的草本植物，压制时可将其折成“V”、“N”或“M”形。对于具有鳞茎、球茎或块茎等的植物可用开水烫或纵向切取 1/2 或剔除其内部的肉质部分再进行压制。而对于一些肉制多浆植物可用开水烫后压制；对水杉、合欢等一些压制时易落叶的植物也可用开水烫后再压（注意，不能烫坏）。对过大的叶，若是单叶可从叶脉的一侧剪去一半；若是复叶可将叶轴一侧的小叶剪短，但要保留顶端小叶。

(2) 换纸

标本压制后要及时换纸，换纸越勤，标本干得越快，原色保存得越好。一般地说，标本压制后的前 3 天，每天需换纸 2～3 次，以后可逐步减少换纸频率直到标本干透为止。换下来的纸要及时晒干或烘干，以便再用。

(3) 整形

第一次换纸时，要对标本进行仔细整形。这时的标本被压制得非常柔软，极易整形，可用镊子把每一朵花、每一片叶展平，凡是有折叠的部分都要展开，同时要使各部位枝叶不重叠。多余的叶片可从叶基上面剪掉，用来表示叶序类型和叶基的形态。去掉多余的花也要保留花梗。另外还要注意叶片和花要正、反两面都有，以便观察它们两面的特征。

(4) 消毒

野外采集的标本往往带有虫子或虫卵，为防虫蛀，必须消毒。消毒的方法是把标本放入密闭容器中，用硫黄或二硫化碳熏蒸 1～2d 即可。

(5) 上台纸

就是把标本固定于 8 开的白纸（大约为 40cm×27cm）上。固定前先把标本平铺于台纸上，台纸的右下角和左上角留出空间，以备分别粘贴定名标签和野外采集记录。标本固定时，应注意标本的造型要自然、美观，并尽量体现植物的生活状态。对根、茎可用白棉线固定，而叶片、花可用胶水粘贴。

(6) 定名

标本做好后，要先鉴定以给出正确名称，然后根据要求，填好定名标签的每一项，将其粘贴在台纸的右下角，而该标本的野外采集记录则粘贴于台纸的左上角。这样，一份完整的植物腊叶标本就做好了。最后，把做好的标本放入标本橱中。

【实验报告】

每人做 3～5 份完整的标本。

【思考题】

1. 粘贴标本时为什么不用糨糊？

2. 通过本次实验，你认为要做出一个好的标本，要注意哪些关键环节？

实验 13 木兰亚纲和金缕梅亚纲的多样性

在目前最有影响的分类系统中，通常将木兰亚纲（Magnoliidae）和金缕梅亚纲（Hamamelidae）看作是被子植物中进化水平较低的类群，木兰亚纲被作为被子植物演化的基点，柔荑花序类各目均起源于金缕梅亚纲。Cronquist 系统认为单子叶植物来源于类似木兰亚纲睡莲目的祖先。

【目的与要求】

1. 通过木兰亚纲和金缕梅亚纲中重点科代表物种的观察，掌握木兰科、毛茛科、桑科、壳斗科和桦木科等的识别要点，以及其原始性状。

2. 了解该亚纲的系统地位；了解该亚纲植物的多样性。

【材料与用品】

新鲜或浸制材料：玉兰、毛茛、桑、板栗。

腊叶标本：含笑、鹅掌楸（马褂木）、草乌头、白头翁、铁线莲、细叶小檗、樟树、八角茴香、北五味子、睡莲、莲、野罂粟、无花果、葎草、榆、狭叶荨麻、栓皮栎、白桦、平榛、胡桃（核桃）。

实验用品：实体解剖镜、游标卡尺、镊子、解剖刀、解剖针、刀片、培养皿、载玻片、盖玻片。

【内容与方法】

1. 木兰科（Magnoliaceae）

隶属于木兰亚纲，木兰目（Magnoliales）。

（1）科的特征

落叶或常绿乔木或灌木。茎、叶中含油细胞。单叶互生，全缘或有裂，托叶大，包围枝芽，通常早落而留有托叶痕，少数无托叶。花单生、顶生或腋生，整齐，两性（很少为单性）；萼片一般为3枚，常为花瓣状，较少为4枚，花瓣6片或更多；雄蕊和雌蕊多数，分离，螺旋状排列于一伸长的花托上，子房1室，具有1至多数胚珠。蓇葖果或翅果。

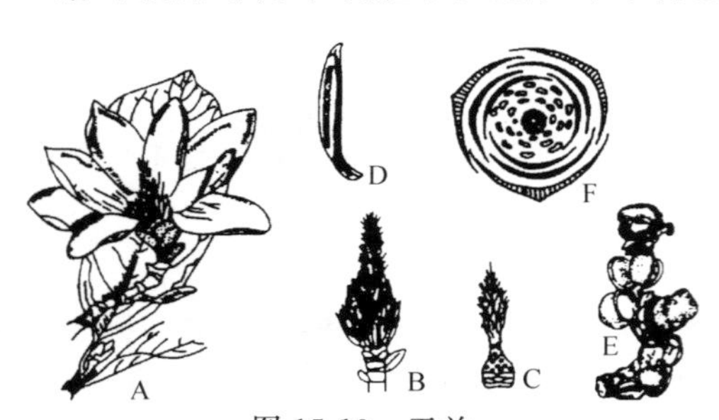

图 15-19 玉兰

A—花枝；B—雄蕊群与雌蕊群；C—雌蕊群；D—雄蕊；E—果枝；F—花图式

（2）代表物种的观察

① 玉兰（*Magnolia denudate* Desr.）（图15-19）的观察。取1朵玉兰花，先观察外形，注意花被片数目及排列方式。用刀片将花通过花梗和花托的中部纵剖，观察花托的形状，雌蕊、雄蕊的数目及排列方式。注意雌蕊、雄蕊间有无间距等特征。观察玉兰的聚合果。

② 含笑和鹅掌楸腊叶标本的观察。

在以上观察基础上，将相关特征记录于表15-3中。

表 15-3 玉兰和含笑形态特征的比较

	玉兰	含笑
木本或草本		
叶脉类型		
单叶或复叶		
花顶生或腋生		
花对称性		
花部数目		
花托隆起、平或凹陷		
花被分化情况		
雄蕊数目		
子房位置		
雌蕊数目		
有无雌蕊群柄		
果实类型		
两个物种间的关键区别		

2. 毛茛科（Ranunculaceae）

隶属于木兰亚纲，毛茛目（Ranunculales）。

（1）科的特征

草本，少为灌木或木质藤本。叶互生、对生或基生，无托叶，单叶或复叶，通常为掌状或羽状分裂。花单生或成聚伞状、总状或圆锥状花序，两性，少单性，辐射对称，少两侧对称；花托通常凸起；花被1～2层，下位；萼片3枚至多枚，分离，绿色，在花瓣退化或缺失时常有各种色泽而成花瓣状；花瓣通常4～5或多数，常具蜜腺，或退化为蜜叶，或完全缺失；雄蕊下位，多数，螺旋状排列；心皮分离，通常多数，胚珠多数、少数或1枚。果为蓇葖或瘦果，少为浆果或蒴果。

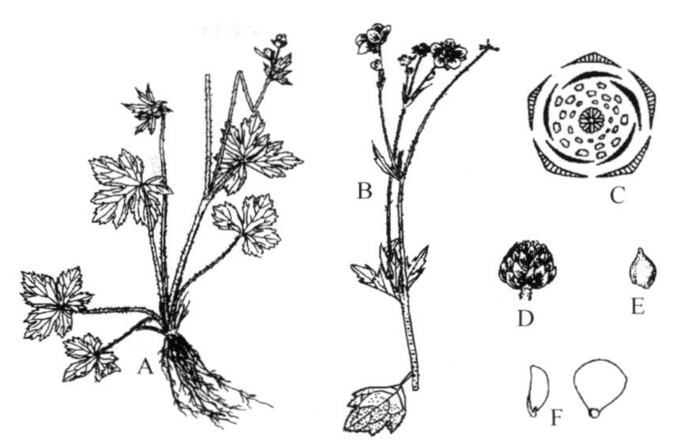

图15-20　毛茛

A—植株全形；B—花枝；C—花图式；D—聚合果；E—瘦果；F—花瓣基部的蜜腺穴

(2) 代表物种的观察

① 毛茛（*Ranunculus japonucus* Thunb.）（图15-20）的观察。取1朵花，先观察外形，注意对称性和花被的分化。观察花托的形状、雌蕊和雄蕊的数目及排列方式。用镊子取下一枚花瓣，放于载玻片上，注意观察花瓣内侧基部的结构。观察毛茛的果实。

② 草乌头、白头翁和铁线莲腊叶标本的观察。将其不同填写于表15-4。

表15-4　毛茛和白头翁形态特征比较

	毛茛	白头翁
木本或草本		
叶脉类型		
单叶或复叶		
花对称性		
花托隆起、平或凹陷		
花被分化情况		
雄蕊数目		
子房位置		
雌蕊数目		
心皮数目		
果实特征		
两个物种间的关键区别		

3. 桑科（Moraceae）

隶属于金缕梅亚纲，荨麻目（Urticales）。

(1) 科的特征

木本，稀为草本，常具有乳汁。叶常互生，全缘或有锯齿，有时分裂；托叶早落。花单性，雌雄异株或同株，小型而整齐，为柔荑花序、头状花序、聚伞花序、圆锥花序或隐头花序。雄花的花被通常为4裂，离生或微联合，雄蕊与花被同数、对生，花药2室；雌花的花被通常为4裂，柱头1～2个，子房上位，1室，具有1个胚珠。果实为瘦果或核果。胚常弯曲，子叶厚，通常大小不同。

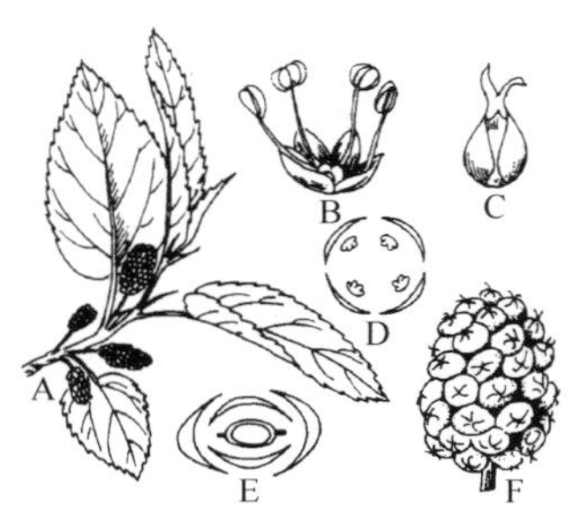

图15-21　桑

A—雌花枝；B—雄花；C—雌花；D—雄花图式；E—雌花图式；F—果

(2) 代表物种的观察

① 桑（*Morus alba* L.）（图15-21）的观察：取雄花，注意观察萼片和雄蕊的数目及排列关系；取雌花，观察萼片和雌蕊心皮的数目，胚珠着生的位置；观察桑葚。

② 无花果腊叶标本的观察。

4. 壳斗科（Fagaceae）

隶属于金缕梅亚纲，壳斗目（Fagales）。

（1）科的特征

乔木或灌木。单叶互生，全缘或分裂，托叶早落。花单性同株，无花瓣；雄花为葇荑花序或头状花序，花被杯状，常4～6裂；雄蕊4～14；雌花单生或簇生，花被4～6裂；子房下位，2～6室，每室有胚珠1～2个，但只有1个胚珠发育。果实为坚果，多少包藏于具有刺状或鳞片状的壳斗状的总苞内，种子无胚乳。

（2）代表物种的观察

① 板栗（*Castanea mollissima* Bl.）（图15-22）的观察。取带花和带果的枝条，注意观察其叶的形态并与栓皮栎标本比较。该种雄花序为穗状直立，雄花2～3朵生于一密被长刺的总苞内，注意总苞是否将雌花全部包被。

② 栓皮栎腊叶标本的观察。

5. 桦木科（Betulaceae）

隶属于金缕梅亚纲，壳斗目（Fagales）。

（1）科的特征

落叶乔木或灌木，树皮颜色多样，常成片状或块状剥落。单叶互生，托叶早落。花单性，雌雄同株；雄花序单生或簇生，每1～3朵生于苞腋，萼片2～4裂或缺失，雄蕊通常2个，花丝不裂或分叉，各附着1花药，2室，纵裂；雌花序单生或总状，每2～3朵簇生于苞腋，萼筒状或缺失，花柱2枚，心皮合生，2室，每室有1～2个倒生胚珠，子房下位。果实为坚果，外具苞片，种子无胚乳。

图15-22 板栗

A—果枝；B—雌花；C—雄花；D—雌雄花枝；E—坚果；F—叶背面一部分（示星状毛）

图15-23 白桦

A—小坚果；B—果枝；C—总苞

（2）代表物种的观察

白桦（*Betula platyphylla* Suk.）（图15-23）和平榛标本的观察。注意观察和比较总苞的形态和坚果的特征。

6. 其他常见科

（1）小檗科（Berberidaceae）

隶属于木兰亚纲毛茛目。

常见物种为细叶小檗，灌木，长枝上的叶特化为刺，短枝上叶簇生；总状花序，花黄色；浆果红色。

（2）樟科（Lauraceae）

隶属于木兰亚纲樟目（Laurales）。

常见物种为樟树［*Cinnamomum camphora*（L.）Pres.］，乔木；单叶互生，全缘，革质，叶基具有3条主脉，脉液间有腺体；圆锥花序，花药4瓣裂；核果。

（3）八角茴香科（Illiciaceae）

隶属于木兰亚纲八角茴香目。

常见物种为八角茴香，常绿乔木；叶互生，革质；花单生，花被片7～12片，数轮；雄蕊11～20枚，心皮8～9个，离生；聚合蓇葖果，果顶端钝且不弯曲。

（4）五味子科（Schisandraceae）

隶属于木兰亚纲八角茴香目。

常见物种为北五味子，木质藤本，单叶互生，无托叶；雄蕊5枚；浆果红色，果熟时花托伸长。

（5）睡莲科（Nymphaeaceae）

隶属于木兰亚纲睡莲目（Nymphaeales）。

常见物种为睡莲，水生；叶片圆形，全缘，常浮于水面；花大型，单生，花瓣和雄蕊多数，多心皮复雌蕊。

（6）莲科（Nelumbonaceae）

隶属于木兰亚纲睡莲目。

常见物种为莲，水生；叶柄常挺出水面；叶片圆形，全缘；花大型，单生，花瓣和雄蕊多数，多心皮单雄蕊。

（7）罂粟科

隶属于木兰亚纲罂粟目（Papaverales）。

常见物种为虞美人，草本；常有乳汁；叶互生，分裂，无托叶；花两性，辐射对称，单生；萼片2片，早落，花瓣通常为4片；雄蕊多枚；子房上位，侧膜胎座，花柱短，柱头盘状。蒴果孔裂或纵裂。

（8）大麻科（Cannabaceae）

隶属于金缕梅亚纲荨麻目。

常见物种为葎草，草质藤本，单叶对生，植株具倒钩刺。

（9）榆科（Ulmaceae）

隶属于金缕梅亚纲荨麻目。

常见物种为榆，乔木；单叶互生，叶基偏斜；先叶开花，花瓣4～5片；子房上位，2个心皮合生复雌蕊；翅果。

（10）荨麻科（Urtiaceae）

隶属于金缕梅亚纲荨麻目。

常见物种为狭叶荨麻和蝎子草，直立草本，具蜇毛；单叶对生或互生；花单性，单被花；瘦果。

（11）胡桃科（Juglandaceae）

隶属于金缕梅亚纲胡桃目（Juglandales）。

常见物种为胡桃和枫杨，乔木；奇数羽状复叶，小叶全缘，其中枫杨的叶轴具狭翅；茎中具片状髓；单性花，子房下位，果实核果状或为翅果。

【实验报告】

1. 玉兰花的花被为________片，排成________轮；花托为____状；雌雄蕊为______数，排列方式均为____状；果实为________果。

2. 毛茛的花被常分化为________和________；花部为____数；雌雄蕊为____数；果实为____果。

3. 桑的萼片数目为____片，雄蕊数目为____；雌蕊数目为____；果实为________果。

4. 写出玉兰和白兰花的区别。

5. 写出毛茛和玉兰的花程式，并比较毛茛科与木兰科的异同。

6. 总结木兰亚纲和金缕梅亚纲的区别。

7. 综合分析并论述木兰亚纲的原始性。

实验 14　石竹亚纲和五桠果亚纲的多样性

石竹亚纲与五桠果亚纲的不同在于，前者有 10 个科的植物体中都含有植物碱——甜菜拉因（betalain）类化合物，一般为特立中央胎座或基底胎座，种子常具外胚乳，而后者不含甜菜拉因类化合物，为中轴胎座或侧膜胎座，无外胚乳。

【目的与要求】

1. 通过石竹亚纲和五桠果亚纲中重点科代表物种的观察，掌握藜科、石竹科、锦葵科、葫芦科、堇菜科、杨柳科和十字花科等的识别要点。

2. 领会该亚纲的系统地位；了解该亚纲植物的多样性。

【材料与用品】

新鲜或浸制材料：菠菜、石竹、锦葵、黄瓜、三色堇、毛白杨、旱柳、大白菜。

腊叶标本：藜（灰菜）、反枝苋、鸡冠花、繁缕、荞麦、扁蓄、陆地棉、木槿、糠椴、南瓜、早开堇菜、萝卜、荠菜、映山红、点地梅、柿树。

实验用品：实体解剖镜、显微镜、镊子、解剖刀、解剖针、刀片、培养皿、载玻片、盖玻片。

【内容与方法】

1. 藜科（Chenopdiaceae）

隶属于石竹亚纲，石竹目（Caryophyllales）。

（1）科的特征

一年生或多年生草本，少数为木本。单叶，通常互生，少数对生；全缘，有齿或分裂，少数退化为鳞片状，常为肉质，无托叶。花小，两性、单性或杂性，辐射对称，少数两侧对称，通常具苞片，簇生成穗状花序或再形成圆锥状花序，少数单生或为二歧聚伞花序。花被通常 5 片，少数 1～4 片，常为单被花，少数为无被花；花被分离，少数结合，草质或膜质，绿色或灰色，果期发育为刺状、翅状等附属物，或变为富含水分或肉质，少数无变化。雄蕊 1～5 枚，与花被片对生，花药 2 室，花丝线形或锥形，扁平。雌蕊为 2 个心皮（少数 3～5 个）结合，子房上位，1 室，含 1 个胚珠，基生或侧生。果实通常为胞果，果皮疏松膜质或革质，常被包于花被之内，内含 1 粒直立、横生或斜生的种子，胚乳为外胚乳，胚为螺旋状或环状。

（2）代表物种的观察

① 菠菜（*Spinacia oleracea* L.）（图 15-24）的观察。取 1 株带花和果的植株，先观察其营养体部分。菠菜为草本，根常带红色，茎直立且中空；叶截形至卵形。雌雄异株，雄花为顶生的圆锥花序，雌花丛生叶腋。注意花被为几层，有几裂，是否有花瓣？识别雄蕊的数目，并仔细观察其与花被片的位置关系。雌花柱头有几个？最后观察并理解胞果的概念。

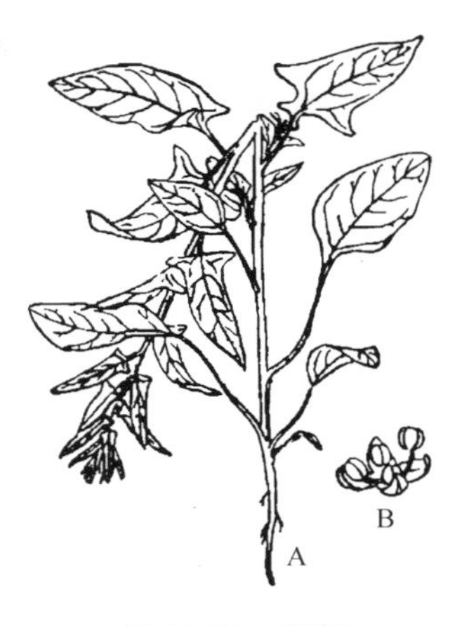

图 15-24　菠菜

A—全株；B—雄花

② 藜腊叶标本的观察。

2. 石竹科（Caryophyllaceae）

隶属于石竹亚纲，石竹目（Caryophyllales）。

(1) 科的特征

草本，通常于节部膨大。单叶通常对生，全缘，基部常连合，无托叶。花序聚伞状，少数为单生或头状；通常两性整齐；萼片 4～5 片，宿存，分离或连合，花瓣常 4～5 枚；雄蕊 4～10 枚，有时更少；花盘小，为环状，或延长成一个雌蕊柄，或分裂成腺体；雌蕊由 2～5 个心皮结合而成，子房上位，1 室，少数为不完全的 3～5 室，通常为特立中央胎座，花柱 2～5 枚，分离或结合成一个单花柱；胚珠一至多数。蒴果。种子具胚乳。

(2) 代表物种的观察

① 石竹（*Dianthus chinensis* L.）（图 15-25）的观察。取石竹花观察，注意其基部有苞片；花 5 数；萼片 5 片，合生为筒状；花瓣 5 片，具爪，顶端有齿；雄蕊 10 枚；取子房横切片和纵切片观察其胎座。

图 15-25　石竹

A—植株上部；B—花瓣；C—带有萼下苞及萼的果实；D—种子

② 繁缕腊叶标本的观察。

3. 锦葵科（Malvaceae）

隶属于五桠果亚纲，锦葵目（Malvales）。

(1) 科的特征

草本、灌木或乔木。单叶互生，有托叶。花两性，辐射对称，单生或为聚伞花序状，萼片 3～5 片，分离或合生，通常基部有副萼；花瓣 5 片；雄蕊多数，花丝结合成单体雄蕊，或多或少与花瓣的基部合生，花药 1 室，花粉粒具刺状突起；子房上位，2 至多室，每室有胚珠 1 至多枚，花柱与心皮同数，或为其倍数。蒴果或分果。

(2) 代表物种的观察

① 锦葵（*Malva sinensis* Cavan.）（图 15-26）的观察。草本；单叶互生；花大，淡紫色；花 5 数；具副萼；单体雄蕊；花药 1 室。取锦葵花粉液 1 滴，点在载玻片上，小心盖上盖玻片，置显微镜的油镜下仔细观察花粉形态。

② 陆地棉和木槿腊叶标本的观察。

4. 堇菜科（Violaceae）

隶属于五桠果亚纲，堇菜目（Violales）。

(1) 科的特征

草本，少数为木本：单叶互生、基生或少数对生，全缘或有裂；有托叶；花两侧对称，常单生，具2个小苞片；萼片5片，分离，具附属物，通常宿存；花瓣5片，下面1枚的末端常扩大成囊状或距；雄蕊5枚，花丝短而宽，离生，药隔延伸于药室外；雌蕊由3个心皮合生，子房上位，1室，侧膜胎座，胚珠多数。蒴果。

（2）代表物种的观察

① 三色堇（*Viola tricolor* var. *hortensis* DC.）（图15-27）的观察。草本，茎直立。茎叶互生，叶卵形或卵状椭圆形，缘具钝齿；托叶大，羽状分裂。花大，通常有蓝、白、黄等颜色，出现在同一花或不同花上。注意与早开蔓菜比较，找出区别。

图15-26　锦葵

A—花枝；B—果片

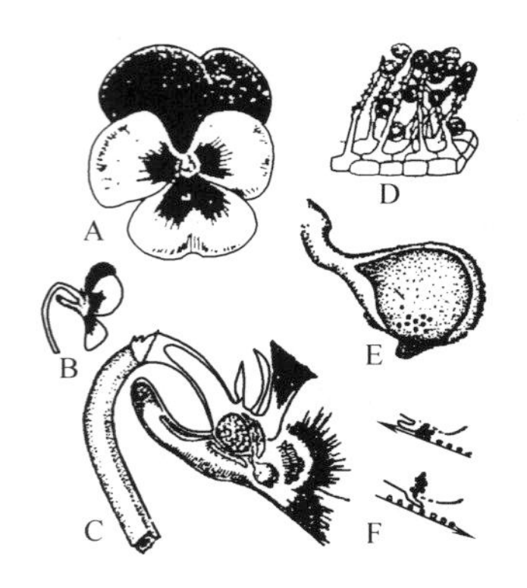

图15-27　三色堇

A—花；B—花侧面观；C—花心部纵切；D—距内的疣毛及花粉；E—柱头纵切示下部的活瓣、柱头腔内的花粉；F—昆虫在采蜜过程中吻部（以箭头表示）与活瓣配合动作，实现异花传粉

② 早开堇菜腊叶标本的观察。注意其没有地上茎，托叶小。

5. 葫芦科（Cucurbitaceae）

隶属于五桠果亚纲，堇菜目（Violales）。

（1）科的特征

草质藤本，少数为亚灌木或灌木，常具卷须。单叶互生，多为掌状分裂，有时为复叶，无托叶。花单性，同株或异株，少数为两性；萼管与子房合生成筒状，5裂；花瓣5片或5裂。雄蕊5枚，常呈2对结合1个单生；雌蕊柱头1枚或3枚，顶端2～3裂，心皮3个，合生，子房下位，长圆形，1室，侧膜胎座。果实为瓢果或浆果，少数为蒴果，种子多。

（2）代表物种的观察

① 黄瓜（*Cucumis sativus* L.）（图15-28）的观察。取黄瓜植株，先观察营养器官，注意其为草本，茎蔓生，卷须单生；叶有柄，掌状浅裂，裂片锐尖三角形，叶缘具小齿，粗糙；取雌花和雄花观察（黄瓜为雌雄同株），花黄色。进一步解剖花观察其结构。最后，观察果实，注意其形态，横、纵切之观察其结构，掌握瓠果的概念。

② 南瓜腊叶标本的观察。

6. 杨柳科（Salicaceae）

隶属于五桠果亚纲，杨柳目（Salicales）。

（1）科的特征

乔木或灌木；树皮有苦味，木质轻软；芽具芽鳞。单叶互生，少数分裂，具托叶。花单性，雌雄异株，先叶开放或与叶同时开放，很少有叶后开放；柔荑花序，花生于苞片腋部，

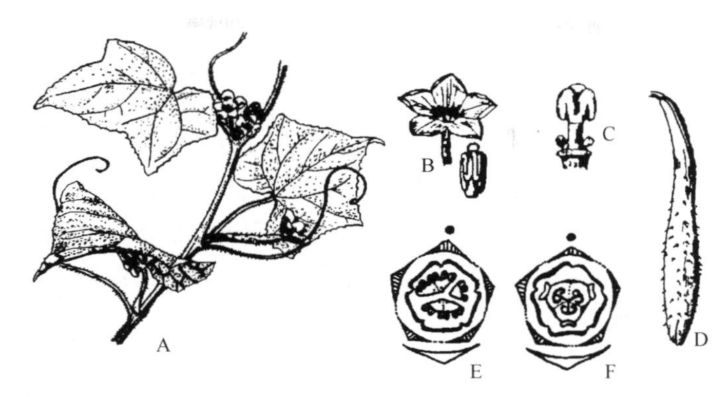

图 15-28　黄瓜

A—花枝；B—雄花及雄蕊；C—雌蕊的柱头及花柱；
D—果实；E—葫芦科雄花花图式；F—葫芦科雌花花图式

无花被，有花盘或蜜腺；雄花有雄蕊 2～30 个，花药 2 室，纵裂；雌花有雌蕊 1 个，由 2 枚心皮结合而成，子房 1 室，上位，侧膜胎座，柱头 2～4 裂。蒴果，2～4 瓣裂。种子微小，数量多，有长丝状的白毛，无胚乳。

(2) 代表物种的观察

① 毛白杨（*Populus tomentosa* Carr.）（图 15-29）的观察。乔木，高可达 25m，树皮青白色，幼时平滑，老时色变暗，发生裂沟。取小枝观察，其上有灰色绒毛，叶三角状卵形，边缘具粗大锯齿，上面暗绿色，光滑，下面早期密被灰白色绒毛（注意后期绒毛会逐渐脱落）。观察其雌、雄花序，掌握柔荑花序概念并解剖观察其结构，注意苞片形态，辨认毛白杨的花盘。观察毛白杨的蒴果。

② 旱柳（*Salix matsudana* Koidz.）（图 15-30）的观察。乔木，高达 13m，枝条直立或开展。观察叶的形态。观察其雌、雄花序，特别注意观察与毛白杨的区别，并总结杨属与柳属的区别。柳的雄花序直立或稍下垂，苞片椭圆状（卵形），雄蕊 2 枚，腺体 2 枚；雌花序直立，苞片长卵形，子房无柄，光滑，柱头 2 裂，腺体 2 枚。

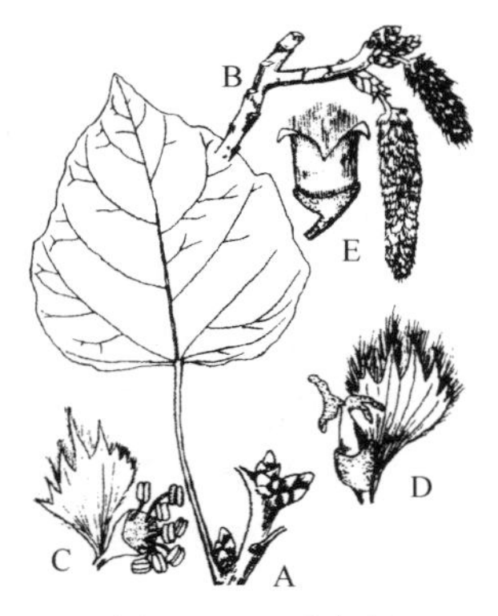

图 15-29　毛白杨

A—短枝；B—花枝；C—雄花；D—雌花；E—蒴果

图 15-30　旱柳

A—枝叶；B—雌花枝；C—雄花枝；D—雌花；E—雄花

7. 十字花科（Cruciferae）

隶属于五桠果亚纲，白花菜目（Capparales）。

（1）科的特征

草本。叶互生，无托叶，单叶全缘或羽状分裂。花两性，整齐，排列成总状花序，通常没有苞片，有时在叶腋单生；萼片 4 枚；花瓣 4 枚，常作十字形；雄蕊 6 枚，四强雄蕊；雌蕊 1 枚，子房上位，由 2 个心皮组成，侧膜胎座，由假隔膜隔成 2 室，内含多数至 1 枚弯生或倒生的胚珠，花柱宿存，柱头盘状或 2 裂。果实为角果，按其长和宽的比例，有长角果和短角果的区别，通常由基部向上开裂，少数不开裂。种子无胚乳。按胚在种子中的弯曲形态，可分为子叶背倚、子叶缘倚和子叶褶叠 3 种类型。

图 15-31　大白菜

A—植株外形；B—花枝；C—花；D—萼片；E—雄蕊和雄蕊；F—长角果

（2）代表物种的观察

① 大白菜（*Brassica pekinensis* Rupr.）（图 15-31）的观察。草本。根强壮。基生叶圆卵形至倒卵形，顶端钝，不分裂或于基部有 1～2 对不清晰的裂片，排列紧密，形成莲座状，深绿色，无毛，或于背面有极少数的刺毛；茎生叶较小，圆形或卵圆形，基部抱茎。特别注意观察花序和花的形态，掌握十字形花冠的概念。观察并解剖其果实，掌握侧膜胎座和角果的概念。

② 萝卜和荠菜腊叶标本的观察。

8. 其他常见科

（1）苋科（Amaranthaceae）

隶属于石竹亚纲石竹目。

常见物种有反枝苋和鸡冠花。反枝苋为一年生草本，茎粗壮，被细毛；叶卵圆形或椭圆形，先端尖锐或凹缺，具小尖头，基部楔形，上面绿色，下面灰绿色，两面均有毛；花簇多，集成稠密的顶生或腋生圆锥花序；花单性或杂性，苞片和小苞片锥状有针芒，比萼片长得多，边缘无色透明，背部绿色肉质；萼片和雄蕊 5 枚；柱头 2～3 枚。鸡冠花为一年生草本；茎光滑，叶有柄，卵形或卵状披针形；花序顶生，扁平，很像鸡冠，通常红色，亦有黄橙、红黄及其他各种颜色相杂；花两性；萼片、雄蕊均为 5 枚，花丝基部联合；胞果含多数种子，盖裂。

（2）蓼科（Polygonaceae）

隶属于石竹亚纲蓼目（Polygonales）。

常见物种有荞麦和扁蓄。荞麦为一年生草本；茎淡绿色，带红色；叶三角状（心形）；圆锥花序，花两性；花被呈花瓣状，5 裂，白色或粉红色，雄蕊 8 枚，排成 2 轮，外轮 5 枚，内轮 3 枚，基部有明显黄色蜜腺；雌蕊柱头 3 裂，瘦果具三棱；伸出于宿存花被之外达 1～2 倍。扁蓄为一年生草本；茎平卧，或斜升，分支甚多；叶近无柄，叶片蓝绿色，椭圆形或线状披针形，基部楔形；叶鞘下部稍绿色，上部无色透明，2 裂或多裂；花簇生叶腋，几乎遍及每节，花被裂片具狭窄的白色或蔷薇色的边缘；瘦果通常比花被长，三棱形，黑色或褐色。

（3）椴树科（Tiliaceae）

隶属于五桠果亚纲锦葵目。

常见物种有糠椴，落叶乔木，幼小枝与芽带有褐色茸毛。叶阔卵形，顶端短渐尖，基部心脏形，叶缘具长尖的粗锯齿，有时稍分裂，上面疏生细毛，下面具灰色或带白色的星状茸毛，脉腋间无簇生毛，叶柄有茸毛。花 7～10 朵，成下垂而带有褐色茸毛的聚伞花序，下有匙形总苞。核果球形。

(4) 杜鹃花科(Ericaceae)

隶属于五桠果亚纲杜鹃花目(Ericales)。

常见物种有杜鹃(映山红),灌木,当年生枝条及嫩叶密被贴伏毛,单叶互生,花多数,具长柄;花萼5裂,裂片三角形,有毛;花冠淡红色至深红色,5深裂,裂片长圆形;雄蕊10枚,花柱比花瓣短。蒴果圆柱状,褐色,顶部开裂;花柱宿存。分布于长江流域及其以南各省区,是优良的观赏花卉之一。

(5) 报春花科(Primulaceae)

隶属于五桠果亚纲报春花目(Primulales)。

常见物种有点地梅,草本,全株密生粗毛。基生叶有长柄,叶片卵圆形至心脏形,边缘有钝齿。花葶丛生,顶端小苞片圆状披针形,轮生,组成总苞。花白色,多数,排列成伞形状,花梗几乎等长,纤细多数;萼裂片披针形,宿存,花冠下部愈合成短管,上部裂成5瓣,长度约为萼的2倍。蒴果球形,直径是萼的1/2。

(6) 柿树科(Ebenaceae)

隶属于五桠果亚纲柿树目(Ebenales)。

常见物种有柿树,落叶乔木,树皮暗灰色,鳞片状开裂。单叶互生,椭圆状卵形至长圆状卵形或倒卵形。先端短尖,基部阔楔形或近圆形,全缘,表面深绿色,有光泽,背面淡绿色,有褐色柔毛;叶柄有毛。花雌雄同株或异株;雄花成短聚伞花序,有1～3朵花;雌花单生叶腋;花萼4深裂,裂片在结果时增大;花冠白色,钟状,4裂,有毛;雄花有雄蕊16～24枚;两性花中有雄蕊8～16枚,雌花中仅有8枚退化雄蕊;子房上位。浆果卵圆形或扁球形,橘黄色或橙红色。

【实验报告】

1. 根据观察,总结藜科、苋科和蓼科的区别特征。

2. 常见蔬菜和水果大多属于葫芦科和十字花科,你如何迅速识别这两个科?

3. 杨柳科为什么从柔荑花序类中分出,置于五桠果亚纲?从演化上看你如何认识该科植物?

4. 简要总结锦葵科和堇菜科植物花粉形态特征,并说明锦葵花粉外壁特征的适应性。

实验15 蔷薇亚纲的多样性

形态学观察是分类学研究经典的方法,利用电子显微镜对植物进行细微形态观察,导致了超微结构形态学研究领域的诞生。本实验通过对植物叶表皮形态的显微观察,掌握基本的观察技术,以及简单的分类学分析方法。

【目的与要求】

1. 通过对蔷薇亚纲中重点科代表物种的观察,掌握蔷薇科、蝶形花科、伞形科等的识别要点。

2. 领会该亚纲的系统地位;了解该亚纲植物的多样性。

3. 了解植物表皮形态学资料的分类学分析方法。

【材料与用品】

新鲜或浸制材料:珍珠梅、黄刺玫、苹果、桃、合欢、紫荆、紫藤、胡萝卜。

腊叶标本:三裂绣线菊、委陵菜、白梨、榆叶梅、太平花、大花溲疏、含羞草、皂荚、大豆、国槐、泽漆、酸枣、葡萄、花椒、栾树、黄栌、北柴胡、刺五加。

实验用品：实体解剖镜、显微镜、镊子、解剖刀、解剖针、刀片、培养皿、载玻片、盖玻片、恒温水浴锅。1%～5%次氯酸钠溶液。

【内容与方法】

1. 蔷薇科（Rosaceae）

隶属于蔷薇亚纲，蔷薇目（Rosales）。

（1）科的特征

落叶乔木、灌木或草本；有刺或无刺。叶为单叶或复叶，互生，少数对生，常有托叶。花两性，整齐，少数单性；花托膨大，游离或与子房联合，花被、雄蕊皆着生于花托的边缘，形成周位花；萼片4～5片；花瓣一般与萼片同数，也可少数无花瓣；雄蕊多数或退化至1～2枚；雌蕊1枚至多枚，分离或合生，子房上位或下位。果实为核果、梨果、蓇葖果或瘦果，或因共同着生于膨大的花托上，组成聚合果或蔷薇果。种子通常无胚乳。

图 15-32　珍珠梅

A—果序一部分；B—花纵切面；C—枝叶

本科分为4个亚科：绣线菊亚科、蔷薇亚科、梨亚科和梅亚科。

（2）代表物种的观察

① 绣线菊亚科。

a. 珍珠梅［*Sorbaria kirilowii*（Regel）Maxim.］（图15-32）的观察。灌木，高达3m。取一枝条观察，小枝光滑或有柔毛，奇数羽状复叶，小叶13～21枚，卵状披针形至披针形，叶缘具重锯齿，具托叶（注意：该亚科常无托叶）。观察顶生的圆锥花序，注意花的颜色为白色，辐射对称，雄蕊多数，与花瓣等长或稍短；观察雌蕊，心皮5个，离生。取果实观察，掌握蓇葖果的特征。

b. 三裂绣线菊腊叶标本的观察。

② 蔷薇亚科。

a. 黄刺玫（*Rosa xanthina* Lindl.）的观察。落叶灌木，高1～3m。取小枝观察，褐色或褐红色，具扁平而直立的皮刺。羽状复叶；小叶7～13枚，近圆形或椭圆形，边缘有锯齿；叶柄与叶轴具少数疏柔毛和疏生皮刺；托叶小，下部与叶柄连生。取1单生花观察，无苞片，花柄和萼筒无毛；萼片长渐尖，被细柔毛，有时具腺毛，里面密被绒毛（注意开花后萼片常反折，宿存）；花瓣黄色，重瓣；雄蕊短于花瓣；花柱密被绒毛，短于雄蕊。最后观察果实的形态。

b. 委陵菜腊叶标本的观察。

③ 梨亚科。

a. 苹果（*Malus Pumila* Mill）（图15-33）的观察。落叶乔木，高达15m，嫩枝密被绒毛，老时脱落。叶椭圆形、宽椭圆形或卵圆形，先端急尖，

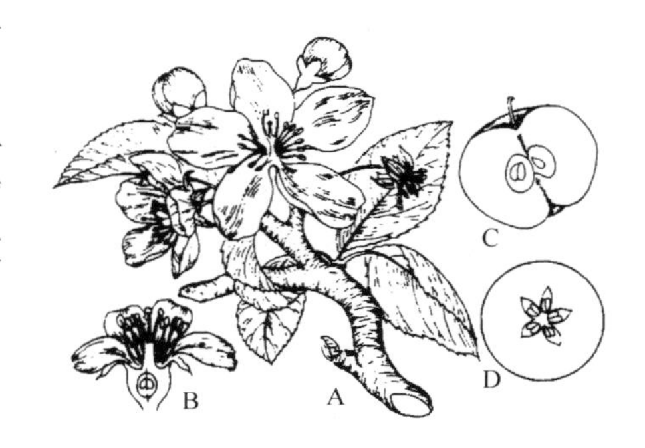

图 15-33　苹果

A—花枝；B—花纵切面；C—果纵切面；D—果横切面

基部宽楔形，边缘具圆钝锯齿（注意叶幼嫩时两面具短柔毛，老时上面毛脱落。取 1 朵花观察，花梗和花萼均密被绒毛；萼片三角披针形，稍长于萼筒；花瓣长卵圆形或椭圆形，白色而具红晕；雄蕊短于花瓣；花柱 5 枚，中部以下结合，有毛，通常较雄蕊长。取果实观察，注意其果实形状、色泽和大小常因品种而有差异，掌握梨果的特征。

b. 白梨腊叶标本的观察。

④ 梅亚科。

a. 桃（*Amygdalus persica* L.）（图 15-34）的观察。落叶乔木，高 4～8m，嫩枝无毛，有光泽。芽被短柔毛，2～3 个并生，中间为枝芽两侧副芽为花芽。取一枝条观察，叶椭圆披针形，先端长渐尖，基部楔形，边缘具较密锯齿，两面无毛或于下面脉腋间被疏短柔毛；叶柄长 1～2cm，无毛，具腺点。取一朵花观察，花梗极短，花萼被短柔毛，花瓣粉红色；雄蕊短于花瓣；子房被毛。取果实观察，掌握核果的特征，并注意桃的果实表面被绒毛，果肉多汁，离核或粘核，核表面具沟孔和皱纹。

图 15-34 桃

A—花枝；B—果枝；C—花的纵切面；D—花药；E—桃核

b. 榆叶梅腊叶标本的观察。

2. 含羞草科（Mimosaceae）

隶属于蔷薇亚纲，豆目（Fabales）。

（1）科的特征

草本或木本。叶通常互生，羽状复叶；具托叶，通常离生，小叶亦常有小托叶。头状花序顶生，伞房状排列；通常为辐射对称；萼片 5 片，基部合生；花瓣 5 片，合生；雄蕊多数，至 4～10 枚，花丝较长，基部结合或分离；心皮 1 个，子房 1 室，1 至多数胚珠，着生于腹缝线上，花柱丝状，柱头小。荚果，种子通常无胚乳，种皮常坚硬或革质。

（2）代表物种的观察

① 合欢（*Albizzia julibrissin* Durazz.）（图 15-35）的观察。落叶乔木，高达 16m，树

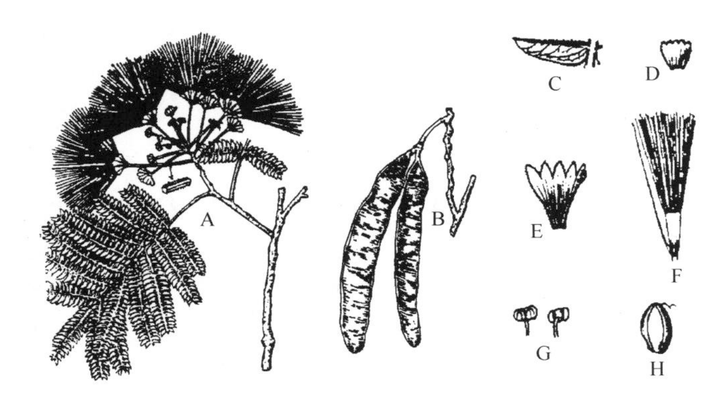

图 15-35 合欢

A—花枝；B—果枝；C—小叶；D—花萼；E—花冠；F—雄蕊（花丝下部联合）；G—花药；H—种子

冠开展。小枝无毛，稍有棱角。取叶观察，合欢为二回羽状复叶，羽片4～12对或更多，小叶10～30对，无柄，镰刀形，向上弯。取一头状花序观察，注意花序着生于新枝顶部，成伞房状排列，萼长不及花冠的1/2，均联合成管状，无毛；雄蕊多数，花丝细长，粉红色，基部联合成单体。观察扁平的荚果，并掌握荚果的概念。

② 含羞草腊叶标本的观察。

3. 云实科（Caesalpiniaceae）

隶属于蔷薇亚纲，豆目（Fabales）。

(1) 科的特征

通常为木本。单叶或羽状复叶，互生；具托叶，通常离生。总状花序；花通常为两树对称，两性，假蝶形花冠；雄蕊10枚，分离；心皮1个，子房1室，1至多数胚珠，着生于腹缝线上，花柱简单，柱头头状。荚果，种子通常无胚乳，种皮常坚硬或革质。

(2) 代表物种的观察

① 紫荆（*Cercis chinensis* Bunge.）（图15-36）的观察灌木。取叶观察，紫荆为单叶互生，近于圆形，基部心脏形，两面光滑，无毛花比叶先开放，紫红色，簇生于老枝上，注意花的结构，并与含羞草科和蝶形花科仔细比较，掌握假蝶形花冠的概念。观察荚果。

② 皂荚腊叶标本的观察。

取成熟、发育正常的紫荆叶片，水煮10min（难于撕取表皮者，置于1%～5%次氯酸钠溶液中，30℃恒温离析）后，轻轻撕取叶近中部的表皮。对照确定紫荆气孔排列方式的类型。在40倍物镜下进行气孔计数（统计5个视野区），计算气孔指数。

图15-36　紫荆

A—叶枝；B—花枝；C—花；D—旗瓣，翼瓣，龙骨瓣；E—去掉花萼和花冠的花；F—雄蕊；G—雌蕊；H—荚果；I—种子（放大）

$$I=[S\div(S+E)]\times 100\%$$

式中，I为气孔指数；S为一定面积内气孔的数目；E为相同面积内表皮细胞的数目。

4. 蝶形花科（Fabaceae）

隶属于蔷薇亚纲，豆目（Fabales）。

(1) 科的特征

草本，灌木或乔木。叶通常互生，极少对生；羽状复叶或三出复叶，少数为单叶；具托叶，通常离生，小叶常有小托叶。花序腋生、与叶对生或顶生，常为总状花序或圆锥花序，亦有单生者；通常为两侧对称，两性，蝶形花冠；雄蕊一般10枚，通常联合成二体雄蕊，少分离，花药2室；心皮1个，子房1室，1至多数胚珠，着生于腹缝线上，花柱简单，柱头头状。荚果，种子通常无胚乳，种皮常坚硬或革质。

(2) 代表物种的观察

① 紫藤（*Wisteria sinensis* Sweet.）（图15-37）的观察。木质藤本，没有卷须。叶互生，奇数羽状复叶，托叶早落，小叶9～19枚，具柄，有小托叶，叶片卵状矩圆形至卵圆形

或披针形。取花解剖观察，重点掌握蝶形花冠的概念。观察荚果。

② 大豆和国槐腊叶标本的观察。

取成熟、发育正常的紫藤和大豆叶片，观察表皮，方法同紫荆。分辨它们的气孔排列方式各属于哪种类型？

比较和总结含羞草科、云实科和蝶形花科的特征。

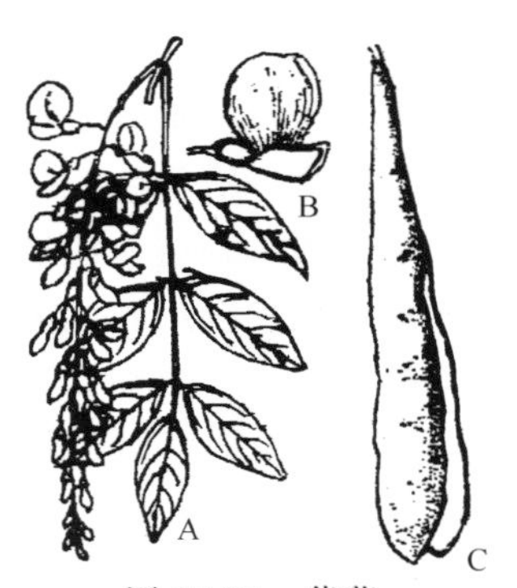

图 15-37　紫藤

A—花枝；B—花；C—果实

5. 伞形科（Umbelliferae）

隶属于蔷薇亚纲，伞形目（Umbellales 或 Apiales）。

(1) 科的特征

草本，常有香味或其他气味。单叶互生，有齿缺或分裂，或为复叶，叶柄基部常扩大成鞘。花小、两性或杂性，为顶生或腋生，复合的伞形花序，很少为单伞形或头状花序，花序基部常有叶状总苞片，小伞形花序（即第二次分出的伞形花序）的基部亦有小苞片并结合成一小总苞；花萼管与子房合生，萼齿无或具 5 齿裂；花瓣 5 枚，生于子房之上，在芽内呈覆瓦状或镊合状排列；雄蕊 5 枚，花丝在蕾期时内曲，着生于花盘的周围；花柱 2 枚，通常基部膨大；子房下位，2 室，每室具 1 枚胚珠。双悬果，由 2 个不开裂、背向或侧向压扁的心皮构成，2 个小分果通常基部分离，顶端悬挂于一线状的中轴上，每一分果具有纵棱（主棱）5 条，并通常有 4 条次棱（副棱）介于纵棱间，果皮内常有纵走的油槽。

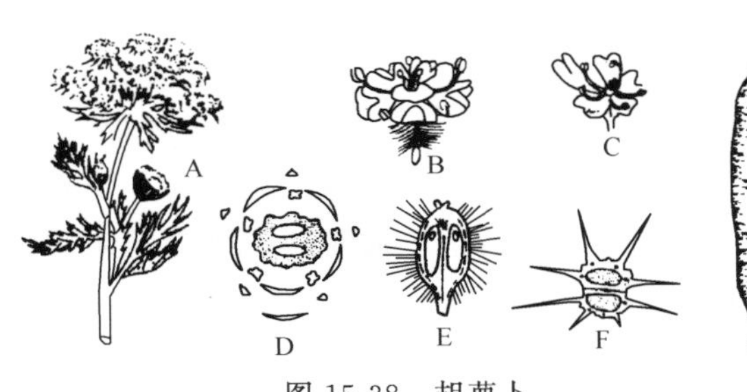

图 15-38　胡萝卜

A—花枝；B—花序中间的花；C—边花；D—花图式；E—果实纵切；F—果实横切；G—肥大直根

(2) 代表物种的观察

① 胡萝卜（*Daucus carota* var. *sativa* DC.）（图 15-38）的观察。取植株观察，胡萝卜为草本，根粗壮肉质，茎多分支。叶为多回羽状复叶，最后裂片多数，线形且尖。取花观察，复伞形花序，具有叶状总苞片，裂片线形；注意外部的花有较大且不相等的花瓣，小总苞片线状或 3 裂。观察果实，沿副棱有刺毛，掌握双悬果概念，横切果实，观察油管的分布。

② 北柴胡腊叶标本的观察。

6. 其他常见科

(1) 景天科（Crassulaceae）

隶属于蔷薇亚纲，蔷薇目。

常见物种有佛甲草，多年生肉质草本，高 10～20cm，全株无毛。茎肉质，不育的茎斜上生长。叶线形，无柄，常 3 个轮生。顶生聚伞花序，中心有一个具短梗的花，花序分支上的花无梗，苞片线形，有距；花黄色，5 基数。

(2) 虎耳草科（Saxifragaceae）

隶属于蔷薇亚纲，蔷薇目。

常见物种有太平花和大花溲疏（可观察标本）。太平花为灌木；枝条细弱，伸展；叶对生，卵形，三出脉，边缘疏生锯齿，无星状毛；总状花序乳白色；花 4 基数，雄蕊多数。大花溲疏为灌木；小枝通常灰褐色；叶对生，卵形，缘具细锯齿，表面粗糙，背面灰白色，密被星状毛；花 1～3 朵，聚伞状，白色，花 5 基数，雄蕊 10 枚，花丝两侧扩展成翅。

（3）大戟科（Euphorbiaceae）

隶属于蔷薇亚纲，大戟目（EuphorbiaIes）。

常见物种有泽漆，一年生或二年生草本；有乳汁。多歧聚伞花序顶生，有5个伞梗，杯状总苞钟形，顶端4浅裂，腺体4个，肾形。花无被，雄花具雄蕊1枚，雌花子房3室，外壁光滑。全草药用，能清热、祛痰、利尿、消肿、杀虫、止痒等；茎、叶浸液可防治红蜘蛛和棉蚜虫；种子含油30%，供工业用。有毒。

（4）鼠李科（Rhamnaceae）

隶属于蔷薇亚纲，鼠李目（Rhamnales）。

常见物种有酸枣，灌木。分支开展，红褐色，光滑，具长刺，幼枝绿色，呈“之”字形弯曲。单叶互生，排列于枝的左右，托叶针刺状，叶柄较短，叶片卵形或长圆状披针形，基部圆形，稍歪斜，先端钝，稍尖，边缘具细锯齿，两面光滑无毛，自基部分生三条主脉，明显凸出。花带黄绿色，2～3朵花簇生于叶腋，成极短的聚伞状，花梗极短，萼片卵状三角形，花瓣小，5枚，与萼片互生；雄蕊5枚，与花瓣相对，但比花瓣稍长，花盘10浅裂，子房无毛，埋于花盘中，花柱二分叉。核果成熟时为暗红色，逐渐变为暗栗褐色，球形，光滑，有酸味，果核钝。

（5）葡萄科（Vitaceae）

隶属于蔷薇亚纲，鼠李目（Rhamnales）。

常见物种有葡萄，高大藤本，有卷须。叶较薄，圆形或卵圆形，通常3～5裂，基部心形，边缘有粗且尖锐的齿，背面密被蛛丝状绵毛；叶柄长达叶片一半以上。圆锥花序与叶对生。花5数，萼片不显著，花瓣在顶端粘合成帽状，开花时脱落，花盘下位，为5个蜜腺，子房2室，每室具2枚胚珠，花柱短，圆锥状。果序大而长，浆果通常卵形至卵状矩圆形，富汁液，成熟时呈紫黑色并有粉状物，或红而带绿色至全为绿色，皮不易与果肉分离。

（6）芸香科（Rutaceae）

隶属于蔷薇亚纲，无患子目（Sapindales）。

常见物种有花椒，落叶小乔木。茎具粗瘤状凸起，枝有刺。叶互生，奇数羽状复叶，具油点，叶轴背面有刺，小叶7～11枚，卵形，边缘有细锯齿。圆锥状花序，单性异株；雄花具5～7枚雄蕊；雌花具2～5个心皮，每室具2枚胚珠。蓇葖果呈暗紫红色，有瘤状突起。

（7）无患子科（Sapindaceae）

隶属于蔷薇亚纲，无患子目。

常见物种有黄山栾树，落叶乔木。二回奇数羽状复叶，小叶7～15枚，长椭圆状卵形，先端渐尖，基部近圆形，全缘，表面深绿色，有短柔毛。圆锥花序顶生，花淡黄色。蒴果长椭圆状卵形，幼时紫色，膀胱状膜质，先端钝形而成短尖，基部圆形。

（8）槭树科（Aceraceae）

隶属于蔷薇亚纲，无患子目。

常见物种有三角枫，落叶乔木。树皮鳞片状剥落。小枝细，幼时的短柔毛，后变无毛，稍有蜡粉。单叶对生，顶端3裂，先端短渐尖，基部圆形，全缘或上部具疏齿，背面有白粉。圆锥花序顶生，有短柔毛。萼片5枚，花瓣5枚，绿黄色。子房密生长柔毛，花柱短，柱头2裂。双翅果，成锐角或直角开展。

（9）漆树科（Anacardiaceae）

隶属于蔷薇亚纲，无患子目。

常见物种有黄栌，小乔木。叶互生，圆形或卵圆形，幼枝与叶具灰色绢毛。圆锥花序杂性，不育花花梗具紫色硬毛，开花后其梗宿存，羽毛状；结实性花花萼5裂，花瓣5枚或4枚，黄绿色，长为花萼的2倍，雄蕊与花瓣同数互生，着生于花盘之下，雌花具3枚花柱，柱头紫色，子房1室，1枚胚珠。核果扁平歪斜。

（10）五加科（Arahaceae）

隶属于蔷薇亚纲，伞形目。

常见物种有刺五加，木本；茎常有刺，叶互生，掌状复叶。花小，辐射对称，常排列成伞形花序，萼小，与子房合生，花瓣5枚，雄蕊与花瓣同数，着生于花盘的边缘，子房下位，5室，每室有胚珠1枚。果实球形至卵形。

【实验报告】

1. 总结蔷薇科4个亚科的区别，通过主要特征的对比，探讨它们的进化地位。

2. 总结豆目3个科的区别，通过主要特征的对比，探讨它们的进化地位。

3. Cronquist系统将伞形科和五加科放在伞形目中，你认为合理吗？为什么？

4. 比较不同植物的气孔指数，并分析其适应性。

实验16　菊亚纲的多样性

目前最有影响的分类系统中，通常认为菊亚纲（Asteridae）是被子植物中进化水平较高的类群。

20世纪60年代初，以P. Sneath和R. Sokal的（Numerical Taxonomy）一书的出版为标志，产生了数量分类学（numerical taxonomy）。聚类分析（cluster analysis）和分支分类学（cladistic taxonomy）是基于不同分类思想的数值分类方法，前者坚持全面相似性原则进行分类；而后者由W. Hennig于20世纪50年代初首先提出，根据共同衍征（advanced character）来建立单系类群的原则，依系统发育关系进行的分类。本实验将重点介绍聚类分析的基本方法。

【目的与要求】

1. 通过对菊亚纲中重点科代表物种的观察，掌握茄科、旋花科、唇形科、木樨科、玄参科和菊科等的识别要点。

2. 领会该亚纲的系统地位；了解该亚纲植物的多样性。

3. 掌握分类学数据的收集、整理和分析的基本方法。

【材料与用品】

新鲜或浸制材料：曼陀罗、田旋花、丹参、连翘、地黄、忍冬、向日葵、蒲公英。

腊叶标本：番茄、萝藦、夹竹桃、龙胆、茄、圆叶牵牛、菟丝子、益母草、荆条、紫丁香、毛泡桐、茜草、珊瑚树、桔梗、刺儿菜、莴苣。

实验用品：实体解剖镜、镊子、解剖刀、解剖针、刀片、培养皿、载玻片、盖玻片、计算机、统计软件、游标卡尺。

【内容与方法】

1. 茄科（Solanaceae）

隶属于菊亚纲，茄目（Solanales）。

（1）科的特征

草本，灌木或小乔木。单叶或复叶，互生，全缘或分裂，无托叶。花两性，辐射对称，单生或为各种聚伞状花序；花萼5裂，宿存；花冠5裂，整齐；雄蕊5枚，少数为4枚，着生于花冠筒上，而与花冠裂片互生；心皮2个，子房上位，2室或不完全的1～4室，中轴胎座，胚珠多数。浆果或蒴果。

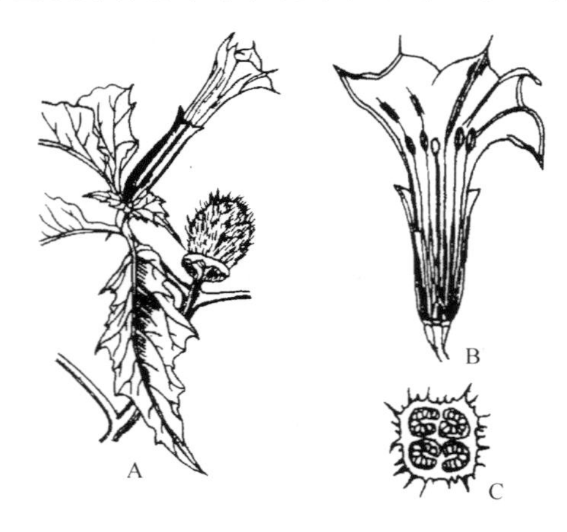

图15-39　曼陀罗

A—花果枝；B—花的纵切面；C—子房横切面

(2) 代表物种的观察

① 曼陀罗（*Datura stramonium* L.）（图15-39）的观察。一年生草本，植株粗壮，有毒。花较大，单生，白色，具长筒部；蒴果具刺。原产美洲，花可入药，称洋金花，有麻醉、止痛、止咳平喘作用。

② 番茄、茄腊叶标本的观察。

2. 旋花科（Convolvulaceae）

隶属于菊亚纲，茄目。

(1) 科的特征

匍匐或缠绕草本，或为灌木，常具乳汁。单叶互生，全缘或分裂，偶复叶，无托叶。花腋生，单生或为聚伞花序；花两性，辐射对称，通常大而美丽，有苞片；萼片5，覆瓦状排列，常宿存；花冠钟状、漏斗状或为高脚碟状，5浅裂或深裂，芽时折叠状旋转；雄蕊5枚，着生花冠管上；雌蕊含2～3个心皮，中轴胎座，子房上位，常为环状或分裂的花盘所包围，2～3室，每室有胚珠2枚；果实为开裂或不开裂的蒴果；种子常为三棱形。

(2) 代表物种的观察

① 田旋花（*Convolvulus arvensis* L.）（图15-40）的观察。取一整株观察，该种为多年生蔓生草本，缠绕，茎细弱，被短柔毛，叶互生，戟形。注意花为单生，具长柄，苞片小，线状披针形，远离萼片，花冠漏斗状，粉红色或玫瑰红色。解剖1朵花观察：雄蕊5枚，贴生于花冠基部，与裂片互生；雌蕊1枚，基部围以黄色花盘；柱头2裂，线形；子房2室，每室具胚珠2枚。

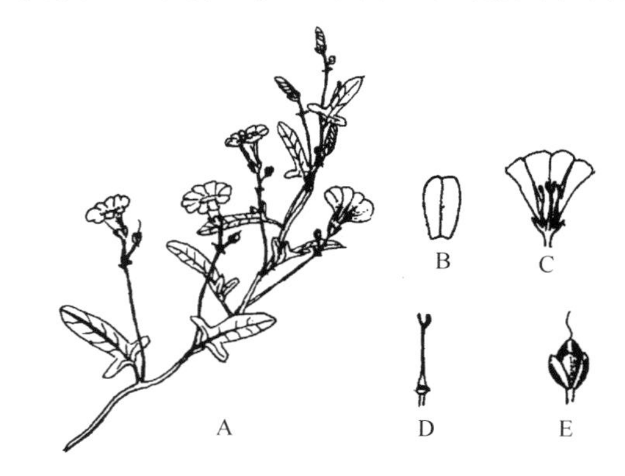

图15-40　田旋花

A—花枝；B—萼片；C—花纵切面；D—雌蕊；E—果实

② 观察圆叶牵牛腊叶标本，并与田旋花作比较。

总结旋花属与牵牛花属的区别。

3. 唇形科（Lamiaceae）

隶属于菊亚纲，唇形目（Lamiales）。

(1) 科的特征

草本，半灌木或灌木，植株常含芳香油，茎常为四棱形。叶对生或轮生，无托叶。花顶生或腋生，聚伞花序、穗状花序、总状花序或头状花序等，常聚生叶腋中，成假轮状排列。花两性，左右对称，萼具4～5个齿，花冠通常两唇形，不整齐或少数整齐；雄蕊4枚（二强）或2枚，有退化雄蕊2枚或无雄蕊；子房上位，心皮2个，合生，裂成4室，每室具胚珠1枚；花柱1枚，自子房基部或中部伸出；柱头2裂，花盘肉质，位于雌蕊下。果实为4个小坚果，包藏于宿存花萼内，罕为核果状，胚乳少或无。

（2）代表物种的观察

① 丹参（*Salvia miltiorrhiza* Bunge.）（图15-41）的观察。多年生草本，根赤色、肥大，全株密生长毛，有黏性。取1植株观察，丹参常为羽状复叶对生，小叶卵形，边缘有钝齿或尖齿，表面柔毛少，背面密生灰毛。花序轮生，通常每6个花集生在一起，花轴密生腺毛。解剖1朵花观察：萼二唇，有腺毛，带紫色，下片顶端有2个刺状齿片；花冠大形，青紫色，少数为白色，有微毛；上唇与下唇略成直角，弯曲，偏兜形；下唇3裂，中片大，上唇有锯齿；雄蕊2枚，长而弯曲，不超出于上唇外；药隔细长，与花丝连接处有关节，此结构恰似一杠杆，对传粉有特殊的适应作用，花柱挺出于上唇外，柱头2裂。

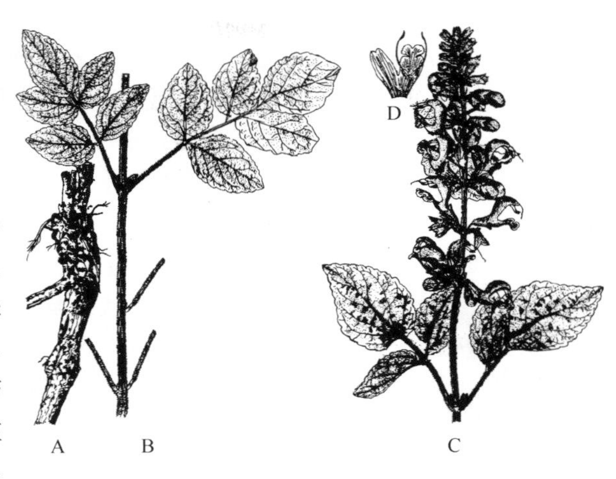

图15-41　丹参

A—根；B—植株中部；C—植株上部；D—花冠展开

② 益母草腊叶标本的观察。

4. 木樨科（Oleaceae）

隶属于菊亚纲，玄参目（Scrophulariales）。

（1）科的特征

通常为灌木或乔木，少数为亚灌木。单叶或复叶，对生，少数互生或轮生，无托叶。花两性或单性，整齐，雌雄异株或杂性。花序顶生或腋生，圆锥状、聚伞状或簇生。花萼下位，通常4裂，少数没有；花冠4～6裂，在芽中呈复瓦状或镊合状排列，少数没有；雄蕊2枚，少数为3～5枚，着生于花冠上，无花冠者则位于雌蕊下；雌蕊含2个合生心皮，各含倒生或半倒生胚珠；子房上位，2室；花柱单一或没有，单柱头或柱头2裂。无花盘。果实为蒴果、浆果或核果。种子具胚乳或没有。

图15-42　连翘

A—果枝；B—花冠展开；C—种子

（2）代表物种的观察

① 连翘［*Forsythia suspense*（Thunb.）Vahl.］（图15-42）的观察。落叶灌木。茎丛生，枝开展，光滑，中空，小枝褐色，稍具四棱，冬芽具数个芽鳞。取1枝条观察：连翘为单叶对生或具3小叶，卵形至长圆状，先端尖，叶基阔楔形或圆形，锯齿不整齐。取1朵花观察：花金黄色，花萼裂片长椭圆形，与花冠筒等长；花冠筒内有橘红色的条纹，裂片长圆形。观察蒴果。

② 紫丁香腊叶标本的观察。

5. 玄参科（Scrophulariaceae）

隶属于菊亚纲，玄参目（Scrophulariales）。

（1）科的特征

草本，灌木或乔木。叶互生，对生或轮生，无托叶。花两性，常左右对称，排成各式的花序；萼4～5裂，宿存；花冠轮状或阔钟状，或有圆柱状的管，4～5裂，2唇形或开展；雄蕊通常为4枚（2长2短），第5枚雄蕊通常退化为腺体或不育，有时发育则雄蕊为5枚，或雄蕊仅为2枚（其余3枚不育）；有花盘或不明显；子房上位，不完全的或完全的2室，每室胚珠多数，中轴胎座或少数为侧膜胎座。果实为蒴果或浆果。

（2）代表物种的观察

① 地黄（图15-43）的观察。多年生草本。根横走，较肥厚。茎直立，生有粗毛。基生叶倒卵状或匙形，缘具钝齿，叶面多皱，表面绿色，背面通常淡紫色。取1朵花观察：花为紫褐色，花冠有毛，筒部膨大，裂部斜5裂，稍呈2唇状，上唇2裂，下唇3裂；萼钟形，有毛，5齿裂；裂片三角状，先端尖；雄蕊4枚，不外露。最后观察蒴果。

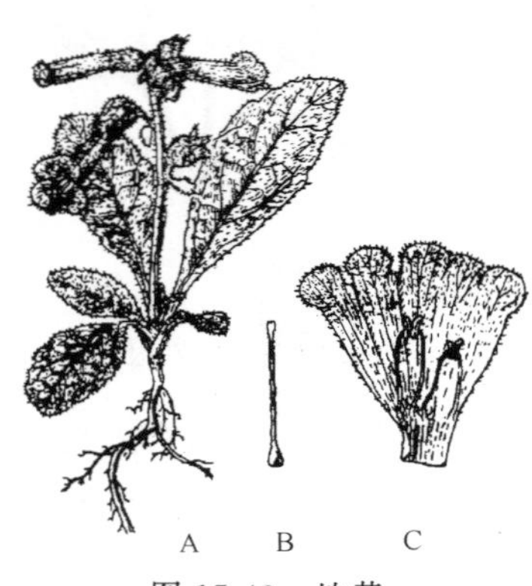

图15-43 地黄

A—植株；B—雌蕊；C—花冠展开

② 毛泡桐腊叶标本的观察。

6. 忍冬科（Caprifoliaceae）

隶属于菊亚纲，川续断目（Dipsacales）。

（1）科的特征

灌木，少数为乔木或草本。单叶或羽状复叶，对生，无托叶。花两性，辐射对称或左右对称；萼4～5裂；花冠4～5裂，管状或辐射状；雄蕊与花冠裂片同数，并与之互生；雌蕊含2～5个心皮（合生），子房下位，1～5室，每室具1至数个胚珠，中轴胎座，花柱1枚或没有。浆果、蒴果或核果。种子具胚乳。

（2）代表物种的观察

① 忍冬（金银花、二花）（图15-44）的观察。常绿藤本，茎向右缠绕。花双生于叶腋，花冠白色，凋落前变为黄色，故又称“金银花”。萼5裂，钟形，裂片披针形；花冠2唇状，上唇4裂，下唇单一；雄蕊5枚，插生于花冠管上并与裂片互生；子房下位，3室，每室具胚珠数枚。浆果。花蕾入药，含木樨草素忍冬苷等，具清热解毒之效。

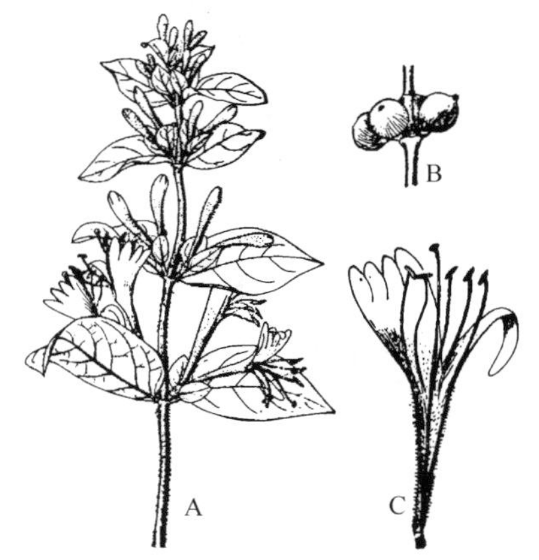

图15-44 忍冬

A—花枝；B—果实；C—花

② 珊瑚树腊叶标本的观察。

7. 菊科（Asteraceae）

隶属于菊亚纲，菊目（Asterales）。

（1）科的特征

一年生或多年生草本，少数为灌木或乔木，有时为藤本，有些种类有乳汁。叶互生、对生或轮生，无托叶。花两性或单性，聚合成一个或大或小的头状花序，每一花序具有一至多层苞片构成的总苞；萼管与子房合生；花萼的裂片变为冠毛、鳞片状、刺状或杯状，生于瘦果顶端，或不存在，花冠舌状或管状，有的呈二唇状，3～5齿裂或分裂；同一花序中有全为管状花的，有全为舌状花的，有中央为管状花而外围舌状花的；雄蕊4～5枚，花药合生而环绕花柱，子房下位，1室，具1枚胚珠。果实为瘦果。

（2）代表物种的观察

① 管状花亚科（Asteroideae，Tubuliflorae）。

a. 向日葵（图 15-45）的观察。一年生草本，全株具刚毛。取叶观察，为广卵形，端尖，基部心脏形，具 3 条主脉。观察其大型头状花序，总苞片卵形，质厚，具芒尖；花序托具托片，边花黄色，舌状，无性；盘花黄褐色或紫褐色，两性。注意向日葵有无乳汁及花冠类型，掌握管状花和舌状花的概念。观察瘦果。

b. 刺儿菜腊叶标本的观察。

② 舌状花亚科（Lguliflorae，Cichorioideae）。

a. 蒲公英（图 15-46）的观察。多年生草本；基生叶莲座状，狭窄的倒披针形，先端稍钝或尖头，基部狭或细而成叶柄状，边缘有牙齿状裂片，大头羽裂状或羽裂，侧裂片三角形，全缘或有齿，顶端小片往往三角状（注意叶面起初有蛛丝状毛，后脱落）。取花序观察：花序下部密生蛛丝状毛，总苞外侧片卵状披针形，先端尖，有角状突起，向内曲折，边缘有蛛丝状毛，特别是顶部较多，内侧片广线形，有短角，舌状花冠鲜黄色。观察瘦果，倒披针形，有棱，果喙上生冠毛。注意蒲公英有无乳汁、花冠类型以及冠毛有无分支。

图 15-45　向日葵

A—植株上部；B—头状花序纵切；C—假舌状花；D—筒状花；E—聚药雄蕊展开；F—瘦果；G—瘦果剖面

图 15-46　蒲公英

A—植株；B—舌状花；C—连萼瘦果

b. 莴苣腊叶标本的观察。

8. 其他常见科

（1）萝藦科（Asclepiadaceae）

隶属于菊亚纲，龙胆目（Gentianales）。

常见物种有萝摩，缠绕草本。叶对生，有柄，长心形或心状卵形，全缘，总状聚伞花序叶腋生；花淡蔷被色，梗密生微毛；萼片 5 片，线状披针形，边缘有毛；花冠 5 裂，内面有细毛；副花冠小，长达花冠的一半。蓇葖果颇大，卵状披针形，表面具瘤状突起，先端稍弯曲。种子卵形，扁平有翼，具有长卷毛。

（2）夹竹桃科（Apocynaceae）

隶属于菊亚纲，龙胆目。

常见物种有夹竹桃，常绿灌木。叶 3 枚轮生；柄短，线状披针形，革质，先端尖，边缘略反卷。花序顶生，聚伞状，玫瑰红色或白色，通常重瓣或半重瓣；花冠漏斗状，5裂，副花冠撕裂状；雄蕊生于花冠筒的喉部，不外露，花丝极短，花药顶具长附属物，紧围柱头并与之相连；柱头基部具附片；无花盘；子房2室，每室具数个胚珠，花柱线形。蓇葖果，双生，圆柱形。

(3) 龙胆科 (Gentianaceae)

隶属于菊亚纲，龙胆目。

常见物种有龙胆，一年生草本。茎纤细，自基部分枝，被腺毛；基生叶广卵形，先端锐尖；茎生叶对生，无柄，披针形锐尖，先端稍向外曲，有芒刺，边缘与基生叶皆为软骨质，基部相连合成短管状，上部往往反卷。花单一，顶生，无柄；花萼钟状，5裂，裂片卵状披针形，先端反卷；花冠5裂，披针形，淡碧色，副裂片短且较宽；雄蕊5枚，着生于花筒中央；子房1室，花柱短，柱头2裂。蒴果匙状圆形，有柄，比宿存花萼长。

(4) 菟丝子科 (Cuscutaceae)

隶属于菊亚纲，茄目 (Solanaceae)。

常见物种有菟丝子，一年生缠绕寄生草本。茎细丝状，黄色，无叶。花通常集成疏或密的花簇；萼片5裂，花冠白色，5裂达中部，较花萼长；雄蕊5枚，有宽扁花丝，着生于花冠裂片之间；鳞片5枚，稍长圆状；子房2室，各含2枚胚珠；花柱2枚，有时3枚，外伸；柱头头状。蒴果扁球形，被宿存的花冠包围，成熟时成整齐的周裂；种子2～4粒，细小，褐色；寄生于草本植物上。

(5) 马鞭草科 (Verbenaceae)

隶属于菊亚纲，唇形目。

常见物种有荆条，灌木或小乔木，小枝四棱形。小叶通常5枚，有时3枚，缘具缺刻状锯齿，或近于羽状半裂。花淡紫色，穗状花序再合成为顶生圆锥花丛；花萼钟状，常具5齿；花冠漏斗状，为不整齐的5裂或2唇状；雄蕊4枚，二强；子房4室，胚珠4枚，花柱在顶端2裂。小核果，被宿存萼片包被；种子不具胚乳。

(6) 茜草科 (Rubiaceae)

隶属于菊亚纲，茜草目 (Rubiales)。

常见物种有茜草，草性草本，主根肥大，赤黄色。茎方形，有倒刺，叶轮生，每轮4～6片，卵状披针形或卵形，基部心形，均具长柄，其中2片是真正的叶，其他为托叶。花序顶生，圆锥状，花冠5裂，黄色；雄蕊5枚。浆果球形肉质，红色或黑色。

(7) 桔梗科 (Campanulaceae)

隶属于菊亚纲，桔梗目 (Campanulales)。

常见物种有桔梗，多年生草本。叶无柄或近无柄三叶轮生，或于茎上部对生或互生，卵形、卵状披针形、菱状卵形或近椭圆形，先端渐尖或尖，基部近圆形或楔形，具锐锯齿。花大，顶生，单一或数个，蓝色，钟形，5裂。蒴果椭圆形或倒卵形，顶端5瓣裂。

9. 聚类分析

SPSS是“社会科学统计软件包”(Statistical Package for the Social Science) 的简称，是一种集成化的计算机数据处理应用软件。SPSS是世界上公认的三大数据分析软件 (SAS、SPSS和SYSTAT) 之一。伴随SPSS服务领域的扩大和深度的增加，SPSS公司已决定将其全称更改为统计产品与服务解决方案 (Statistical Product and Service solutions)。SPSS的统计功能是其核心部分，利用该软件几乎可以完成所有的数理统计任务。聚类分析是

SPSS强大统计功能的一种，其一般过程如下：

① 输入数据，将需要进行分析的分类群进行编号输入，选取若干个性状变量依次输入；

② 选择聚类分析选项；

③ 选择性状变量；

④ 显示聚类分析结果（聚类图）。

【实验报告】

1. 总结区分茄目的茄科、旋花科和菟丝子科的关键特征。

2. 总结区分唇形科和玄参科的关键特征。

3. 比较菊科两个亚科的区别。

4. 将木兰目、毛茛目和菊目有关特征进行统计学处理，并分析结果，说明进化关系。

实验17 泽泻亚纲、鸭跖草亚纲、槟榔亚纲、百合亚纲的多样性

【目的与要求】

1. 通过对代表植物的观察，了解和掌握单子叶植物莎草科、禾本科、百合科、兰科等科植物的特征。

2. 认识各科主要代表植物。

【材料与用品】

慈菇、半夏、马蹄莲、芋、香附子、小麦、葱、石蒜、黄花菜、韭莲、水仙、春兰等植物的腊叶标本、浸制标本或新鲜材料。

显微镜、解剖镜、放大镜、镊子、解剖针、刀片、培养皿。

【内容与方法】

1. 泽泻亚纲（Alismatidae）

泽泻科（Alismataceae）

慈菇（图15-47）。慈菇为多年生水生草本，具纤细的根状茎，其枝端膨大成球茎；总状花序，上部为雄花，下部为雌花；取花解剖，可见花被两轮，雄花具多枚雄蕊，螺旋状排列；雌花具多数离生的雌蕊，螺旋着生于圆凸形花托上，聚合瘦果。

图15-47 慈菇

A—球茎；B—叶；C—花枝；D—花；E—花图式；F—果实

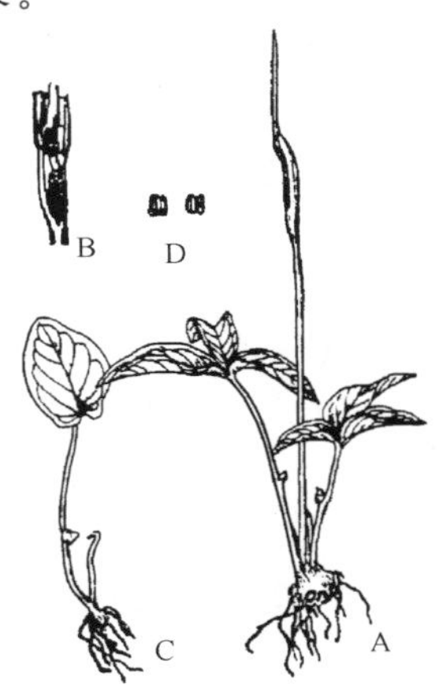

图15-48 半夏

A—植株；B—佛焰苞剖开后［示佛焰花序上的雄花（上）和雌花（下）］；C—幼块茎及幼叶；D—雄蕊

2. 槟榔亚纲（Arecidae）

天南星科（Araceae）

① 半夏（图 15-48）。半夏为多年生草本，其块茎呈球形，叶茎生，一年生叶为单叶，多年生叶为三小叶复叶，叶柄下部常有干球芽；佛焰苞绿色，顶端合拢。剖开佛焰苞，可见其肉穗花序顶端有一细长柱状附属物。单性花，上部为雄花，雄蕊具两花药，下部为雌花，具 3 心皮，1 室，胚珠 1 枚；浆果红色。

② 马蹄莲（图 15-49）。马蹄莲为多年生草本。株较高大，其根状茎块状；叶呈心状箭形；佛焰苞大，白色或乳白色，上部展开；肉穗花序无附属物，上部雄花与下部雌花之间无间隔，雄花具 3 枚雄蕊，雌花含 3 个心皮（注意与半夏的区别）。

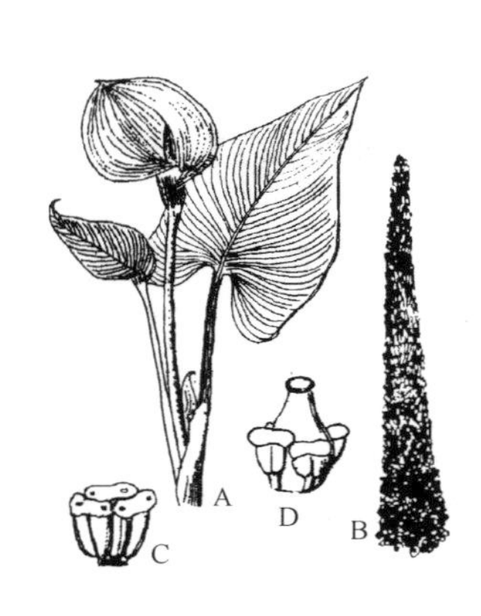

图 15-49　马蹄莲

A—植株；B—花序；C—雄花；D—雌花

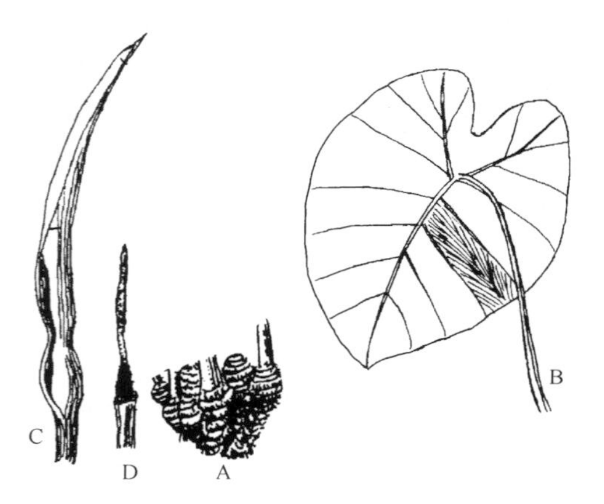

图 15-50　芋

A—块茎；B—叶；C—佛焰苞及花序；D—肉穗花序

③ 芋（图 15-50）。芋为多年生草本，球茎卵形或椭圆形，表面有纤维状鳞片，褐色，叶单生，卵状盾形，佛焰苞长短不一，黄色；肉穗花序，椭圆形，短于佛焰苞。

3. 鸭跖草亚纲（Commelinidae）

（1）莎草科（Cyperaceae）

香附子（图 15-51）。多年生草本，有地下匍匐茎，尖端具块茎，卵圆形；秆三棱无节，叶线状，3 列互生，叶鞘闭合；聚伞花序顶生，小穗呈穗状排列，小花最外层为红褐色鳞片，雄蕊 3 枚，雌蕊含 3 个心皮，柱头 3 裂，线状，小坚果。

本科常见的植物还有荸荠、旱伞草等。

（2）禾本科（Poaceae，Gramineae）

小麦（图 15-52）。小麦为两年生草本，叶片线形（注意有无叶舌，叶耳）；解剖观察小穗：注意外颖、内颖，每小穗中有几花、有无穗轴？解剖小花：注意区别外稃、内稃，它们的形态如何，有无芒、几条脉？取下外稃，注意观察其基部的肉质浆片，它有什么作用？小

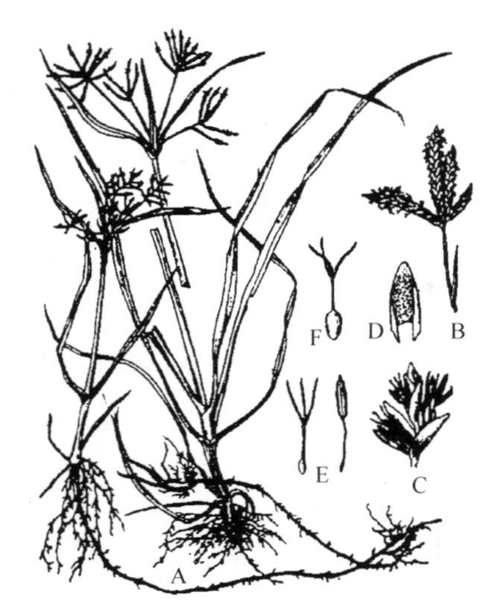

图 15-51　香附子

A—植物全形；B—穗状花序；C—小穗顶端的一部分（示鳞片内发育的两性花）；D—鳞片正面观；E—雌蕊及雄蕊；F—未成熟的果实

麦花雄蕊 3 枚，注意花药在花丝上的着生方式。雌蕊 1 枚，含 2 个心皮（注意它的柱头的数目、形状、与传粉的关系）；颖果。

禾本科常见的植物还有水稻、谷子、高粱等植物。

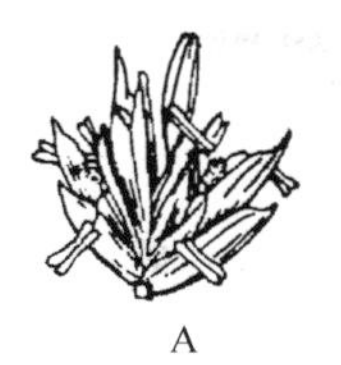

图 15-52　小麦

A—小穗；B—小花；C—除去内外稃的小花

4. 百合亚纲（Lilhdae）

(1) 百合科（Liliaceae）

黄花菜（图 15-53）。黄花菜为多年生宿根草本，块根肥大。花黄色，长 8～16 cm，具芳香味，花茎顶生 3～6 朵花；取花解剖，可见花被 2 轮，注意雄蕊和雌蕊心皮的数目、子房位置如何、几室、什么胎座、每室几胚珠？蒴果。

本科常见植物还有葱、韭菜、蒜、洋葱。

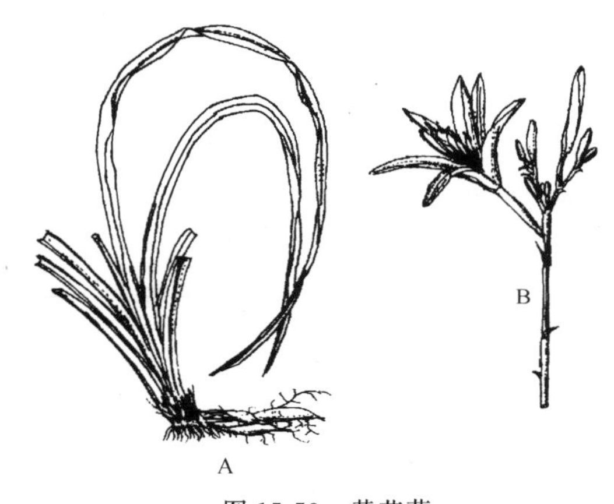

图 15-53　黄花菜

A—植株；B—花茎

(2) 石蒜科（Amaryllidaceae）

石蒜（图 15-54）。植物体为多年生草本，具宽椭圆形鳞茎，叶线形，冬季生出。夏、秋开花，花被裂片边缘皱缩，广展而反卷，鲜红色。雌雄蕊伸出花被外很长。注意子房位置、几心皮、胚珠数目。蒴果。

本科常见植物还有韭莲、葱莲、水仙、君子兰、朱顶红。

(3) 兰科（Orchidaceae）

春兰（图 15-55）。多年生草本。取一朵花观察：注意花被片数目和排列方式，各花被是否相同？注意区分花瓣和唇瓣。雄蕊和雌蕊结合成合蕊柱，注意合蕊柱有什么特点？雄蕊有几个？着生在什么位置？花粉黏成花粉块。柱头与花药间有蕊喙。子房扭转 180°，子

图 15-54　石蒜

A—着花的花茎；B—植物营养体的全形；C—重生鳞茎；D—果实；E—子房横切（示胚珠）

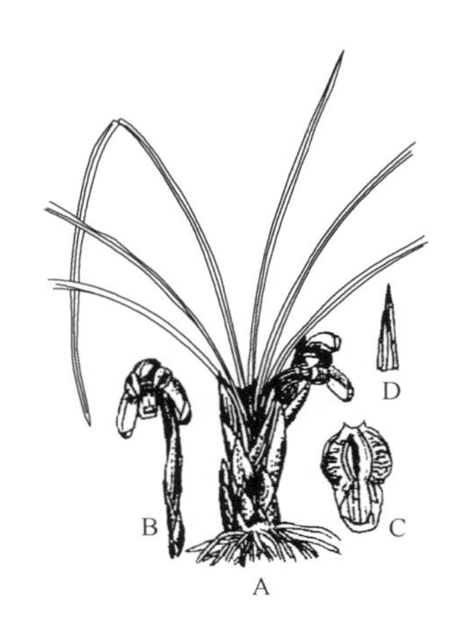

图 15-55　春兰

A—植株；B—花序；C—唇瓣；D—叶鞘

房下位，1 室，侧膜胎座；蒴果，种子细小。

本科常见植物还有白芨、惠兰、建兰、天麻等。

【实验报告】

1. 绘出慈姑雄花和雌花的花图式，并写出其花程式。

2. 写出莎草科的花程式并绘出花图式。

3. 绘小麦花解剖图，并注明各部分名称，写出小麦花程式。

4. 写出葱的花程式并绘出花图式。

5. 绘兰花分解图，注明各部分名称，写出花程式。

【思考题】

1. 比较单子叶植物和双子叶植物的特征。

2. 比较莎草科和禾本科植物的主要特点。

3. 比较百合科和石蒜科的异同点。

4. 兰科有哪些进化特征？

实验 18　校园植物的调查

【目的与要求】

1. 通过对校园植物的调查研究使学生熟悉观察、研究区域植物及其分类的基本方法。

2. 认识校园内的常见植物。

【材料与用具】

放大镜、镊子、铅笔、笔记本、检索表等。

【内容与方法】

现在的大学校园面积都比较大，绿化比较好，栽培及自然生长的植物种类非常多。为了保证实验的质量和效果，指导教师可根据学校的实际情况，在实验前把校园划分成几个区域，学生可分成多个小组对不同校园区域的植物（包括栽培及自然生长的植物）进行调查。

1. 校园植物形态特征的观察

植物种类的识别和鉴定必须在严谨、细致的观察后进行。在对植物进行观察研究时，首先要观察清楚每一种植物的生长环境，然后再观察植物具体的形态结构特征。植物形态特征的观察应起始于根（或茎基部），结束于花、果实或种子。先用眼睛进行整体观察，细微且重要的部分须借助放大镜观察。特别是对花的观察要极为细致、全面：需从花柄开始，通过花萼、花冠、雄蕊，最后到雌蕊。必要时要对花进行解剖，分别行横切观察和纵切观察，观察花各部分的排列情况、子房的位置、组成雌蕊的心皮数目、子房室数及胎座类型等。只有这样，才能全面、系统地掌握植物的详细特征，才能正确、快速地识别和鉴定植物。

2. 校园植物种类的识别和鉴定

在对植物观察清楚的基础上，识别、鉴定植物就会变得很容易。对校园内特征明显、自己又很熟悉的植物，确认无疑后可直接写下名称；对于生疏植株可借助于植物检索表等工具书进行检索、识别。

在把区域内的所有植物鉴定、统计后，写出名录并把各植物归属到科一级。

3. 校园植物的归纳分类

在对校园植物识别、统计后，为了全面了解、掌握校园内的植物资源情况，还须对它们进行归纳分类。分类的方式可根据自己的研究兴趣和校园植物具体情况进行选择。对植物进行归纳分类时要学会充分利用有关的参考文献。下面是几种常见的校园植物归纳分类方式。

（1）按植物形态特征分类

木本植物：乔木、灌木、木质藤本；草本植物：一年生草本、二年生草本、多年生草本。

（2）按植物系统分类

苔藓植物、蕨类植物、裸子植物、被子植物、双子叶植物、单子叶植物。

（3）按经济价值分类

观赏植物、药用植物、食用植物、纤维植物、油脂植物、淀粉植物、材用植物、蜜源植物、鞣质植物、其他经济植物。

4. 编制校园植物的定距式检索表

【实验报告及思考题】

1. 写出所调查区域校园植物名录（归属到科），并对它们进行归纳分类。

2. 编写 10 种校园植物的定距式分种检索表。

3. 通过校园植物的调查、研究，谈谈你对学校绿化现状的意见和建议。

实验 19　植物化学分类学中层析法的应用

植物化学分类学（Chemotaxonomy）诞生于 20 世纪 60 年代，是一门新兴的边缘学科，该学科以化学为手段，以将植物分类作为研究的最终目的。植物化学分类学不仅在分子水平上提供分类学的特征，而且还研究物种的系统发育在分子水平上所反映的规律性。该学科的主要任务为：探索各分类阶元所含化学成分的特征和生物合成的途径；探索化学成分在植物系统中的分布规律；根据植物中化合物的特征，进一步研究植物的系统发育。

本实验将以堇菜属的两个物种为例，着重介绍植物化学分类学研究的基本方法：纸层析法和分类学分析方法。

【目的与要求】

1. 学习纸层析法的基本原理及操作方法。

2. 选择差异明显的实验材料，对其次生代谢产物（如黄酮类）进行层析，并对其结果进行分类学分析。

【材料与用品】

实验材料：三色堇、早开堇菜。

实验用品：层析缸或大标本缸 15 个、毛细管若干、喷雾器、培养皿、层析滤纸、紫外分析灯、扩展剂、显色剂、预试浸提液、烘箱。

【内容与方法】

1. 实验原理

纸层析法是利用滤纸作为惰性支持物的分配层析法。滤纸是较理想的支持介质，在纸上，水被吸附在纤维素的纤维间形成固定相。由于纤维素上的羟基具有亲水性，使这部分水不易扩散，因此与溶剂构成两相：固定相（水相）和流动相（有机相）。当有机流动相沿纸流动时，层析点上溶质就在水相和有机相间进行分配。随着有机相不断流动，溶质沿着有机相流动的方向移动，且不断分配。溶质中各组分的分配系数不同，移动速率也不同，因此可以彼此分开。

层析溶剂由有机溶剂和水组成。物质被分离后在纸层析图谱上的位置通常用 R_f 值来表示。

R_f＝原点到层析点中心的距离/原点到溶剂前沿的距离。

一定条件下，某种物质的 R_f 值是常数。R_f 值的大小与物质的结构、性质、溶剂系统、层析滤纸的质量和层析温度等因素有关。

2. 预准备

(1) 试剂

固定相：新华 1 号滤纸。

流动相：混合液，成分比为乙酰丙酮∶95%乙醇∶水＝2∶2∶3。

显色剂：2% $AlCl_3$ 乙醇液，用于紫外灯下观察斑点位置和颜色。

(2) 供试液制备的简单流程

叶粗粉(0.2g) —75%乙醇 45ml 回流提取 2 次→ {弃去残渣；合并乙醇液} —水浴蒸去乙醇，加 20ml 水，过滤→

水溶液 —用石油醚萃取 2 次→ {石油醚层；水层} —水浴蒸干→ 残余物 —加乙醇(95%) 40ml 溶解过滤→ 供试液

3. 步骤与方法

(1) 物种归属及特征

三色堇和早开堇菜均为堇菜属植物，但属于不同的亚属和组。前者为美丽堇菜亚属的三色堇菜组，后者为堇菜亚属的合生托叶组。目前，一般认为美丽堇菜亚属较原始，而堇菜亚属较进化。

美丽堇菜亚属植物的柱头呈球状，近基部两侧有柔毛；柱头孔下方具瓣片状突起物；托叶大，羽状或掌状分裂。堇菜亚属植物的柱头不呈头状，前方具喙，喙端具柱头孔。

两者的形态区别见第十五章实验 14，本实验将从其叶片所含的黄酮类物质方面探讨两者的区别。

(2) 实验步骤与方法

将盛有平衡溶剂的小烧杯置于密闭的层析缸中。

取长 22cm、宽 14cm 的层析滤纸一张。在纸的一端距边缘 2～3m 处用铅笔划一条直线。在此直线上每间隔 2cm 作一记号。

点样：用毛细管将供试液分别点在各记号位置处，干后再沉点样。每点在纸上扩散的直径最大不超过 3mm。

扩展：用线将滤纸缝成筒状，但纸的两缘不能接触。将盛有约 20ml 扩展剂的培养皿迅速置于密闭的层析缸中，并将滤纸直立于培养皿中。点样的一端在下，扩展剂的液面需低于点样线 1cm。待溶剂上升 15～20cm 时，取出滤纸，用铅笔描出溶剂前沿界线，自然干燥或用吹风机吹干。

显色：用喷雾器均匀喷洒 2% $AlCl_3$ 乙醇液，后置 100℃烘箱中烘烤 5min，或用热风吹干，置紫外灯下观察斑点位置和颜色，并用铅笔圈出斑点。

计算 R_f 值并比较分析。

仔细对比和观察三色堇和早开堇菜两个物种的层析图谱，找出它们的共同点和不同点。

【实验报告】

1. 根据以上的实验结果，分析三色堇和早开堇菜在黄酮类物质组成上的异同。

2. 将观察和分析后的层析滤纸贴于实验报告中。

第四部分　植物学野外实习

植物学野外实习是生物系教学计划中的一个重要组成部分，同时，也是植物分类学一个重要的教学过程。植物学野外实习不仅能扩大和巩固学生所学的理论知识和培养学生的独立工作能力，而且可以使学生更多地认识自然界中植物的多样性，从而激发对学习植物分类学的浓厚兴趣。总之，生物系的野外实习工作，对于培养德、智、体全面发展的人才来讲，具有重要的意义。

野外实习的最大优点，就在于它开辟了在自然环境中研究生活植物的广泛的可能性；同时有可能研究植物及其生存的环境。而且，可以利用各种各样的活材料来加深课堂上所学到的分类原理，并使这些抽象的原理具体化，从而大大提高了学生鉴别各种植物所属的科、属、种的能力。

第十六章　野外实习的目的、内容和要求

1. 野外实习的目的

植物分类学的野外实习，不仅能扩大和巩固学生所学的课堂理论和培养学生的独立工作能力，而且还可以使学生更多地认识植物界的多样性，从而激发对学习植物分类学的浓厚兴趣。实习的目的概括起来有以下几点：

① 复习巩固和验证课堂上讲授的理论知识，把理论和实际密切结合起来。

② 扩大和丰富植物分类学的知识范围。

③ 培养学生分析问题和解决问题的实际能力。如解剖、描述、绘图、鉴定（使用检索表的能力）、采集、压制标本、制作腊叶标本、浸制标本，以及如何作野外记录等。

④ 要求学生能正确分析植物与环境的辩证关系。

2. 野外实习的阶段和要求

野外实习需在教师指导下有计划地进行。首先由指导教师宣布野外实习计划和具体日程。实习应按计划进行，按时完成作业。实习大致可分为以下五个阶段。

第一阶段：描述、绘图、采集、调查、记录、压制标本。主要是基本功的训练阶段。

第二阶段：结合描述，把采集到的植物，利用工具书鉴定出植物的学名。

第三阶段：大量地认识植物，并注意压制一定数量的标本。运用 20～40 种植物的特征比较，制作植物的分种检索表。实习工作应分野外工作和室内工作两部分，这两部分工作应交替进行。

第四阶段：进行小专题调查。由学生独立进行调查研究，并要求作出专题小结（分小组

进行）。

第五阶段：实习的总结阶段。包括调查资料的整理和小结，制作腊叶标本、考试（鉴定2～3种植物，辨认20种植物和它们所属的科）、实习的全面小结（包括思想和业务的小结）。如有条件，也可举办一个小型的展览会和报告会，以便互相交流。

野外实习的具体要求如下：

① 学会调查、采集、野外记录、压制标本、上台纸、定名等方法。掌握浸制标本和保存标本的方法，了解标本室的一般工作方法。

② 熟练掌握解剖花、描述植物的技能（要求描述10～20种植物，并能绘出简图），及运用检索表鉴定植物的方法（要求鉴定植物20～30种）。

③ 利用已学过的植物分类学理论，认识植物150～200种，从而学会识别重点科、属、种的鉴别特征。

④ 学会编写实习地区常见植物检索表（要求编出20～40种植物的分种检索表）。

⑤ 学会运用辩证唯物主义观点分析植物与环境的关系。

第十七章　野外实习的组织工作

根据笔者历年来在野外实习工作中的经验和教训，在此总结在进行野外实习时必须抓好以下三个环节。

1. 实习前的准备

首先是选择和确定实习地点。实习地点的好坏，直接关系到实习的质量。为做好此项工作，有关的教师应事先进行一系列的预查工作。几年来野外实习的经验证明，选择和确定实习地点时，应遵循以下几条原则。

① 应有较丰富的植物种类。起码要具备常见的植物种类，否则就难以保证实习质量。

② 要有不同类型的景观，以便通过观察不同景观中的典型代表植物，了解植物与外界环境统一的原则，以及植物分布的规律性。

③ 交通要便利。吃、住和学习的条件都有可能解决得比较好。

④ 人为的干扰和破坏要少。

能达到上述要求，就可确定为好外实目的场所。

为了保证实习的质量，教师应编印出本地区的植物名录，同时要带上足够的工具书，如《中国高等植物图鉴》、地区植物志以及与本地区有关的文献资料等，以供鉴别植物时使用。如有可能，最好把本地区的植物种类压制成一套腊叶标本，写上种名、科名以及生态环境，甚至经济用途，供同学们实习前预习。这对提高实习质量很有好处。其次，生活上的安排也极为重要，否则，同样会影响实习的质量。因而，此项工作应有专人负责。

出发前，必须做好思想动员工作，特别是有关实习的目的和要求，需要着重讲述。对实习中预计的困难和注意事项，均应向同学们交代清楚。只有在具有高度的组织性和纪律性的情况下，才有可能保证实习工作的顺利进行。

2. 实习中应注意的问题

（1）做好思想动员

思想工作是胜利完成实习工作的重要保证，其中心内容，应随每一阶段的任务而转移。一般来讲，在准备阶段，主要是明确实习的目的和要求，如此，学生才能行动自觉，并具有克服困难的毅力；在进行现场实习和专题研究的阶段，主要应了解实习过程中学生的思想变化，解决实习中出现的问题和困难；在实习结束阶段，主要明确实习总结的目的和要求，号召大家认真做好实习总结。以上三个阶段，要注意互相联系、密切配合。

（2）注意发挥教师的主导作用

在实习过程中，教师主导作用的发挥，对提高野外实习的质量极为重要，教师要特别注意启发同学多看、多想、多问、多记、多动手。看是进行现场观察和采集标本的第一步，是感性知识和理性知识相结合的过程。只有多看，认真地观察和比较，才能掌握各种植物的主要特征。想的目的是为了把看到的东西进一步提高到分类理论上，不懂的地方应及时利用工具书，争取独立解决问题。为了使在自然界中得到的知识进一步巩固，应扼要地把看到的植物记下来，有条件时可画出具有最突出特征的草图。多动手是指不仅要在教师指导下进行看、问、记，而且还要掌握采集、压制以及制作腊叶标本的一套方法。当教师讲到某一植物的最突出特征（如酸枣具托叶刺，一直一弯）时，这时应启发大家亲自观察，这样得到的知识是很难忘掉的。总之，在实习的全部过程中，应贯彻“五多”（多看、多想、多问、多记、多动手），防止少数同学在现场实习时乱跑，不认真听教师的讲解和指挥。实习过程的第一阶段其重点应是复习、巩固、扩大课堂知识，后一阶段应在前一阶段的基础上做一些专题性的研究工作，这对提高实习质量和培养学生的独立工作能力，这是极为重要的。

（3）做好室内的复习巩固

室内工作是整个实习过程中极为重要的一环，必须抓紧。经验证明，此项工作抓得愈好，学生的收获就愈大。因此，在安排实习计划时特别要注意这个问题。根据实习路线和地点的不同，可半天室外，半天室内；或者全天室外，第二天室内，在室内整理标本、分析比较、完成教师布置的作业，或利用参考书独立去解决问题。这样交叉地安排，对学生的复习、巩固，培养分析和解决问题的能力是极为有利的。因室内工作多半是进行标本整理，花的解剖观察、描述、鉴定，以及分析综合、制作检索表等，这些工作对学生来讲，都是不可缺少的。没有室内的工作时间，实习的质量就无法保证。因此，教师对这个问题必须给以足够的重视。

（4）自始至终要注意抓好安全教育

为了保证学生在野外实习中的安全，必须向同学们提出有关的安全措施，以及在爬山、采标本的过程中应注意的问题。同时，要求每一个同学必须把护腿绑好，以防毒蛇咬伤。为了确保安全，要求人人都要做到服从领导，听从指挥，绝不允许违犯有关组织、纪律的规定，以保证不发生任何事故。

3. 做好野外实习的总结

实习的总结是野外实习中的最后的一项工作。实践告诉我们，到结束阶段，学生容易出现放松情绪，不重视总结工作。遇此现象，应对其进行说服教育工作，同时要讲清楚总结工作的重要性，总结工作包括业务和思想两部分，同时对整个实习工作也应有全面的总结，要肯定这次实习所取得的业务和思想方面的成绩，对表现特别突出的教师和同学应提出表扬，肯定成绩的同时，也要指出做得不够的地方和今后改进的意见。通过总结，要使实习的成绩全部反映出来，应举行科学报告会（报告在实习中取得的科研成绩）和展览会（展出同学们的科学论文、植物标本、丰富多彩的实习生活等）。这种总结方式，不仅能全部反映实习成绩，更重要的是对每一个同学来讲，又是一次生动而又系统的复习巩固。

第十八章　野外实习中观察、鉴别植物的方法

在野外实习中，要注意培养和提高学生观察和研究植物、鉴定植物，特别是识别科、属的能力。这对于学好植物分类学具有举足轻重的作用。由于现在有关鉴别科、属、种的工具书相当丰富。除《中国植物志》外，不少地方植物志也已出版。因此，本书不再写有关这方面的具体内容，而是把重点放在如何运用工具书去鉴别植物，以及如何运用已学过的分类学原理去鉴别各类植物的科、属、种等具体的能力培养上。通过实践，使学生掌握科学的工作方法。

1. 掌握观察、研究植物外部形态和花的解剖特征的方法

在观察和研究每一种植物（包括腊叶标本）时，必须具备严谨的科学态度和方法。刚开始工作时，学生需克服运用描述性术语的困难。对植物的观察研究，应当按照“开始于根结束于花”这样的程序来进行。应当先用眼睛观察，然后再用放大镜帮助观察。花应当研究得极为细致，从花柄通过花萼、花瓣和雄蕊直到柱头的顶部，一步一步地完成。在花没有被切开以前，应当尽可能详细记录不用放大镜就能看到的详细特征。进一步观察花药的开裂、卷叠和胎座等特征，则必须借助放大镜进行。接着，起码应切开两朵花，一朵横切，另一朵纵切。前者用来观察胎座和绘出花图式，后者用于观察子房是上位还是下位，以及绘花的纵剖图。图的各部分都应当标以名称。

为了真正掌握系统研究每一种植物的全面特征的方法，笔者参考了相关资料，编写了下文观察和研究植物（包括植物标本）的导引内容；同时，为了便于正确理解和掌握每一个形态术语的概念，此处并列举出了实例。

（1）习性

① 草本（如夏枯草），或木本（如毛白杨）。

② 如果是草本，是一年生（如水稻）、二年生（如白菜）还是多年生草本（如韭菜）。

③ 直立草本（如藿香），或草质藤本（如茑萝）。

④ 如果是木本，是乔木（如洋槐）还是灌木（如黄刺梅）。

⑤ 是常绿植物（如圆柏）还是落叶植物（如白玉兰）。

⑥ 是肉质植物（如落地生根）还是非肉质植物（如一品红）。

⑦ 是陆生植物（如蜀葵）、水生植物（如金鱼藻）还是湿生植物（如灯心草）。

⑧ 是木质藤本（如葡萄）还是直立木本（如栓皮栎）。

⑨ 是自养植物（如绿色植物）还是寄生植物（如菟丝子）或附生植物（如石斛）、腐生植物（如腐生兰）。

（2）根

① 是直根系（如双子叶植物通常为直根系）还是须根系（如单子叶植物通常为须根系）。

② 具块根（如甘薯）还是肉质直根（如胡萝卜）。

③ 具气生根（如玉米）还是具寄生根（如日本菟丝子）。

（3）茎

① 是方茎（如薄荷）还是三棱形茎（如香附子），是多棱形茎（如芹菜）还是圆茎（如小麦）。

② 是实心茎（如高粱）还是空心茎（如狗尾草）。

③ 茎的节和节间明显（如石竹）还是不明显（如大豆）。

④ 具缠绕茎（如圆叶牵牛）还是攀援茎（如豌豆）。

⑤ 具匍匐茎（如草莓）还是具平卧茎（如地锦）。

⑥ 具根状茎（如莲）还是具块茎（如马铃薯）、鳞茎（如洋葱）、球茎（如荸荠）、肉质茎（如仙人掌）。

（4）叶

① 是单叶（如茄）还是复叶（如月季）；是奇数羽状复叶（如紫藤）还是偶数羽状复叶（如皂荚）；是二回偶数羽状复叶（如合欢）还是掌状复叶（如七叶树）；是单身复叶（如橘）还是掌状三小叶（如酢浆草）、羽状三小叶（如大豆）。

② 叶是互生（如玉兰）还是对生（如茉莉花）、轮生（如夹竹桃）、簇生（如银杏短枝上的叶）、基生（如蒲公英）。

③ 平行叶脉（如玉米）还是网状叶脉（如桂花）、羽状叶脉（如板栗）、弧形叶脉（如玉簪）、三出叶脉（如枣）。

④ 叶形：椭圆形（如洋槐的小叶片）、卵形（如梨）、心脏形（如紫荆）、肾形（如洋绣球）、三角形（如加杨）、针形（如油松）、披针形（如旱柳）、线形（如韭菜）、鳞片叶（如侧柏）。

叶基：半圆形（如苹果）、心形（如萝藦）、箭形（如慈菇）、耳形（如油菜）、戟形（如戟叶蓼）、楔形（如一叶荻）、偏斜（如秋海棠）。

叶尖：渐尖（如梨）、急尖（如印度菩提树）、钝尖（如黄栌）、凹形（如凹叶厚朴）、倒心形（如酢浆草）。

叶缘：全缘（如紫丁香）、锯齿（如秋子梨）、重锯齿（如珍珠梅）、牙齿状（如桑）、波状齿（如槲树）。

叶缘裂：浅裂（如梧桐）、深裂（如蓖麻）、全裂（如羽叶茑萝）。

⑤ 具托叶（如苹果）还是不具托叶（如桑）；托叶离生（如苹果）还是与叶柄基部结合（如月季的托叶）；托叶呈叶状（如豌豆）还是呈鞘状（如蓼科的植物）；托叶呈刺状（如洋槐）还是呈卷须状（如菝葜属中某些植物）。

⑥ 具枝刺（如小叶鼠李）还是具皮刺（如蔷薇属植物）。

⑦ 具白色乳汁（如大戟属植物）还是黄色乳汁（如白屈菜）。

⑧ 具丁字毛（菊花）还是星状毛（如锦葵科的植物）；具柔毛（如毛叶丁香）还是绵毛（如狗舌草）；具刺毛（如毛莲菜）还是具腺毛（如豨莶的总苞片上的腺毛）；具鳞片状毛（如胡颓子）还是螫毛（如蝎子草）。

⑨ 具叶柄下芽（如悬铃木）还是具裸芽（如枫杨）。

（5）花序

花是单生的（如玉兰）还是组成花序。如果是组成花序，是总状花序（如白菜）还是伞形花序（如刺五加）；是柔荑花序（如毛白杨）还是隐头花序（如无花果）、具总苞的头状花序（如向日葵）；是轮伞花序（如丹参）还是佛焰花序（如天南星）；是伞房花序（如三裂绣线菊）还是二歧聚伞花序（如大叶黄杨）；是穗状花序（如车前）还是复伞形花序（如胡萝卜）。

（6）花

① 两性花（如桃）、杂性花（如平基槭）还是单性花（如黄瓜）。如果是单性花，是雌雄同株（如玉米）还是雌雄异株（如毛白杨）。

② 花被（花萼和花冠的总称）。萼片和花瓣有明显的区别［即外轮为绿色内轮为具彩色的花瓣（如毛茛）］还是萼片和花瓣无区别（如白玉兰）。

③ 花被和雌蕊的关系。纵剖一朵花，即可看到萼片和花瓣着生的位置。

独立着生在花托上，位于子房的下面，即子房上位，花下位（如毛茛）。

着生在一个浅碟形、杯状或壶形的萼筒（花托、花筒）上，萼筒围绕着子房，即子房上位，花周位（如黄刺梅）。

着生在子房的顶部，即壶形花托与子房壁完全愈合，即子房下位，花上位（如黄瓜）。

④ 花萼（萼片的总称）。花萼是由几片萼片组成？萼片是分离（如白菜）还是合生（如石竹）。

⑤ 花冠（花瓣的总称）。花冠是由几片花瓣组成，是离瓣花（如桃花）还是合瓣花（如圆叶牵牛）。整齐花［即辐射对称（如油菜）］还是不整齐花［即两侧对称（如扁豆）］。

⑥ 双被花（如桃）、单被花（如桑）还是无被花（如旱柳）。

⑦ 花萼和花冠的卷叠方式（指萼片和花瓣在芽中相互叠盖的方式）。要看卷叠方式，部分开放的花要比完全开放的花清楚得多。如镊合状（如葡萄）、覆瓦状（如白菜）、螺旋状（如牵牛）或双覆瓦状（如梨）。

⑧ 花冠的类型。蔷薇形花冠（如桃）还是漏斗形花冠（如圆叶牵牛）；十字形花冠（如白菜）还是钟形花冠（如党参）；蝶形花冠（如扁豆）还是唇形花冠（如益母草）；管状花冠（如向日葵的管状花）还是舌状花冠（如蒲公英）。

⑨ 雄蕊（群）。雄蕊（群）由多少枚雄蕊组成，螺旋状排列（如玉兰）还是轮生（如毛茛）。雄蕊与花瓣的关系，是互生（如小龙胆）还是对生（如枣）。如果是两轮雄蕊，哪一轮雄蕊与花瓣对生；哪一轮雄蕊与花瓣互生。

花丝全部分离还是一部分以不同方式结合，有无退化雄蕊存在。根据花丝结合的不同方式和花丝长短的不同，可以有单体雄蕊（如棉花）、四强雄蕊（如白菜）、二强雄蕊（如黄芩）、二体雄蕊（如豌豆）、聚药雄蕊（如向日葵）多体雄蕊（如红旱莲）、离生雄蕊（如白头翁）、冠生雄蕊（如泡桐）之分。

花药的开裂方式：纵裂（如番茄）还是横裂（如棉花）；顶孔开裂（如龙葵）还是瓣裂（如细叶小檗）；向内开裂（如向日葵）还是向外开裂（如白兰花）。

雄蕊是否具有二型现象（即两种类型的雄蕊），花药是否具附属物等（如刺儿菜的花药基部就具尾）。

花是否具有花盘。如果有，它是在雄蕊的外面［即雄蕊外花盘（如栾树）］还是在雄蕊的内面［即雄蕊内花盘（如柚）］。

⑩ 雌蕊（群）。单心皮雌蕊（如豌豆）还是合生心皮雌蕊（如蓖麻）或离生心皮雌蕊（如草乌）；离生心皮的雌蕊在花托上呈螺旋状排列（如玉兰）还是轮状排列（如八角茴香）。

（7）心皮

判断一朵花的雌蕊的心皮组成数。

检查子房的外部：如果在横剖子房时，看到的是明显的不对称，这个雌蕊可能仅由一个心皮组成，如豆科植物的子房。

如果是对称的，这个雌蕊可能是由两个或更多的心皮组成的，如是对称地裂成两个或更多的瓣，那么这些裂成的瓣的数目就代表心皮的数目。如蓖麻的花柱是3条，而柱头又各自二裂，也就是有6个柱头，而子房却裂成3个瓣，故它仍是由3个心皮组成的。

检查花柱：如有一个以上的花柱，这个雌蕊是由两个或多个心皮所组成的。

花柱的数目可以代表心皮的数目，如甘薯具2条花柱，故它是由2个心皮所组成的雌蕊，而圆叶牵牛具3条花柱，因此它的雌蕊是由3个心皮所组成的。如果仅有1条花柱，那么，这个雌蕊可能是由1个心皮组成，也可以由1个以上的心皮组成，遇到这种情况，可通过检查柱头来解决。

检查柱头：如有1个以上的柱头，这个雌蕊是由2个或更多个心皮所组成，如果只有1个柱头，这个雌蕊可由1个或比1个更多的心皮所组成。

如果柱头是不对称的，这个雌蕊可能是由两个或更多的心皮所组成。如果这个柱头被对称地分成了两个或更多的裂，这个雌蕊可能由两个或更多个心皮所组成，并且这些裂的数目就表示心皮的数目。

检查子房室数：如果这个柱头完全没有裂缝时，那就应当横剖子房来判断。通过子房的中间切一个子房的横切面，这个子房被分隔成两个或两个以上的室，这个雌蕊就有两个或两个以上的心皮，也就是说室的数目就可以表示心皮的数目。如果不是上述情况，这个雌蕊可由1个或2个以上的心皮所组成。

检查胎座的数目：观察子房横切面，如果胎座的数目多于1个，这个雌蕊是由两个或更多的心皮所组成，而且胎座的数目就可以表示心皮的数目，如果仅仅只有1个，那么，这个雌蕊可能仅由1个心皮所组成。

将上面的检查方法结合起来使用，常用于确定雌蕊是单生还是合生的。

如是单生的，这个雌蕊（群）是离生的心皮，并由单个离生心皮所组成（如毛茛的聚合瘦果）。如是合生的，这个雌蕊（群）是合生的心皮，并由两个或多个合生心皮所组成（如苹果）。

最后的记录：花柱的数目。柱头的数目（如果柱头是一枚，就看柱头的浅裂数）以及子房内室的数目，就可以说明这个雌蕊是由几个心皮所组成的。

（8）胎座

要观察胎座的类型，必须把子房横切和纵切（剖）。如果被切的子房比较老，胎座常看得更清楚。

边缘胎座（如豌豆）还是中轴胎座（如苹果）；侧膜胎座（如黄瓜）还是特立中央胎座（如石竹）；顶生胎座（如桑）还是基生胎座（如向日葵）、全面胎座（如睡莲）。

（9）果实的类型

真果（如桃）还是假果（如苹果）；聚花果（如桑）还是聚合果（如草莓）；开裂的还是不开裂的或分果；肉质果还是干燥的果；如果是开裂的果，是蒴果（如棉花）还是荚果（如豆科植物）、蓇葖果（如草乌）、角果（如白菜）。

蒴果开裂的方式有室背开裂（如棉花）、室间开裂、（如马兜铃）、孔裂（如罂粟）、盖裂（如马齿苋）、齿裂（如石竹）之分。

如果是不开裂的果，是浆果（如葡萄）还是核果（如桃）；瘦果（如毛茛）还是连萼瘦果（如向日葵）；颖果（如玉米）还是坚果（如栗）；单翅果（如白蜡树）还是双翅果（如五角枫）；柑果（如柚）、瓠果（如黄瓜）还是梨果（如苹果）。

如是分果（如伞形科的双悬果），果实成熟时，除了记录果实中有多少种子外，还应记录种子的形状、大小和表面的纹饰以及其他有关的结构。

2. 识别植物种类的方法

（1）运用植物的分类原则和演化趋向的理论

裸子植物是介于蕨类植物和被子植物之间的、能产生种子（不形成果实）的一群维管束植物；被子植物的最显著特征就是种子外包有子房壁（形成果实），是一群演化水平最高、结构与机能最复杂、种类最多、经济用途最大、分布最广的最高级的维管束植物。

植物在长期的演化过程中，在自然条件不断地选择和影响下，它们的外部形态和内部解剖构造等特征与其亲缘关系和进化的程度一般来讲是相适应的、是统一的。因此，植物的特征，特别是形态特征，便成为人们容易辨认和掌握的植物系统演化的重要标志。系统分类既然必须以进化原则为依据，则植物的形态学特征便成为分类的主要标准之一，特别是花和果实的形态特征作为分类的标准最为普遍，因为这些特征的变异要比营养器官小，相对来讲是比较稳定的。近几十年来，实验分类学、化学分类学、数量分类学、细胞分类学、花粉形态学等学科的发展，对于确定某些有争议的植物类群在植物系统演化中的位置起到了极为重要的作用。

在被子植物的分类中，一般以子叶的数目、叶脉的类型、中柱的类型、花部排列的状况、数目、离生或合生，两性或单性，以及果实、胚乳的有无等作为纲、目、科的特征；而各部器官的形状、大小、颜色、有毛与否等性状，则常用作属、种的分类依据。习惯上把现存分类群中也为祖先所具有的性状看作是原始的性状，而把那些多少显得特化的性状看作是进化的性状。如能掌握这些分类原则和演化趋向的理论，即利于判断每个植物类群在整个植物系统演化中的位置，也就是说，可以明确这个植物类群在系统演化中是属于原始的类群，还是比较进步或是最高级的植物类群。

现在一般公认的形态特征的演化趋向和分类原则在教材中都有详细论述，故在此不再重复。但应注意，在运用这些分类原则和演化趋向分析和确定某一个植物类群的演化位置时，要特别注意全面地、综合地进行分析与研究，绝对不能孤立地、片面地根据1～2个性状就下结论。其原因就在于同一个性状，在不同的植物类群中的进化意义是绝对不相同的。如对一般的植物来讲，两性花、胚珠多数、胚小是原始性状，但在兰科植物中，恰恰是兰科植物的进化标志。另外还应注意的是，各个器官的进化是不同步的。在日常生活中，我们常见到在同一种植物体上，有的性状是相当进化的，而另一些性状却保留着原始性。故只有经过全面、综合的分析和研究，才有可能得出比较正确的结论。

（2）借助于植物与环境的辩证关系

任何植物的生长发育和周围的环境是密不可分的。也就是说，每一种植物在通常的情况下，只能在对它适宜的环境条件下生长发育。植物的这种特性，正是在植物长期对环境条件的适应过程中所形成的。因此，在不同的环境条件下，就会有不同的植物种类。如水稻可以生长于水田中，而玉米、小麦只能在旱地中生存，柑橘生长于我国亚热带，而苹果则分布在温带。植物的生长发育规律又能反映环境的各种特点，如常绿植物反映出该地区全年温度较高，雨量丰富；落叶植物是冬季低温的反映。而植物的生长发育对环境也必然会产生一定的影响。由此可见，植物与环境有着极为密切的辩证关系。植物能改造环境，同时又是一定环境条件下的产物。

不同的植物对环境条件的要求是极不相同的，如棉花、大豆、玉米等作物，如遭遇连续几天大雨并未能及时排掉田地积水，则就会涝死；可是莲（荷花）就不同了，它的植株大半段是长期泡在水里的，却安然无恙。这就深刻地说明了不同植物所需的环境条件有很大的差异。而且，由于水生环境对荷花等水生植物的长期影响，这些水生植物常形成一些特殊的结构。最显著的特点是，它们的根能吸收水里的氧气和植物体具有通气组织。植物的形态、结构和生长发育情况，也反映环境条件的特点。如长期生长在高温多雨地区的植物，叶片宽而薄、根系浅，而适应干旱地区生长的植物，叶片小而厚、根系深等。

环境是各个生态因子的总和，它包括光、温度、水、空气和土壤等，这些因子不是孤立的，而是相互影响和相互制约的。如温度对空气湿度和土壤水分具有直接或间接的影响，而空气湿度和土壤的含水量等又具有相互调剂的作用。因此，我们应该懂得环境对植物的作用是各个生态因子的综合作用。

正是由于不同的植物要求生长在不同的环境条件下，因此，很多植物都有自己的分布界线。俗话讲“樟树不过长江，杉木不过淮河”，基本上指出了这两种植物的分布界线。

根据植物与环境的密切关系，我们还可以看出各种森林的分布是和气候带密切相关的；在热带高温多雨的地方，分布着常年茂密的热带森林；在亚热带温暖湿润的地区则分布着四季常青的常绿阔叶林；而在四季明显的温带、冬季寒冷干燥的地区，则分布着落叶阔叶林，在具有漫长严寒冬季的寒温带、亚寒带，则分布着特别耐寒的针叶林。可见地球上的植物的水平分布形成的植物带是和气候带相适应的。

在高山地区，如喜马拉雅山或西藏高原，从地面到山顶，其高度越高，气温就越低（每升高 100m，气温大约下降 0.5℃），随着气温的降低，其他的生态条件也起着显著的变化。植物的分布也有成带的现象。植物在高山区的垂直分布所形成的各种植物带，基本上和水平分布所形成的植物带是相似的。

由于山区的地形复杂，它拥有峰、坡、谷等各种地形，在这类地形上，又有高度、坡度、坡向等的变化，故存在着多种多样的生态环境。所以，相应地讲，山区的植物种类和分布状况要比平原复杂得多。

在学生识别植物种类或利用工具书鉴定植物种类时，必须考虑到每种植物所要求的生长的环境条件和它在地球上分布的规律，从而必将会提高我们识别科、属、种的实际能力。

（3）改进识别科、属能力的具体途径和方法

在野外实习中，要学会运用已学过的分类原理和方法去提高识别科、属、种的能力。如何才能真正提高这种鉴别能力呢？最有效的方法是到实践中去，把学过的分类理论和实际的东西结合起来，而植物分类学的野外实习，正是这种最有效的实践活动。

具体的途径和方法，归纳起来有以下三点。

① 根据各个类群的鉴别特征，采用层层缩小的方法。

为了便于理解并掌握这种方法，在此仅举一例加以说明，希望能起到举一反三的作用。

当在野外采到一种不认识的植物时，首先要观察它的全部特征，然后根据观察到的特征，运用已学过的各个类群的主要分类依据，采用层层缩小的方法，去鉴别这种植物到底应属于哪一科、哪一属的植物。如果见到这种植物具有真正的花（形成果实），那可肯定是属于被子植物；如果这种植物具有羽状或网状叶脉，花的基数又是 4～5 数、直根系，那它不可能是单子叶植物，而是一种双子叶植物。其次，可观察该种植物的营养体和花、果的特征，如果我们看到的这种植物是一种具有卷须的草质藤本植物，而且是单性花，子房下位、侧膜胎座、瓠果等特征，就可确定它是属于葫芦科的植物了。最后根据花药卷曲、雄蕊 3

$[A_{(2)+(2)+1}]$、花瓣成流苏状的特征，便可知道它是属于葫芦科、栝楼属中的植物。本属常见的有二种，即栝楼和蛇瓜，均为栽培植物。它们之间的区别在于：栝楼为雌雄异株，果实通常为卵圆形，果实和根均可入药；蛇瓜为雌雄同株，果实狭长，长 30～180cm，可作蔬菜。要是看到的那种植物是一种具有卷须的木质藤本植物、两性花、雄蕊对着花瓣、浆果等特征，那么，这种植物就不是葫芦科的植物，而是属于葡萄科的植物了。综上可知，只要我们能把课堂上讲授的重点科、属特征和室内做过的科、属、种特征进行比较，并能从分类依据上掌握，那么采用这种方法，就是一种行之有效的方法。

② 利用植物检索表提高识别科、属、种的能力。

关于植物检索表的编制和运用，在前面已有详细的说明。运用植物检索表来鉴定植物，是提高我们识别科、属、种能力的最有效的方法，因此，在平时的学习和野外实习中学生均需掌握其使用方法。

③ 利用科的突出特征提高识别科的实际能力。

用这种方法，虽然有不少片面性，但在野外实习时采用，仍会有很大的帮助。根据各科的识别特征，在野外采集时可首先确定该种植物属于哪一科的植物，然后再去查属、种，如此就比从头查起方便得多了。

附录

附录1　植物学实验常用仪器设备

1. 显微镜

植物学实验中常用普通光学显微镜，它通过特殊的光学成像原理把被观察的物体放大几十倍甚至上千倍，使我们能够对微小的生物及生物体的细胞结构进行仔细观察。它是研究植物细胞结构、组织特征和器官构造的不可取代的重要工具（详见第一部分第一章）。

植物学实验中还常有用到电子显微镜，它分为透射电子显微镜和扫描电子显微镜，即人们常说的透射电镜和扫描电镜。可观察了解植物细胞超微结构及对样品进行成分和元素分布的分析。

2. 恒温培养箱

利用电热，可调节温度范围25～60℃，一般用于种子萌发、离析材料、低等植物培养以及制片时的浸蜡等。

3. 人工气候箱

可控制光照、温度、湿度及灭菌，主要用于培养高等植物类的实验材料及组织培养。

4. 电冰箱

作为一种小型的制冷设备，主要用于实验药品、试剂和新鲜材料在低温或冷冻条件下保存。

5. 切片机

(1) 旋转切片机

这种切片机是将切片机固定在刀架上，将材料预先用石蜡作为包埋剂包埋，切片时将材料放置在夹钳上，利用手摇或电力带动转轮，使刀刃切下所需薄片，这种切片机可以切制连续蜡带。制作石蜡切片，目前多使用这种切片机。配置一套半导体冰冻机后可制作冰冻切片，切片的截面不宜过大，一般在10mm×10mm，切片的厚度可在1～25μm范围内调节。

(2) 滑走切片机

由机身、升降夹物装置、切片刀的夹刀滑行部分组成。它的夹物装置下连接着控制切片厚度的微调装置，当夹刀部分滑行时，在夹物部分的组织块就被切下一片，当夹物部分再从轨道上退回原处时，微调装置会自动地将夹物装置向上升出一段距离，即一片材料的厚度。可用于切制木材或其他较硬材料（例如小麦粒、玉米粒等）。平常冰冻切片也可用这种切片机，还可作石蜡切片用。切片的厚度一般可在10～100μm之间调节。但制作连续切片时不如旋转切片机方便。

(3) 冷冻切片机

通常是在滑走切片机或旋转切片机上装一个冷冻装置。切片刀及切片操作基本上使用滑走切片机或旋转切片机的操作相似。

6. 其他常用器具

(1) 载玻片

通用的为25mm×75mm，厚度为1.1～1.5mm左右。载玻片太薄容易破碎，而且不符合一般显微镜预制的要求。

(2) 盖玻片

常用的有方形或矩形等规格。方形多为 18mm×18mm 和 22mm×22mm 两种，矩形的多为 22mm×30mm 或 22mm×40mm 等，厚度均为 0.17mm 的标准厚度。

(3) 培养皿

可按需要备有（90～120)mm×15mm 的各数套。

(4) 量筒

一般备有 10ml、50ml、100ml、1000ml 的三种即可。

(5) 漏斗

可备用上口直径为 55mm 和 100mm 的两种。

(6) 试管

通用 20mm×150mm 大小的试管。

(7) 烧杯

备有各种规格（容积在 30ml 到 1000ml)。

另外还需备有解剖盘、解剖剪、树枝剪、单面刀片、双面刀片、镊子、放大镜、毛笔、酒精灯、纱布等常用器具。

附录2　常用实验药剂的配制

1. 常用清洁剂

将乙醚和乙醇按 7∶3 混合，装入滴瓶备用。用于擦拭显微镜镜头上油迹和污垢等（注意瓶口必须塞紧，以免挥发)。

2. 常用固定液、离析液

(1) 福尔马林-乙酸-酒精固定液（FAA，又称万能固定剂)

福尔马林（38%甲醛）5ml＋冰醋酸 5ml＋70%酒精 90ml，可用于固定植物的一般组织，但不适用于单细胞及丝状藻类。幼嫩材料用 50%酒精代替 70%酒精，可防止材料收缩；还可加入 5ml 甘油（丙三醇）以防蒸发和材料变硬。FAA 可兼作保存剂。

(2) 福尔马林-丙酸-酒精固定液（FPA)

福尔马林 5ml＋丙酸 5ml＋70%酒精 90ml，用于固定一般的植物材料，通常固定 24h，效果比 FAA 好，并可长期保存。

(3) 福尔马林-丙酸-氯仿固定液（卡诺固定液)

配方一：无水酒精 3 份＋冰醋酸 1 份。

配方二：无水酒精 6 份＋冰醋酸 1 份＋氯仿 3 份。

卡诺固定液是研究植物细胞分裂和染色的优良固定液，材料固定后，用 95%和 85%的酒精浸洗，清洗 2～3 次，也可转入 70%酒精中保存备用。

(4) 甘油-酒精软化剂

甘油 1 份＋50%或 70%酒精 1 份，适用于木材的软化，将木质化根、茎等材料排除空气后浸入软化液中，时间至少一周或更长一些，也可将材料保存于其中备用。

(5) 铬酸-硝酸离析液

铬酸为三氧化铬的水溶液。

分别取铬酸和浓硝酸，将两种溶液等量混合均匀后再使用。适于对导管、管胞、纤维等木质化的组织进行解离时使用。

(6) 盐酸-酒精固定离析液

将浓盐酸、95%酒精等量混合备用，一般用于离析根尖细胞等幼嫩组织。

(7) 铬酸-乙酸固定液

根据固定对象的不同，可分强、中、弱3种不同配方。

弱液配方：10%铬酸2.5ml+10%乙酸5.0ml+蒸馏水92.5ml；

中液配方：10%铬酸7ml+10%乙酸10ml+蒸馏水83ml；

强液配方：10%铬酸10ml+10%乙酸30ml+蒸馏水60ml。

弱液用于固定较柔嫩的材料，例如藻类、真菌类、苔藓植物和蕨类的原叶体等，固定时间较短，一般为数小时，最长可固定12～24h，但藻类和蕨类的原叶体可缩短到几分钟到1h。

中液用作固定根尖、茎尖、小的子房和胚珠等，固定时间12～24h或更长。

强液适用于木质的根、茎和坚韧的叶子、成熟的子房等。为了易于渗透，可在中液和强液中另加入2%的麦芽糖或尿素。固定时间12～24h或更长。

(8) 铬酸-乙酸-福尔马林混合液

这3种药品混合在一起所配成的各种固定液，通常称纳瓦兴式固定液（Na-washin fixative），简称Craf。配方见下表。

表　纳瓦兴式固定液配方　（单位：ml）

常备液	试剂名称	纳瓦兴原式	纳瓦兴式液					桑费利斯液
			Ⅰ	Ⅱ	Ⅲ	Ⅳ	Ⅴ	
甲液	1%铬酸		40	40	60			
	10%铬酸	15				8	10	
	10%乙酸		15	20	40	60	70	
	冰醋酸	10						8
	蒸馏水	75	45	40		32	20	79
乙液	福尔马林	40	10	10	20	20	30	64
	蒸馏水	60	90	90	80	80	70	36

甲、乙两液均为贮备液，使用之前才将甲、乙两液等量混合。适用于组织学和细胞学的研究材料。柔嫩而含水多的材料，可选用Ⅰ式或Ⅱ式固定，坚韧而成熟的材料，可选用高浓度的Ⅳ式或Ⅴ式，一般材料多采用Ⅲ式，Ⅲ式使用得最普遍。制作染色体和有丝分裂的纺锤体标本时，常采用桑弗利斯固定液。Ⅰ～Ⅴ式固定时间为12～48h，桑弗利斯液固定时间为4～6h。

(9) 鲁哥液（Lugol’s solution）

先将6g碘化钾溶于20mL蒸馏水中，搅拌溶解后加入4g碘，待碘溶解后加入80ml蒸馏水即成。这种固定液最适于固定浮游藻类，其使用浓度一般以1.5%为宜。

(10) 李庆特液（Lichent’s fluid）

1%铬酸水溶液15ml+冰醋酸5ml+福尔马林80ml。这种固定液适用于固定丝状藻类和真菌。

3. 常用染色液

(1) 番红染液

① 番红水液：取0.1g番红溶于100ml蒸馏水中，过滤后即成0.1%的番红染液；

② 番红酒液：取0.1g番红溶于100ml 50%的酒精中，过滤后即可使用。

番红是一种碱性染料，可将木质化和角质化的细胞壁及细胞核中的染色质和染色体染成红色。在植物组织制片中常与固绿配合进行对染，是最常用的染色剂之一。

(2) 固绿染液

取0.1g固绿溶于100ml 95%的酒精中，过滤后即可使用。

固绿是一种酸性染料，可将纤维素的细胞壁和细胞质染成绿色。在植物组织制片中常与番红进行对染，是最常用的染色剂之一。

(3) 碘-碘化钾（I-KI）染液

先取 3g 碘化钾溶于 100ml 蒸馏水中，再加入 1g 碘，溶解后即可使用。它能将蛋白质染成黄色。若用于淀粉的鉴定，还需稀释 3～5 倍。如果用于观察淀粉粒上的轮纹，需稀释 100 倍以上，观察结果更清晰。

(4) 苏丹Ⅲ（或Ⅳ）染液

有两种配法：

① 取 0.1g 苏丹Ⅲ（或Ⅳ）溶解于 20ml 95%的酒精中即可；

② 先将 0.1 g 苏丹Ⅲ（或Ⅳ）溶解在 50ml 丙酮中，再加入 70%酒精 50ml，即可使用。染色时可将脂肪、角化、栓化的细胞壁染成橘黄色。

(5) 间苯三酚染液

将 5g 间苯三酚溶解于 100ml 95%的酒精中（注意溶液呈黄褐色即失效）。用来染木质化的细胞壁，在酸性条件下，可使木质化成分变成红色。

(6) 铁乙酸洋红染液

洋红（胭脂红）1g＋冰醋酸 90ml＋蒸馏水 110ml。

配法一：冰醋酸 90ml 加入 110ml 蒸馏水中煮沸。取下后立即加入 1g 洋红搅拌，使之迅速冷却并过滤，再加入数滴乙酸铁或氢氧化铁媒染剂的水溶液，至颜色变为红葡萄酒色即可（注意铁剂不要加得太多，否则洋红会发生沉淀）。

配法二：先将 200ml 45%乙酸水溶液放入锥形瓶中煮沸后停止加热，然后将 1g 洋红粉末分多次缓慢加入（注意不能一次倾入，以防溅沸）。待全部加完后，再煮 1～2min，并用棉线悬入一生锈的小铁钉，过 1min 后取出，或滴入 4%的铁明矾液 5～10 滴，使染色剂略含铁质，以增进染色性能。过滤后，放棕色滴瓶中备用（避免阳光直射）。

如无洋红，可用地衣红代替，配法同洋红，而且对于某些植物染色效果更好。

(7) 龙胆紫染液

取 0.2g 龙胆紫溶于 100ml 蒸馏水中。龙胆紫染液是一种碱性染料，可染细胞核、染色质、纺锤丝、线粒体等。现常以结晶紫代替。必要时可将医用紫药水稀释 5 倍后代用。

(8) 改良苯酚品红染液

为近年来观察植物染色体时新使用的比较理想的染色剂，优点较多，使用方便。配制顺序如下。

A 液：取 3g 碱性品红溶于 100ml 70%酒精中（可长期保存）；

B 液：取 A 液 10ml 加入 90ml 5%苯酚（即石炭酸）水溶液中（2 周内使用）；

C 液：取 B 液 55ml 加入 6ml 冰醋酸和 6ml 38%甲醛（可长期保存）；

染色液：取 C 液 10～20ml，加入 80～90ml 45%乙酸和 1.5g 山梨醇。放置 2 周后使用，染色效果显著，可普遍用于植物组织的压片法和涂片法，使用 2～3 年不变质。山梨醇为助渗剂，兼有稳定染色液作用。如果没有山梨醇也能染色，但效果稍差。

(9) 苏木精染液

苏木精是植物组织制片应用中最广的染料，它不仅是很强的核染料，而且染色时可以分化出不同的颜色。它的配方很多，最常用的配方如下。

① 代氏苏木精。

甲液：苏木精 1g＋95%酒精 10ml；

乙液：铵明矾（硫酸铝铵）10g＋蒸馏水 100ml；

丙液：甘油 25ml＋甲醇 25ml。

配法：分别配置甲液、乙液，充分溶解后，将甲液滴入乙液中，并不断摇动，放入广口瓶，瓶口用纱布扎住，置于光线充足的地方一周以上，再加丙液，混合均匀，瓶口仍用纱布封住，继续充分氧化，直到颜色变成深紫色为止。过滤，再密封瓶口，两个月后即可使用。染色力强，可保存多年不变质。如果急用，可加少量过氧化氢促其氧化。使用时根据需要可稀释 1～3 倍。

② 铁矾苏木精。

甲液：铁明矾（硫酸铁铵）4g＋蒸馏水 100ml＋冰醋酸 1ml＋硫酸 0.12ml。甲液是媒染剂，必须用时现配，保持新鲜；

乙液：苏木精 0.5ml＋蒸馏水 100ml。

乙液有两种配法，配制程序如下：

① 先将苏木精 0.5g 溶于少量 95%酒精中，待溶解后，再加入蒸馏水 100ml，瓶口用纱布包扎静置，以防尘通气，使其慢慢氧化，直到溶液变成深红色，时间约一个月或两个月才能氧化成熟，过滤后塞紧瓶塞，静置阴凉处备用。如急用，可加入 3～5ml 过氧化氢促其氧化成熟。但红色如果消失则已失效。

② 取苏木精 2g 溶解于 20ml 95%酒精中，过滤作为长期保存的原液。使用时，用蒸馏水稀释，既取原液 5ml 加入蒸馏水 95ml，即成 0.5%的苏木精水液。

(10) 曙红染液

取曙红 0.25g 溶于 100ml 95%酒精中。常于苏木精对染，能使细胞质染成浅红色，起衬染作用。

(11) 中性染液

取中性红 0.1g 溶于 100ml 蒸馏水中，用时再稀释 10 倍左右，用于染细胞中的液泡，可鉴定细胞的死活。

(12) 钌红染液

取 5～10mg 钌红溶于 25～50ml 蒸馏水中即可。因配后不易保存，应现用现配。钌红是细胞胞间层的专性染料。

(13) 亚甲基蓝染液

取 0.1g 亚甲基蓝，溶于 100ml 蒸馏水中即成。常用于细菌等的染色。

4. 其他常用药品的配制

① 酸酒：取 100ml 50%或 95%的酒精，加入 1～2 滴浓盐酸，摇匀后即可使用。

② 树胶封固剂：将固体的加拿大胶块溶解于二甲苯或正丁醇中，浓度要适当（注意绝对不能混入水或酒精），是玻片标本最好的封固剂。也可用人工合成的中性胶代替。

③ 明胶粘贴剂：明胶 1～2g＋石炭酸（苯酚）2g＋蒸馏水 100ml＋甘油 15ml。

配法：先将蒸馏水加温至 30～40℃，慢慢加入明胶，待全部溶解后，再加入 2g 苯酚和 15ml 甘油，搅拌至全溶为止，然后用纱布过滤，滤液贮存于瓶中备用。

④ 各级酒精的配制：由于无水乙醇价格较高，故常用 95%的酒精配制。配制方法很简便，用 95%的酒精加上一定量的蒸馏水即可。可按下列公式推算。

所加水量（ml）＝[原酒精浓度(95%)－最终酒精浓度]×100

95%酒精的用量（ml）＝最终酒精浓度×100

最终酒精浓度	95%酒精用量	蒸馏水量
85%	85ml	10ml
70%	70ml	25ml
50%	50ml	45ml
30%	30ml	65ml

⑤ 清洁剂。玻璃器皿等均应保持清洁，一般用清水洗即可，必要时，可用清洁剂清洗。器皿在清洁剂中浸泡 10min，然后清水冲洗即可。常用的清洁剂的配法如下。

取重铬酸钾（工业用）8～10g 溶于 100ml 清水中，加热使溶解，待冷却后，再加入浓硫酸（工业用）100ml（注意要用吸管一滴一滴缓慢加入，并随时用玻璃棒轻轻搅拌，并以免产生高热，爆裂玻璃容器）。新配制的清洁剂呈葡萄酒色，配好后可盛在有玻璃塞或磨口的玻璃容器内，以防氧化变质。此液可反复使用。当洗液变成墨绿色时，说明其已氧化变质。该液的腐蚀性极强，不要直接与衣物、桌面和皮肤等接触。

附录3 常见维管植物检索表

Ⅰ 蕨类植物分科检索表

1. 叶退化或细小，无叶脉或仅具单条不分支叶脉，叶远不如茎发达，孢子囊单生叶腋或形成聚囊，或多孢子叶在枝顶密集成孢子叶穗（孢子叶球），稀不形成孢子叶穗 ………………………………………… 2
1. 大型叶，叶较茎发达，孢子囊多形成囊群，且生于孢子叶的背面或边缘，或生于孢子果内 …………… 6
2. 地上、地下茎皆有明显的节和节间，茎的节间中空。节间表面有纵沟和脊，叶褐色，鳞片状，在节处轮生，且基部连合成鞘状；多个孢子囊生于孢囊柄盾状物的下面；枝顶形成孢子叶穗 …………………… ……………………………………………………………………………… 木贼科（Equisetaceae）
2. 茎、叶不具上述特征，孢子囊单生孢子叶腋，或形成聚囊 ……………………………………………… 3
3. 枝横切面为三角形，多次同位二叉分支；叶鳞片状，或退化为二叉状，小型，非绿色；孢子囊为2～3个形成聚囊 ……………………………………………………………………… 松叶蕨科（Psilotaceae）
3. 枝横切面为圆形，1至多次等位或不等位二叉分支；叶鳞片形、条形等，绿色；孢子囊单生，不形成聚囊，常于枝顶形成孢子叶穗，稀不形成孢子叶穗 …………………………………………………… 4
4. 叶螺旋排列，辐射对称，无根托，无叶舌，孢子同型 ……………………………………………………… 5
4. 叶通常四行排列，即两行侧叶和两行中叶，多有背腹之分。有根托、叶舌，孢子异型 ……………… ………………………………………………………………………………… 卷柏科（Selaginellaceae）
5. 茎短、直立，一至多回等位二歧分支，各回小枝等长；不形成孢子叶穗 ……… 石杉科（Huperziaceae）
5. 茎长，匍匐生长，一定距离生出直立或上升短侧枝，常为不等位二叉分支；形成孢子叶穗 …………… ………………………………………………………………………………… 石松科（Lycopodiaceae）
6. 孢子同型，陆生或附生，少有水生，不形成孢子果 ………………………………………………………… 7
6. 孢子异形，水生，具孢子果 ……………………………………………………………………………… 34
7. 幼叶不拳卷，直立或倾斜，叶二型，能育叶和不育叶出自一共同叶柄。孢子囊成行生于特化的能育叶的边缘，形成穗状或复穗状的孢子囊序。囊壁由多层细胞构成 ………………………………………………… 8
7. 幼叶拳卷，叶同型或异型，能育叶和不育叶不同生于一共同的叶柄上；孢子囊形成囊群；囊群生于孢子叶的背面或边缘，不形成孢子囊序（一科除外），囊壁薄，多由一层细胞构成 ………………………… 9
8. 单叶（少有自顶部深裂），叶脉网状，孢子囊序为单穗状。孢子囊大，横缝开裂 ……………………… …………………………………………………………………………… 瓶尔小草科（Ophioglossaceae）
8. 复叶1～3回羽状或掌状分裂；叶脉分离。孢子囊序为圆锥状或复穗状，孢子囊小，以纵缝或横缝开裂 ………………………………………………………………………………… 阴地蕨科（Botrychiaceae）
9. 植物体全体无毛或鳞片，仅幼时具黏质腺体的绒毛，且早脱落 ………………………………………… 10
9. 植物体或多或少具鳞片和毛（尤以叶柄和根状茎多有鳞片，而毛则以叶片和羽轴或主脉上为多），有时鳞片上还有刚毛 …………………………………………………………………………………………… 11
10. 叶二型，叶柄基部两侧膨大为托叶状，外面各具一行或少数疣状突起的气囊体（并往往上升到叶柄和叶轴）；能育叶的羽片狭缩成窄条形；孢子囊群成熟时满布能育叶的背面，幼时为叶缘反折所覆盖 …………………………………………………………………………… 瘤足蕨科（Plagiogyriaceae）
10. 叶柄基部两侧虽膨大为托叶状，但不具疣状气囊体；能育叶特化成穗状或复穗状的孢子囊序 ………… ………………………………………………………………………………… 紫萁科（Osmundaceae）
11. 叶为强度二型，不育叶为一回羽状复叶，能育叶的变态羽片在羽轴两侧卷成荚果形，或聚合成分离的

小圆球形，状似念珠 …………………………………………………… 球子蕨科（Onocleaceae）

11. 叶同型或二型，如为二型，其能育叶（或羽片）比不育叶（或羽片）仅为不同程度的狭缩，不卷成荚果状或为分离的小圆球形 …………………………………………………………………… 12

12. 孢子囊群（或囊托）突出于叶边之外 ………………………………………………………… 13

12. 孢子囊群生于叶背面、叶缘或叶缘内侧，决不突出叶缘之外 ………………………………… 14

13. 缠绕攀援植物，叶草质，由多层细胞构成，有气孔，囊群排列成穗状，孢子囊的环带顶生 ……………………………………………………………………………………… 海金沙科（Lygodiaceae）

13. 不为攀援植物，叶为一层细胞，薄膜质，无气孔；囊群生于棒状且突出叶缘之外的囊托上，并包被于管状、喇叭状或二瓣唇形的囊群苞内，环带斜生 ………………………… 膜蕨科（Hymenophyllaceae）

14. 孢子囊群生于叶缘，仅具由叶缘向背面反折而成的假囊群盖，盖开向内侧，或还兼有囊群内侧的囊群盖 ………………………………………………………………………………………………… 15

14. 囊群生于叶缘内侧，自叶缘内生出；或生于离叶缘较远的叶的背面；盖开向叶边，或无盖 ………… 18

15. 仅具叶缘反折的假囊群盖；植株中小型 ……………………………………………………… 16

15. 既具假囊群盖，又具囊群内侧的囊群盖；植株高达 1m 以上，根茎横走，二叉分支，叶远生。3～4 回羽状复叶 ……………………………………………………………………… 蕨科（Pteridiaceae）

16. 羽片和小羽片为扇形或半开式，叶脉呈扇形、多回二叉分支 ………… 铁线蕨科（Adiantaceae）

16. 羽片或小羽片不为上述形状，叶脉为羽状分支 …………………………………………………… 17

17. 囊群沿生于叶缘的一条边脉上，形成一条连续的线形囊群；叶柄禾秆色……… 凤尾蕨科（Pteridaceae）

17. 囊群幼时圆形、分离，成熟时大体连续为一条形，但叶缘反折的假囊群盖则有不同程度的断裂。叶柄常为栗棕色或深褐色 ………………………………………………… 中国蕨科（Sinopteridaceae）

18. 囊群生叶缘内侧，稍离叶缘，位于小脉顶端，囊群盖开向叶缘，盖碗形、半杯形或近圆肾形 ……… 19

18. 囊群生背面，远离叶缘，盖不开向叶缘，或无盖 …………………………………………………… 20

19. 通常为附生植物，根状茎上有阔鳞片，叶柄基部具关节，囊群盖盅状 ……… 骨碎补科（Davalliaceae）

19. 通常土生，植株全体常有灰白色针状毛（少数仅在根状茎上有具节的长毛）囊群盖碗形，半杯形或口袋形 ……………………………………………………………………… 碗蕨科（Dennstaedtiaceae）

20. 囊群圆形 ……………………………………………………………………………………… 21

20. 囊群长圆形，条形，弯钩形或马蹄形 ……………………………………………………… 29

21. 多有囊群盖，少无盖 ……………………………………………………………………… 22

21. 孢子囊群无盖 ………………………………………………………………………………… 27

22. 囊群盖下位（即生于孢子囊群下面，幼时常包着孢子囊群），球形、半球形或碟形；有时简化成睫毛状 …………………………………………………………………………………………………… 23

22. 囊群盖上位，盾形、圆肾形，少为鳞片形；少数仅盖的基部压在囊群之下（如冷蕨） ……………… 24

23. 植物体大形，树状，主茎圆柱形不分支；叶大形，多回羽状，生茎顶端，囊群半球形或鳞片状，早落，环带斜生 ……………………………………………………………………… 桫椤科（Cyatheaceae）

23. 小草本，叶狭小披针形，一回羽状至二回羽裂。囊群盖钵形、杯形或有时简化成睫毛状，叶柄中部或顶端常有关节，如无关节则遍体有毛 ……………………………………… 岩蕨科（Woodsiaceae）

24. 植物体（尤以根状茎和叶柄）有阔鳞片；鳞片上无毛 …………………………………………… 25

24. 植物体（尤以羽轴）上有灰色针状毛，叶柄基部和鳞片小而稀疏；叶柄基部有两条维管束，但向上不联合成“V”字形。囊群有盖或无盖……………………………………… 金星蕨科（Thelypteridaceae）

25. 囊群盖圆肾形或盾形，或肾形；叶柄具多条维管束 ……………………………………………… 26

25. 囊群盖鳞片形，或圆肾形，早落，或无盖；叶柄基部具两条维管束，并向上联合成“V”字形 ……………………………………………………………………………………… 蹄盖蕨科（Athyriaceae）

26. 根状茎短，直立或倾斜，羽片和羽轴间无关节；囊群背生脉上，囊群盖圆肾形或圆盾形 ……………………………………………………………………………………… 鳞毛蕨科（Dryoptcridaceae）

26. 根茎直立或横走，具球茎；羽片和叶轴间有关节，囊群盖肾形 …………… 肾蕨科（Nephrolepidaceae）
27. 叶二至多回同位二叉分支，叶背通常灰白色，分叉处的腋间有 1 个休眠芽；每个囊群仅有 2～15 个孢子囊，环带横生 ……………………………………………………………… 里白科（Gleicheniaceae）
27. 叶为单叶或羽状复叶，叶背不为灰白色；每个囊群中有多个孢子囊，环带纵行 ……………………… 28
28. 叶柄基部以关节着生在根茎上，多单叶或一回羽状复叶，有星状毛或幼孢子囊群有盾状隔丝覆盖 …… ……………………………………………………………… 水龙骨科（Polypodiaceae）
28. 叶柄顶端与叶轴或羽片与叶轴以关节相连，一至多回羽状复叶；无星状毛或盾状隔丝 ……………… ……………………………………………………………… 蹄盖蕨科（Athyriaceae）
29. 囊群有盖。长圆形、条形、钩状或马蹄形 ……………………………………………………… 30
29. 囊群无盖 ………………………………………………………………………………… 32
30. 囊群生于主脉两侧斜出分离的脉上，并与之斜交；囊群盖斜向地开向主脉，叶柄基部有两条维管束 … ……………………………………………………………………………………… 31
30. 囊群生于与主脉平行的小脉或网眼的外侧边上，囊群盖平行地开向主脉；叶柄内有多条维管束，叶柄横断面可见排列成一圆圈 ……………………………………………… 乌毛蕨科（Blechnaceae）
31. 鳞片为粗筛孔，网眼大而透明；叶柄中两条维管束向上不连合；囊群盖条形、长圆形 …………… ……………………………………………………………… 铁角蕨科（Aspleniaceae）
31. 鳞片为细筛孔，网眼小而不透明；叶柄基部两条维管束向上联合成“V”字形；囊群盖生小脉一侧或两侧，先端直或常成钩状、条形、或马蹄形 …………………………………… 蹄盖蕨科（Athyriaceae）
32. 叶柄基部以关节着生于根状茎上 …………………………………………… 水龙骨科（Polypodiaceae）
32. 叶柄基部无关节，或羽片与叶轴以关节相连 ……………………………………………………… 33
33. 孢子囊群疏生于小脉上，并汇生成长线形囊群，孢子囊具短柄，孢子四面形；管状中柱；常密被线形金棕色鳞片 ……………………………………………………… 裸子蕨科（Gymnogrammaceae）
33. 孢子囊在小脉中部聚成长形或长圆形囊群；囊柄长，孢子两面形 ………… 蹄盖蕨科（Athyriaceae）
34. 植物体漂浮水面，单叶；大、小孢子果分生 ……………………………………………………… 35
34. 根状茎横生于底泥中，长的叶柄由根茎上生出，其顶端生四小叶片排成田字形；大小孢子囊混生于同一孢子果中 ……………………………………………………………… 苹科（Marsileaceae）
35. 植物体细小，外观呈三角形，幼时绿色，老时常为紫红色；茎横卧，叶小，鳞片状，无柄，每个叶子分为上、下两裂片；叶二列紧密覆瓦状排列；茎上具下垂于水中的不定根 …… 满江红科（Azollaceae）
35. 植物体较上为大，外观呈槐叶状；三叶轮生，但上面两叶绿色，漂浮水面，下面一叶变态为须根状沉水叶 ……………………………………………………………… 槐叶苹科（Salviniaceae）

Ⅱ 种子植物分门和纲的检索表

1. 胚珠裸露，无子房包被；花各部仍保持孢子叶球形态 ……………………… 裸子植物门（Gymnospermae）
1. 胚珠包于子房内；花通常有花被 ………………………………………… 2 被子植物门（Angiospermae）
2. 胚通常具 2 枚子叶；花多为 4～5 基数；叶常具网状脉 ……………… 双子叶植物纲（Dicotyledoneae）
2. 胚通常具 1 枚子叶；花多为 3 基数；叶通常具平行脉 ……………… 单子叶植物纲（Monocotyledoneae）

Ⅲ 裸子植物门分科检索表

1. 茎不分支；叶为羽状复叶，常绿，簇生于干顶 ……………………………………… 苏铁科（Cycadaceae）
1. 茎分支；单叶针形、线形或扇形 …………………………………………………………… 2
2. 落叶乔木；叶扇形 ……………………………………………………………… 银杏科（Ginkgoaceae）
2. 常绿乔木或小灌木，稀为落叶乔木；叶针形、线形或鳞片状 ………………………………………… 3
3. 雌雄同株，稀异株，具球果；种子无肉质套被或假种皮，常具翅 ………………………………… 4
3. 雌雄异株，不具球果；种子核果状或坚果状，假种皮全包种子 …………… 三尖杉科（Cephalotaxaceae）
4. 球果的珠鳞与苞鳞离生，每种鳞具 2 粒种子；种子上端具翅，或无翅或近于无翅 …… 松科（Pinaceae）
4. 球果的珠鳞与苞鳞半合生或全合生，每种鳞具 1～9 粒种子；种子两侧常具窄翅或无翅 ………… 5

5. 叶、种鳞均螺旋状排列，稀交互对生；珠鳞与苞鳞半合生 …… 杉科（Taxodiaceae）
5. 叶、种鳞交互对生或轮生，珠鳞与苞鳞全合生 …… 柏科（Cupressaceae）

Ⅳ 双子叶植物纲分科检索表

1. 花无真正的花冠；有或无花萼，花萼有时可类似花冠 …… 2
1. 花具花萼和花冠或有两层以上花被片，有时花冠可为蜜腺叶所代替 …… 93
2. 花单性，雄雄同株或异株，其中雄花或雌花均可为柔荑花序或似柔荑状花序 …… 3
2. 花两性或单叶，但不为柔荑花序 …… 18
3. 无花萼，或在雄花中存在花萼 …… 4
3. 有花萼，或在雄花中不存在花萼 …… 6
4. 果实为具多数种子的蒴果；种子有丝状毛 …… 杨柳科（Salicaceae）
4. 果实不为蒴果，为仅具1粒种子的小坚果；种子不具丝状毛 …… 5
5. 奇数羽状复叶 …… 胡桃科（Juglandaceae）
5. 单叶 …… 桦木科（Betulaceae）
6. 子房下位 …… 7
6. 子房上位 …… 11
7. 叶对生，叶柄基部互相联合 …… 金粟兰科（Chloranthaceae）
7. 叶互生 …… 8
8. 叶为奇数羽状复叶 …… 胡桃科（Juglandaceae）
8. 叶为单叶 …… 9
9. 蒴果 …… 金缕梅科（Hamamelidaceae）
9. 坚果 …… 10
10. 果实封藏于一变大的总苞中 …… 桦木科（Betulaceae）
10. 果实有一壳斗下托或封藏在一多刺的果壳中 …… 壳斗科（Fagaceae）
11. 植物体中具白色乳汁 …… 12
11. 植物体中无乳汁或在重阳木属中具红色乳汁 …… 13
12. 子房1室，葚果 …… 桑科（Moraceae）
12. 子房2～3室，蒴果 …… 大戟科（Euphorbiaceae）
13. 子房为单心皮所组成；花丝在花蕾中向内屈曲 …… 荨麻科（Urticaceae）
13. 子房由2个以上心皮组成；花丝在花蕾中常直立（大戟科的重阳木属中则向前屈曲） …… 14
14. 果实为3个（稀2～4个）离果所成的蒴果，雄蕊10枚至多枚，有时少于10枚 …… 大戟科（Euphorbiaceae）
14. 果实为其他情形；雄蕊少数至数个或和萼裂片同数且对生 …… 15
15. 雌雄同株 …… 16
15. 雌雄异株 …… 17
16. 子房2室；蒴果 …… 金缕梅科（Hamamelidaceae）
16. 子房1室；坚果或核果 …… 榆科（Ulmaceae）
17. 草本或草质藤本；叶为掌状分裂或掌状复叶 …… 桑科（Moraceae）
17. 乔木或灌木；叶全缘，或在重阳木属为3小叶所组成的复叶 …… 大戟科（Euphorbiaceae）
18. 子房或子房室内有数个至多数胚珠 …… 19
18. 子房或其子房室内仅有一至数个胚珠 …… 36
19. 子房下位或部分下位 …… 20
19. 子房上位 …… 26
20. 雌雄同株或异株 …… 21
20. 花两性 …… 22

21. 草本；植物体含大量液汁；单叶常不对称 …… 秋海棠科（Begoniaceae）

21. 木本；花成头状花序 …… 金缕梅科（Hamamelidaceae）

22. 子房4室或更多 …… 23

22. 子房1室 …… 24

23. 雄蕊4枚 …… 柳叶菜科（Onagraceae）（丁香蓼属 Ludwigia）

23. 雄蕊6枚或12枚 …… 马兜铃科（Aristolochiaceae）

24. 无花被；雄蕊着生在子房上 …… 三白草科（Saururaceae）

24. 有花被；雄蕊着生在花被上 …… 25

25. 茎肥厚、绿色、常具棘刺；叶常退化；花被片和雄蕊多数；浆果 …… 仙人掌科（Cactaceae）

25. 茎不具上述性状；叶正常；花被片和雄蕊皆为5或4基数，或雄蕊数为前者的2倍 …… 虎耳草科（Saxifragaceae）

26. 雌蕊2枚或子房2个或更多数 …… 27

26. 雌蕊1枚或子房1个 …… 30

27. 草本 …… 28

27. 木本 …… 29

28. 复叶或多或少有些分裂，稀可单叶（如驴蹄草属），全缘或具齿裂，心皮多数或少数 …… 毛茛科（Ranunculaceae）

28. 单叶，叶缘有锯齿；心皮和萼裂片同数 …… 虎耳草科（Saxifragaceae）

29. 花的各部分为整齐的3基数 …… 木通科（Lardizabalaceae）

29. 花为其他情形，雌雄异株，具4个小萼片 …… 连香树科（Cercidiphyllaceae）

30. 雄蕊周位即着生于萼筒或杯状花托上 …… 31

30. 雄蕊下位即着生于扁平或突起的花托上 …… 32

31. 偶数羽状复叶，互生，花萼裂片呈覆瓦状排列；荚果；常绿乔木 …… 豆科（Leguminosae）（云实亚科 Caesalpinoideae）

31. 单叶，对生或轮生；花两性，单生至排成圆锥花序 …… 千屈菜科（Lythraceae）

32. 叶为复叶或多少有些分裂 …… 毛茛科（Ranunculaceae）

32. 叶为单叶 …… 33

33. 侧膜胎座 …… 34

33. 特立中央胎座 …… 35

34. 花无被 …… 三白草科（Saururacea）

34. 花具4个离生萼片 …… 十字花科（Cruciferae）

35. 花序呈穗状、头状或圆锥状；萼片多少为膜质 …… 苋科（Amaranthaceae）

35. 花序呈聚伞状；萼片草质 …… 石竹科（Caryophyllaceae）

36. 叶片中常有透明油腺点 …… 37

36. 叶片中无透明油腺点 …… 39

37. 叶为羽状复叶 …… 芸香科（Rutaceae）

37. 叶为单叶，全缘或有锯齿；草本 …… 38

38. 子房下位，仅1室1胚珠；叶对生，在叶柄基部联合 …… 金粟兰科（Chloranthaceae）

38. 子房上位，叶如对生时，叶柄也不在基部联合；雌蕊由3～6个近于离生的心皮组成，每个心皮各有2～4个胚珠 …… 三白草科（Saururaceae）（三白草属 Saururus）

39. 雄蕊连为单体，至少在雄花中有这种现象，花丝互相联合成筒状或成1中柱 …… 40

39. 雄蕊各自分离，有时仅为1个或花丝成分支的簇丛（大戟科的蓖麻属 *Ricinws*） …… 44

40. 雌雄同株，雄花成球形头状花序，每2朵雌花同生于1个有2室且具钩状芒刺的果壳中 …… 菊科（Compositae）（苍耳属 Xanthium）

40. 花两性，如为单性时，雌花及雄花亦无上述情况 …………………………………………………… 41
41. 草本、花两性 ………………………………………………………………………………………… 42
41. 乔木或灌木，稀草本，花单性或杂性，萼片呈覆瓦状排列，至少在雄花中如此；叶互生 ……………… …………………………………………………………………………… 大戟科（Euphorbiaceae）
42. 叶互生 ……………………………………………………………………… 藜科（Chenopodiaceae）
42. 叶对生 ………………………………………………………………………………………… 43
43. 花显著，有联合成花萼状的总苞 ………………………………………… 紫茉莉科（Nyctaginaceae）
43. 花微小，无上述情形的总苞 ……………………………………………… 苋科（Amaranthaceae）
44. 每花有雌蕊 2 枚至多枚，近于或完全离生；或花的界限不明显时则雌蕊多枚，成一球形头状花序 …… ………………………………………………………………………………………………… 45
44. 每花仅有 1 枚复合雌蕊或单雌蕊，心皮有时于成熟后各自分离 ……………………………………… 52
45. 花托下陷呈杯状或坛状 …………………………………………………………………………… 46
45. 花托扁平或隆起，有时可延长 ……………………………………………………………………… 47
46. 灌木；叶对生；花被片在坛状花托的外侧排成数层 ……………………… 腊梅科（Calycanthaceae）
46. 草本或灌木；叶互生；花被片在杯状花托的边缘排成一轮 ……………………… 蔷薇科（Rosaceae）
47. 乔木、灌木或木质藤本 …………………………………………………………………………… 48
47. 草本稀亚灌木，有时为攀援性 ……………………………………………………………………… 50
48. 花有花被 …………………………………………………………………… 木兰科（Magnoliaceae）
48. 花无花被 ………………………………………………………………………………………… 49
49. 落叶灌木或小乔木；叶卵形具羽状脉和锯齿缘，无托叶；花两性或杂性，在叶腋中丛生；翅果无毛，有柄 ……………………………… 昆栏树科（Trochodendraceae）（领春木属 Euptelaea）
49. 落叶乔木；叶广阔，掌状分裂，叶缘有缺刻或锯齿；有托叶围茎枝成鞘，易脱落；花单性，雌雄同株，分别聚成球形头状花序；小坚果，围以长柔毛而无柄 ………………… 悬铃木科（Plantanaceae）
50. 胚珠常弯生；叶为全缘单叶，互生；直立草本 ………………………… 商陆科（Phytolaccaceae）
50. 胚珠倒生或直立 ………………………………………………………………………………… 51
51. 叶片多少有些分裂或复叶，无托叶或极微小；有花被（花萼），胚珠倒生；花单生或成各种类型的花序 ………………………………………………………………………… 毛茛科（Ranunculaceae）
51. 叶为全缘单叶，有托叶；无花被；胚珠直立；花成穗形总状花序 ………… 三白草科（Saururaceae）
52. 子房下位或半下位 ………………………………………………………………………………… 53
52. 子房上位 ………………………………………………………………………………………… 59
53. 草本；叶对生 ………………………………………………………… 金粟兰科（Chloranthaceae）
53. 灌木或乔木 ……………………………………………………………………………………… 54
54. 子房 3～10 室；坚果 1～2 个，同生在 1 个木质且裂为 4 瓣的壳斗里 …………………………… ………………………………………………………… 壳斗科（Fagaceae）（水青冈属 Fagus）
54. 子房 1～2 室 …………………………………………………………………………………… 55
55. 花柱 2 个 ………………………………………………………………………………………… 56
55. 花柱 1 个或无花柱 ……………………………………………………………………………… 57
56. 蒴果 2 瓣裂 ……………………………………………………………… 金缕梅科（Hamamelidaceae）
56. 果为核果或为蒴果状的瘦果，不裂开 ……………………………………… 鼠李科（Rhamnaceae）
57. 叶背面多少有些皮屑状或鳞片状的附属物 ……………………………… 胡颓子科（Elaeagnaceae）
57. 叶背面无皮屑状或鳞片状的附属物 ……………………………………………………………… 58
58. 叶缘有锯齿或圆齿；叶互生，大部分叶基具 3 出脉；雄花具花被及 4 枚雄蕊 …… 荨麻科（Urticaceae）
58. 叶全缘，互生或对生；果实浆果状 ……………………………………… 桑寄生科（Loranthaceae）
59. 托叶鞘围抱茎的各节；草本稀灌木 ……………………………………………… 蓼科（Polygonacea）

59. 无托叶鞘，在悬铃木科中有托叶鞘但易脱落 …………………………………… 60
60. 草本稀为亚灌木 …………………………………… 61
60. 木本 …………………………………… 73
61. 花单性，无花被 …………………………………… 大戟科（Euphorbiaceae）
61. 有花被 …………………………………… 62
62. 花萼花冠状且呈管状 …………………………………… 63
62. 花萼不为上述情况 …………………………………… 64
63. 花有总苞，有时总苞似花萼 …………………………………… 紫茉莉科（Nyctaginaceae）
63. 花无总苞 …………………………………… 瑞香科（Thymelaeaceae）
64. 雄蕊周位即位于花被上 …………………………………… 65
64. 雄蕊下位即位于子房下 …………………………………… 66
65. 叶互生；羽状复叶而有草质托叶；花无膜质苞片；瘦果 …………………………………… 蔷薇科（Rosaceae）
65. 叶对生；单叶有膜质托叶。花有膜质苞片；花被片和雄蕊各为 4～5 个，对生。囊果 …………………………………… 石竹科（Caryophyllaceae）
66. 花柱或其分支为二或数个，内侧常为柱头面 …………………………………… 67
66. 花柱 1 个，常顶端有柱头，也有无花柱 …………………………………… 71
67. 子房常为数个至多个心皮联合而成 …………………………………… 商陆科（Phytolaccaceae）
67. 子房常为 2 个或 3（或 5）个心皮联合而成 …………………………………… 68
68. 子房 3 室，稀有 2 室或 4 室 …………………………………… 大戟科（Euphorbiaceae）
68. 子房 1 室或 2 室 …………………………………… 69
69. 叶为掌状复叶或具掌状脉而有宿存托叶 …………………………………… 科（Moraceae）
69. 叶具羽状脉，稀掌状脉而无托叶，在藜科中叶也可退化成鳞片或为肉质而形如圆柱 …………………………………… 70
70. 花有草质而带绿色或灰绿色的花被及苞片 …………………………………… 藜科（Chenopdiaceae）
70. 花有干膜质而常有色泽的花被及苞片 …………………………………… 苋科（Amaranthaceae）
71. 花两性，雌蕊由 2 个合生心皮而成 …………………………………… 72
71. 花单性 …………………………………… 荨麻科（Urticaceae）
72. 萼片 2 个；雄蕊多枚 …………………………………… 罂粟科（Papaveraceae）
72. 萼片 4 个；雄蕊 2 枚或 4 枚 …………………………………… 十字花科（Cruciferae）
73. 果实及子房均 2 室至数室 …………………………………… 74
73. 果实及子房为 1 室或 2 室 …………………………………… 79
74. 花常两性 …………………………………… 75
74. 花单性或杂性 …………………………………… 77
75. 萼片 4 个或 5 个，稀有 3 个，呈覆瓦状排列 …………………………………… 76
75. 萼片 4 个或 5 个，呈镊合状排列；雄蕊与萼片同数，互生 …………………………………… 鼠李科（Rhamnaceae）
76. 雄蕊 4 枚，蒴果 4 室 …………………………………… 水青树科（Tetracentraceae）
76. 雄蕊多枚，浆果状核果 …………………………………… 大戟科（Euphorbiaceae）
77. 果实多种，种子无或有少量胚乳 …………………………………… 78
77. 果实多蒴果状，无翅。种子常有胚乳，且有木质或革质的外种皮 ……… 金缕梅科（Hamamelidaceae）
78. 雄蕊常 8 枚，果实坚果状或有翅蒴果。羽状复叶或单叶 …………………………………… 无患子科（Sapindaceae）
78. 雄蕊 5 枚或 4 枚，且和萼片互生。核果有 2～4 个小核。单叶 …………………………………… 鼠李科（Rhamnaceae）
79. 花萼具显著的萼筒，且常呈花冠状 …………………………………… 80
79. 花萼不为上述情形或无花被 …………………………………… 81
80. 叶无毛或背面有柔毛，萼筒整个脱落 …………………………………… 瑞香科（Thymelaeaceae）

80. 叶背面具银白色或棕色的鳞片，萼筒或其下部永久宿存，当果实成熟时，变为肉质而紧密包着子房 ……………………………………………………………………………………………… 胡颓子科（Elaeagnaceae）
81. 花药以 2 个或 4 个舌瓣裂开 ……………………………………………………… 樟科（auraceae）
81. 花药不以舌瓣裂开 ……………………………………………………………………………… 82
82. 叶对生 ……………………………………………………………………………………………… 83
82. 叶互生 ……………………………………………………………………………………………… 84
83. 果实为双翅或呈圆形的翅果 ………………………………………………… 槭树科（Aceraceae）
83. 果实为有单翅而细长的翅果 ………………………………………………… 木樨科（Oleaceae）
84. 叶为羽状复叶 ……………………………………………………………………………………… 85
84. 叶为单叶 …………………………………………………………………………………………… 87
85. 叶为 2 回羽状复叶或退化成叶状柄 ………………………………………… 豆科（Leguminosae）
85. 叶为 1 回羽状复叶，小叶全缘 …………………………………………………………………… 86
86. 花两性或杂性 …………………………………………………………………… 无患子科（Sapindaceae）
86. 雌雄异株 ………………………………………………………………………… 漆树科（Anacardiaceae）
87. 花无花被 …………………………………………………………………………………………… 88
87. 花常有花萼，尤其在雄花 ………………………………………………………………………… 89
88. 叶宽广，具掌状脉及掌状分裂，叶缘具缺刻或大锯齿；有托叶，围茎成鞘，但易脱落。雌雄同株，雌、雄花分别为球形的头状花序；雌花为单心皮而成。小坚果为倒圆锥形而有棱角，无翅也无梗，但围以长柔毛 ……………………………………………………………………………… 悬铃木科（Platanaceae）
88. 叶椭圆形至卵形，具羽状脉及锯齿缘；无托叶。雌雄同株，雄花聚成疏松有苞片的簇丛；雌花单生于苞片的腋内；雌蕊由 2 个心皮而成。小坚果扁平，具翅且有柄，但无毛 …… 杜仲科（Eucommiaceae）
89. 植物体内有乳汁 …………………………………………………………………… 桑科（Moraceae）
89. 植物体内无乳汁 …………………………………………………………………………………… 90
90. 花柱或其分支 2 个或数个；花两性或单性。叶缘多有锯齿或具齿裂，少为全缘 ………………… 91
90. 花柱 1 个，有时（如荨麻科）不存在，而柱头呈画笔状。叶缘有锯齿。子房由 1 个心皮组成。雌雄异株或同株 ……………………………………………………………………………………………… 92
91. 子房 2 室，每室有 1 个至数个胚珠。果实为木质蒴果 ………………… 金缕梅科（Hamamelidaceae）
91. 子房 1 室，仅含 1 个胚珠。果不为木质蒴果 …………………………………… 榆科（UlmaQeae）
92. 花生于当年新枝上，雌蕊多枚 …………………………………………………… 蔷薇科（Rosacea）
92. 花生于老枝上；雄蕊和萼片同数 ………………………………………………… 荨麻科（Urticaceae）
93. 花冠常由离生的花瓣所组成 ……………………………………………………………………… 94
93. 花冠为多少有些联合的花瓣所组成 ……………………………………………………………… 205
94. 成熟雄蕊（或单体雄蕊的花药）多在 10 枚以上，通常多数或其数超过花瓣的 2 倍 ………… 95
94. 成熟雄蕊 10 枚或较少，如多于 10 枚时，其数并不超过花瓣的 2 倍 ………………………… 123
95. 花萼和 1 枚或更多的雌蕊多少有些互相愈合，即子房下位或半下位 ………………………… 96
95. 花萼和 1 枚或更多的雌蕊互相分离，即子房上位 ……………………………………………… 103
96. 草本植物稀为亚灌木 ……………………………………………………………………………… 97
96. 乔木或灌木 ………………………………………………………………………………………… 99
97. 雌雄同株；花鲜艳，多成腋生聚伞花序；子房 2～4 室 ……………………… 秋海棠科（Begoniaceae）
97. 花常两性 …………………………………………………………………………………………… 98
98. 叶基生或茎生，呈心脏形，不为肉质；花 3 基数 ………………………… 马兜铃科（Aristolochiaceae）
98. 叶基生，不呈心脏形，也不为肉质；花 5 基数 ………………………………… 马齿苋科（Portulacaceae）
99. 叶通常对生或有时互生 …………………………………………………………………………… 100
99. 叶互生 ……………………………………………………………………………………………… 101

100\. 叶常有锯齿；花序有不孕的边缘花 …………………………………………… 虎耳草科（Saxifragaceae）

100\. 叶全缘；花序无不孕花；花萼朱红色 …………………………………………… 石榴科（Punicaceae）

101\. 花瓣细长形兼长方形，最后向外反转 ………………… 八角枫科（Almgiaceae）（八角枫属 Alangium）

101\. 花瓣不成细长形或纵为细长形时也不向外反转 …………………………………………………… 102

102\. 叶无托叶；叶缘多少有些锯齿或齿裂。果实呈核果状，其形歪斜 …………… 山矾科（Symplocaceae）

102\. 叶有托叶。花成伞房、圆锥、伞形或总状等花序，稀可单生；子房 8～5 室，或心皮 2～5 个，下位，每室或每心皮有胚珠 1～2 个，稀可为 3～10 个或多数。果实为肉质或木质假果 ………………………………………………………………… 蔷薇科（Rosaceae）（梨亚科 Pyrunoideae）

103\. 花为周位花；萼片和花瓣在萼筒或花托的边缘排列呈两层 ………………………………………… 104

103\. 花为下位花，或至少在果实时花托扁平或隆起 ……………………………………………………… 107

104\. 叶对生或轮生，有时上部者为互生，但均为全缘单叶。花瓣常于蕾中呈皱折状，有细爪，边缘具腐蚀状的波纹或具流苏。蒴果 …………………………………………………… 千屈菜科（Lythraceae）

104\. 叶互生，单叶或复叶。花瓣不为上述情况 ………………………………………………………… 105

105\. 草本植物；具 2 基数的花；萼片 2 个，早落；花瓣 4 个 ……………………… 罂粟科（Papaveraceae）

105\. 木本或草本植物，具 5 或 4 基数花 …………………………………………………………… 106

106\. 花瓣镊合状排列；果实为荚果。叶多为二回羽状复叶，有时叶片退化，而叶柄发育为叶状柄。心皮 1 个 ………………………………………………… 豆科（Leguminosae）（含羞草亚科 Mimosoideae）

106\. 花瓣覆瓦状排列；果实为核果、蓇葖果或瘦果。叶为单叶或复叶。心皮 1 个至多数 ……………………………………………………………………………………………… 蔷薇科（Rosaceae）

107\. 雌蕊少数至多数，互相分离或微有联合 …………………………………………………………… 108

107\. 雌蕊 1 个，但花柱或柱头 1 个至多数 ……………………………………………………………… 205

108\. 叶片中具透明油腺点 ……………………………………………………………… 芸香科（Rutaceae）

108\. 叶片中无透明油腺点 ……………………………………………………………………………… 109

109\. 子房单纯，具 1 子房室 ……………………………………………………………………………… 110

109\. 子房为复合性 ………………………………………………………………………………………… 112

110\. 乔木或灌木；花瓣呈镊合状排列；果实为荚果 …… 豆科（Leguminosae）（含羞草亚科 Mimosoideae）

110\. 草本植物；花瓣呈覆瓦状排列；果实不为荚果 ……………………………………………………… 111

111\. 花 5 基数，蓇葖果 …………………………………………………………… 毛茛科（Ranunculaceae）

111\. 花 3 基数，浆果 ……………………………………………………………… 小檗科（Berberidaceae）

112\. 子房 1 室侧膜胎座。植物体内含乳汁 ……………………………………… 罂粟科（Papaveraceae）

112\. 子房 2 室至多室，或为不完全的 2 室至多室 ………………………………………………………… 113

113\. 草本植物，具多少有些呈花瓣状的萼片 …………………………………………………………… 114

113\. 木木植物，或陆生草本植物，常不具呈花瓣状的萼片 ……………………………………………… 115

114\. 水生植物，花瓣为多数雄蕊或鳞片状的蜜腺叶所代替 ………………………… 睡莲科（Nymphaeaceae）

114\. 陆生植物，一年生草本植物；花瓣不为蜜腺叶所代替；叶羽状细裂 ……………………………………………………………………………… 毛茛科（Ranunculaceae）（黑种草属 Nigella）

115\. 萼片于花蕾内呈镊合状排列 ………………………………………………………………………… 116

115\. 萼片于花蕾内呈覆瓦状或旋转状排列 ……………………………………………………………… 119

116\. 雄蕊互相分离或连成数束，花药 2 室，纵长裂开 ………………………………… 椴树科（Tiliaceae）

116\. 雄蕊连为单体，至少内层者如此，并且多少有些连成管状 ………………………………………… 117

117\. 花单性，萼片 2 个或 3 个 …………………………………………………… 大戟科（Euphorbiaceae）

117\. 花两性，萼片多为 5 个 ……………………………………………………………………………… 118

118\. 花药 2 室，多有不育雄蕊；叶为单叶或掌状分裂 ………………………… 梧桐科（Sterculiaceae）

118\. 花药 1 室，花粉粒表面有刺；叶有各种情形 ……………………………………… 锦葵科（Malvaceae）

119. 雌雄同株，稀异株；果实为蒴果，由 2～4 个自裂为二瓣的离果所成 ……… 大戟科（Euphorbiaceae）
119. 花两性，或在猕猴桃属（Actinidia）中为杂性或雌雄异株；果实为其他情形 ……………………… 120
120. 草本或木本植物；花为 4 基数，或其萼片多为 2 片且早落；植物体内含乳汁 ……………………… 罂粟科（Papaveraceae）
120. 木本植物；花为 5 基数，萼片宿存或脱落 ……………………… 121
121. 果实为 5 个棱角的蒴果，成熟时沿腹缝线而二瓣裂开 …… 蔷薇科（Rosaceae）（白鹃梅属 Exochorda）
121. 果实不为蒴果，如为蒴果时则为沿背缝线裂开 ……………………… 122
122. 蔓生或攀援性的灌木；雄蕊互相分离；子房 5 室或更多室；浆果常可食 … 猕猴桃科（Actinidiaceae）
122. 直立乔木或灌木；雄蕊连成 3～5 束，着生于花瓣的基部，花药纵长开裂；子房 5～3 室；果实有各种情形 ……………………… 山茶科（Theaceae）
123. 成熟雄蕊和花瓣同数，且互相对生 ……………………… 124
123. 成熟雄蕊和花瓣不同数，如同数时则与之互生 ……………………… 134
124. 雌蕊 3 枚至多数，离生 ……………………… 125
124. 雌蕊 1 枚 ……………………… 127
125. 直立草本或亚灌木；花两性，5 基数 ……………… 蔷薇科（Rosaceae）（地蔷薇属 Chamaerhodos）
125. 木质或草质藤本；花单性，3 基数 ……………………… 126
126. 叶常为单叶；花小型，心皮 3～6 个，呈星状排列；核果 ……………… 防己科（Menispermaceae）
126. 叶为掌状复叶或由 3 小叶组成。花中型；心皮 3 个至多数，呈轮状或螺旋状排列，各有 1 个或多数胚珠 ……………………… 木通科（Lardizabalaceae）
127. 子房 2 室至数室 ……………………… 128
127. 子房 1 室 ……………………… 131
128. 花萼裂齿不明显或微小；以卷须缠绕他物的灌木或草本植物 ……………… 葡萄科（Vitaceae）
128. 花萼 4～5 裂片；乔木、灌木或草本植物，有时可为缠绕性，但无卷须 ……………… 129
129. 雄蕊连成单体；每子房室含胚珠 2～6 个；叶为单叶 ……………… 梧桐科（Sterculiaceae）
129. 雄蕊互相分离 ……………………… 130
130. 叶无托叶；萼片各不相等，覆瓦状排列；花瓣不相等，在内层的两个常很小 ……………………… 清风藤科（Sabiaceae）
130. 叶常有托叶；萼片同大，镊合状排列；花瓣均同形；单叶 ……………… 鼠李科（Rhamnaceae）
131. 花药以舌瓣裂开 ……………………… 小檗科（Berberidaceae）
131. 花药不以舌瓣裂开 ……………………… 132
132. 花瓣 6～9 个；雌蕊单纯 ……………………… 小檗科（Berberidaceae）
132. 花瓣 4～8 个；雌蕊复合；有两个分离萼片 ……………………… 133
133. 花瓣 4 个；侧膜胎座 ……………………… 罂粟科（Papaveraceae）
133. 花瓣常 5 个；基底胎座 ……………………… 马齿苋科（Portulacaceae）
134. 花萼或其筒部和子房多少有些相联合 ……………………… 135
134. 花萼和子房相分离 ……………………… 148
135. 每子房室内含胚珠或种子 2 个至多数；花药纵长裂开 ……………………… 136
135. 每子房室内仅含胚珠或种子 1 个 ……………………… 141
136. 草本或亚灌木，有时为攀援性 ……………………… 137
136. 乔木或灌木，有时为攀援性；叶互生 ……………………… 140
137. 具卷须的攀援草本；花单性 ……………………… 葫芦科（Cucurbitaceae）
137. 无卷须的植物；花常两性 ……………………… 138
138. 萼片或花萼裂片 2 个；植物体多少肉质而多水分 ……………… 马齿宽科（Portulacaceae）
138. 萼片或花萼裂片 4～5 个；植物体不为肉质 ……………………… 139

139. 花萼裂片覆瓦状或镊合状排列；花柱 2 个或更多；种子具胚乳 …………… 虎耳草科（Saxifragaceae）

139. 花萼裂片镊合状排列；花柱 1 个，2～4 裂，或为一呈头状拇柱头；种子无胚乳 …………………………………………………………………………………………………… 柳叶菜科（Onagraceae）

140. 花为总状或圆锥状花序；子房 1 室；浆果 ………………… 虎耳草科（Saxifragaceae）（茶藨子属 *Ribes*）

140. 花数朵至多数，为头状花序 ……………………………………………… 金缕梅科（HamameHidaceae）

141. 果实裂开为 2 个干燥的离果，并共同悬于果梗上；花序为伞形花序 ………… 伞形科（Umbelliferae）

141. 果实不裂开或裂开，而不是上述情形；花序可为各种形式 …………………………………………… 142

142. 草本植物 ……………………………………………………………………………………………… 143

142. 木本植物 ……………………………………………………………………………………………… 144

143. 陆生草本植物，具对生叶；花为 2 基数；果实为 1 个具钩状刺毛的坚果 …………………………………………………………………………… 椰叶菜科（Onagraceae）（露珠草属 Circaea）

143. 水生草本植物，有聚生而漂浮水面的叶；花为 4 基数；果实为具 2～4 刺的坚果 …………………………………………………………………………………………… 菱科（Trapaceae）（菱属 Trapa）

144. 果实干燥或为蒴果状 ……………………………………………………………………………… 145

144. 果实为核果状或浆果状 …………………………………………………………………………… 146

145. 子房 2 室；花柱 2 个 ………………………………………………… 金缕梅科（Hamamelidaceae）

145. 子房 1 室；花柱 1 个；花序头状 ………………………………………………… 洪桐科（Nyssaceae）

146. 叶互生或对生；花瓣呈镊合状排列；花序有各种形式，但少为伞形或头伏，有时且可生于叶片上 ……… 147

146. 叶互生；子房 2 室或多室；花柱 2～5 个；伞形花序 ………………………… 五加科（Araliaceae）

147. 花瓣 3～5 枚，卵形至披针形；花药短 ……………………………………… 山茱萸科（Cornaceae）

147. 花瓣 4～10 枚，狭窄形并向外反转；花药细长 ………………………… 八角枫科（Alangiaceae）

148. 叶中有透明油腺点 ………………………………………………………………………………… 150

149. 花整齐，稀两侧对称；果实不为荚果 ………………………………………… 芸香科（Rutaceae）

149. 花整齐或不整齐；果实为荚果 ……………………………………………… 豆科（Leguminosae）

150. 雄蕊 2 枚或更多，互相分离或仅有局部的联合；也可子房分离而花柱联合成 1 个 ………………… 151

150. 雄蕊 1 枚，或至少其子房为 1 个 ……………………………………………………………… 160

151. 多水分的草本，具肉质的茎及叶……………………………………………… 景天科（Crassulaceae）

151. 植物体为其他情形 ………………………………………………………………………………… 152

152. 花为周位花，各部分轮状排列 …………………………………………………………………… 153

152. 花为下位花 ……………………………………………………………………………………… 154

153. 雌蕊 2～4 枚，各有多数胚珠；种子有胚乳；无托叶 ……………………… 虎耳草科（SaHfragaceae）

153. 雌蕊 2 枚至多数，各有 1 个至数个胚珠；种子无胚乳；有或无托叶 ……………… 蔷薇科（Rosacea）

154. 草本或亚灌木，各子房的花柱互相分离 ………………………………… 毛茛科（Ranunculacea）

154. 乔木、灌木或木本攀援植物 ……………………………………………………………………… 155

155. 叶为单叶 ………………………………………………………………………………………… 156

155. 叶为复叶 ………………………………………………………………………………………… 157

156. 叶为脱落性，具掌状脉，叶柄基部扩展成帽状以覆盖腋芽 ………………… 悬铃木科（Platanaceae）

156. 叶为常绿性或脱落性，具羽状脉。雄蕊 7 枚至多数，直立或缠绕性灌木；花两性或单叶 …………………………………………………………………………………………… 木兰科（Magnoliaceae）

157. 叶对生 ……………………………………………………………………… 省沽油科（Staphyleaceae）

157. 叶互生 …………………………………………………………………………………………… 158

158. 木质藤本；叶为掌状叶或三出复叶 …………………………………… 木通科（Lardizabalaceae）

158. 乔木或灌木；叶为羽状复叶 ……………………………………………………………………… 159

159. 果实为含多数种子的浆果，状似猫屎 ……………… 木通科（Lardizabalaceae）（猫儿屎属 *Decaisnea*）
159. 果为离果，或在臭椿属（*Ailanthus*）中为翅果 …………………………………………… 苦木科（Simaroubaceae）
160. 雌蕊或子房确是单纯的，仅1室 …………………………………………………………………………… 161
160. 雌蕊或子房不为单纯的，有1个以上的子房室或花柱、柱头、胎座等部分 ……………………… 163
161. 果为核果或浆果；花为3基数 ……………………………………………………………… 樟科（Lauraceae）
161. 果为蓇葖果或荚果 ……………………………………………………………………………………………… 162
162. 果为蓇葖果，内含2粒至数粒种子 ………… 蔷薇科（Rosaceae）（绣线菊亚科 Spiraeoideae）
162. 果为荚果 …………………………………………………………………………………… 豆科（Leguminosae）
163. 子房1室或因有1假隔膜的发育而成2室，有时下部2～5室，上部1室 ……………………… 164
163. 子房2室或更多室 ……………………………………………………………………………………………… 176
164. 花下位，花瓣4个 ……………………………………………………………………………………………… 165
164. 花周位或下位，花瓣3～5个，稀2个或更多 ………………………………………………………… 166
165. 萼片2个 ……………………………………………………………………………… 罂粟科（Papaveraceae）
165. 萼片2个；子房由2个心皮组成，常具2个子房室及1个假隔膜…………… 十字花科（Cruciferae）
166. 每子房室内仅有胚珠1个 ……………………………………………………………………………………… 167
166. 每子房室内有胚珠2个至多数 ………………………………………………………………………………… 169
167. 乔木或灌木；叶为羽状复叶或单叶，无托叶及小轮叶 …………………………… 漆树科（Anacardiaceae）
167. 木本或草本；叶为单叶 ……………………………………………………………………………………… 168
168. 乔木或灌木；叶互生，无膜质托叶；花多为3基数，萼片和花瓣同形；花药以舌瓣开裂。浆果或核果
…………………………………………………………………………………………………… 樟科（Lauraceae）
168. 草本或亚灌木；叶互生或对生，具膜质托叶 ……………………………………… 蓼科（Polygonaceae）
169. 乔木、灌木或木质藤本 ……………………………………………………………………………………… 170
169. 草本或亚灌木 …………………………………………………………………………………………………… 172
170. 花瓣及雄蕊均着生于花托上；花辐射对称。果实有2个至多数种子 ……………………………… 171
170. 花瓣及雄蕊均着生于花萼上 ………………………………………………………… 千屈菜科（Lythraceae）
171. 花瓣具有直立而常彼此衔接的瓣爪 ……………… 海桐花科（Pittosporaceae）（海桐花属 *Pittosporum*）
171. 花瓣不具细长的瓣爪；花无小苞片。有鳞片状或细长形的 ……………………… 柽柳科（Tamaricaceae）
172. 胎座位于子房室的中央或基底 ……………………………………………………………………………… 173
172. 侧膜胎座 …… 175
173. 花瓣着生于花萼的喉部 ………………………………………………………………… 千屈菜科（Lythraceae）
173. 花瓣着生于花托上 ……………………………………………………………………………………………… 174
174. 萼片2个；叶互生稀可对生 ………………………………………………………… 马齿苋科（Portulacaceae）
174. 萼片5个或4个；叶对生 ………………………………………………………… 石竹科（Caryophyllaceae）
175. 花两侧对称；有1距状物；蒴果3瓣裂开 ………………………………………………… 堇菜科（Violaceae）
175. 花整齐或近于整齐；花瓣内侧无鳞片状的附属物；花中无副花冠及子房柄 …………………………
…………………………………………………………………………………………… 虎耳草科（Saxifragaceae）
176. 花瓣形状彼此极不相同 ………………………………………………………………………………………… 177
176. 花瓣形状彼此相同或略有不同 ……………………………………………………………………………… 179
177. 每子房室内有数个至多数胚珠 ……………………………………………………………………………… 178
177. 每子房室内仅有1个胚珠；子房2室；雄蕊连成单体…………………………… 远志科（Polygalaceae）
178. 子房2室 …………………………………………………………………………… 虎耳草科（Saxifragaceae）
178. 子房5室 …………………………………………………………………………… 凤仙花科（Balsaminaceae）
179. 雄蕊和花瓣数既不相等，也无倍数关系 …………………………………………………………………… 180
179. 雄蕊和花瓣数相等，或有倍数关系 ………………………………………………………………………… 185

180. 叶对生 …………………………………………………………………………………………………… 181
180. 叶互生 …………………………………………………………………………………………………… 182
181. 雄蕊 4～10 枚，常 8 枚；翅果 ……………………………………………… 槭树科（Aceraceae）
181. 雄蕊 2 枚稀 3 枚；萼片及花瓣常为 4 数 ………………………………… 木犀科（Oleaceae）
182. 叶为单叶，多全缘，或在油桐属（Aleurites）中可具 3～7 个裂片；花单性 ……………………
…………………………………………………………………………………… 大戟科（Euphorbiaceae）
182. 叶为单叶或复叶；花两性或杂性 …………………………………………………………………… 183
183. 萼片为镊合状排列；雄蕊连成单体 ……………………………………… 梧桐科（Sterculiaceae）
183. 萼片为覆瓦状排列；雄蕊离生 ……………………………………………………………………… 184
184. 子房 4 室或 5 室，每子房室内有 8～12 个胚珠；种子具翅 ……… 楝科（Meliaceae）（香椿属 *Toona*）
184. 子房常 3 室，每子房内有 1 个至数个胚珠；萼片互相分离或微有联合；种子无翅 ……………………
…………………………………………………………………………………… 无患子科（Sapindaceae）
185. 每子房室内有胚珠 3 个至多数 ……………………………………………………………………… 186
185. 每子房室内有胚珠 1 个或 2 个 ……………………………………………………………………… 196
186. 叶为复叶 ………………………………………………………………………………………………… 187
186. 叶为单叶 ………………………………………………………………………………………………… 191
187. 雄蕊联合成单体 ……………………………………………………………… 酢浆草科（Oxalidaceae）
187. 雄蕊彼此相互分离 ……………………………………………………………………………………… 188
188. 叶互生 …………………………………………………………………………………………………… 189
188. 叶对生 …………………………………………………………………………………………………… 190
189. 叶为 2～3 回的三出叶，或为掌状叶 ……………… 虎耳草科（Saxifragaceae）（落新妇亚族 Astilbinae）
189. 叶为一回羽状复叶 ……………………………………………………… 楝科（Meliaceae）（香椿属 *Toona*）
190. 叶为偶数羽状复叶 ………………………………………………………… 蒺藜科（Zygophylliaceae）
190. 叶为奇数羽状复叶 ………………………………………………………… 省沽油科（Staphyleaceae）
191. 草本或亚灌木 …………………………………………………………………………………………… 192
191. 木本植物 ………………………………………………………………………………………………… 195
192. 花周位；花托多少有些中空 ………………………………………………………………………… 193
192. 花下位；花托常扁平 …………………………………………………………………………………… 194
193. 雄蕊着生于杯状花托的边缘 ……………………………………………… 虎耳草科（Saxifragaceae）
193. 雄蕊着生于杯状或管状花萼内侧 ………………………………………… 千屈菜科（Lythraceae）
194. 叶对生或轮生；常全缘；无托叶；陆生草本 …………………………… 石竹科（Caryophyllaceae）
194. 叶互生或基生，稀对生；边缘有锯齿，或退化为无绿色素组织的鳞片；有托叶；草本或亚灌木 ……
……………………………………………… 椴树科（Tiliaacea）（黄麻属 *Corchorus*，田麻属 *Corchoropsis*）
195. 花瓣常有彼此衔接或其边缘互相依附的柄状瓣爪 ………………………… 海桐花属（*Pittosporaceae*）
195. 花瓣无瓣爪；花托空凹 …………………………………………………………… 千屈菜科（Lythraceae）
196. 草本植物，有时基部成灌木状 ………………………………………………………………………… 197
196. 木本植物 ………………………………………………………………………………………………… 198
197. 花单性；杂性或雄雄异株；直立草本或亚灌木；叶为单叶 ……………… 大戟科（Euphorbiaceae）
197. 花两性；萼片呈覆瓦状排列；果无刺；雌蕊彼此分离；花柱互相联合 …… 牻牛儿苗科（Geraniaceae）
198. 叶对生；花瓣全缘；某实具 2 个或联合为 1 个的翅果 ……………………… 槭树科（Aceraceae）
198. 叶互生，如为对生则不为翅果 ………………………………………………………………………… 199
199. 叶为复叶 ………………………………………………………………………………………………… 200
199. 叶为单叶；果无翅 ……………………………………………………………………………………… 202
200. 雄蕊连为单体；花药 8～12 个，无花丝 ……………………………………………… 楝科（Meliaceae）

200. 雄蕊各自分离 …………………………………………………………………………… 201
201. 花柱3～5个；叶常互生；脱落性 …………………………………… 漆树科（Anieardiaceae）
201. 花柱1个；叶互生；羽状复叶 ………………………………………… 无患子科（Sapindaceae）
202. 雄蕊连成单体，或为2轮时，至少其内轮者如此；花单性 ………………… 大戟科（Euphorbiaceae）
202. 雄蕊各自分离 …………………………………………………………………………… 203
203. 果实蒴果状 ……………………………………………………………………………… 204
203. 果呈浆果状；雄蕊10个；子房5室，每室2个胚珠；落叶攀援灌木 ……… 猕猴桃科（Actinidiaceae）
204. 叶互生，稀对生。花下位；单性或两性；子房3室，稀2室或4室，有时可多至15室 ………………………………………………………………………… 大戟科（Euphorbiaceae）
204. 叶对生或互生；花周位 …………………………………………………… 卫矛科（Celastraceae）
205. 成熟雄蕊或单体雄蕊的花药数多于花冠裂片 …………………………………………… 206
205. 成熟雄蕊并不多于花冠裂片，或有时因花丝的分裂则可过之 ……………………………… 212
206. 心皮互相分离或大致分离 ……………………………………………………………… 207
206. 心皮联合成1复合性子房 ……………………………………………………………… 208
207. 叶为单叶，或有时可为羽状分裂，对生，肉质 ……………………………… 景天科（Crassulaceae）
207. 叶为二回羽状复叶，互生，不呈肉质 ……………… 豆科（Leguminosae）（含羞草亚科 Mimosoideae）
208. 雌雄同株或异株，有时杂性；雄蕊各自分离；浆果 ………………………… 柿树科（Ebenaceae）
208. 花两性，花瓣及萼裂片均不连成盖状物 ………………………………………………… 209
209. 子房室中有3个至多数胚珠 …………………………………………………………… 210
209. 子房室中仅有1个或2个胚珠 ………………………………………………………… 211
210. 雄蕊5～10个；或其数不超过花冠裂片的2倍连成单体；复叶 ……………… 酢浆草科（Oxalidaceae）
210. 雄蕊多数联合成单体；单叶 ……………………………………………………… 锦葵科（Malvaceae）
211. 子房下位或半下位；果实歪斜 …………………………………………… 山矾科（Symplocaceae）
211. 子房上位，雄蕊联合成单体；果实成熟时分裂为分果 ……………………… 锦葵科（Malvaceae）
212. 雄蕊和花冠裂片同数且对生；果实内有数个至多数种子；草本；果呈蒴果状 ………………………………………………………………………… 报春花科（Primulaceae）
212. 雄蕊和花冠裂片同数且互生，或较少 …………………………………………………… 213
213. 子房下位 ………………………………………………………………………………… 214
213. 子房上位 ………………………………………………………………………………… 225
214. 植物体常以卷须攀援或蔓生；胚珠及种子皆为水平生长于侧膜胎座上 ……… 葫芦科（Cucurbitaceae）
214. 植物体直立，如为攀援时，也无卷须；胚珠及种子不为水平生长 ………………………… 215
215. 雄蕊互相联合 …………………………………………………………………………… 216
215. 雄蕊各自分离 …………………………………………………………………………… 217
216. 花整齐或两侧对称，为头状花序；或在苍耳属（*Xanthium*）中，雌花序仅为1枚含有2朵雌花的果壳，其外生有钩状刺毛；子房1室，内仅含1个胚珠 ……………………… 菊科（Compositae）
216. 花两侧对称，单生或为总状花序；子房2室，内有多数胚珠；花冠裂开镊合状排列 ………………………………………… 桔梗科（Campanulaceae）半边莲亚科（Lobelioideae）
217. 雄蕊和花冠互相分离或近于分离，花药纵长裂开 …………………………… 桔梗科（Campanulaceae）
217. 雄蕊生于花冠上 ………………………………………………………………………… 218
218. 雄蕊4枚或5枚，和花冠裂片同数 ……………………………………………………… 219
218. 雄蕊1～4枚，其数较花冠裂片同数 …………………………………………………… 219
219. 叶对生或轮生；每子房内有多数胚珠 ……………………………………… 桔梗科（Campanulaceae）
219. 叶对生或轮生；每子房内有1个至多数胚珠 …………………………………………… 220
220. 叶轮生，如为对生时，则托叶存在 ………………………………………… 茜草科（Rubiaceae）

220. 叶对生，无托叶 …………………………………………………………………………………… 221
221. 花序多为聚伞花序 ……………………………………………………………… 忍冬科（Caprifoliaceae）
221. 花序为头状花序 ………………………………………………………………… 川续断科（Dipsacaceae）
222. 子房 1 室 ……………………………………………………………………………………………… 223
222. 子房 2 室或更多室，具中轴胎座；陆生植物 ………………………………………………………… 224
223. 胚珠多数生于侧膜胎座上…………………………………………………………… 苦苣苔科（Gesnehaceae）
223. 胚珠 1 个悬垂于子房的顶端 ……………………………………………………… 川续断科（Dipsacaceae）
224. 落叶或常绿灌木；叶片常全缘或边缘有锯齿 ……………………………………… 忍冬科（Caprifoliaceae）
224. 草本；叶常有很多的分裂 …………………………………………………………… 败酱科（Valeriaceae）
225. 子房深裂为 2～4 个部分；花柱或数花柱均自子房裂片之间伸出 ……………………………………… 226
225. 子房完整或微有分割，或为 2 个分离的心皮所组成；花柱自子房的顶端伸出 ……………………… 227
226. 花冠两侧对称或稀整齐；叶对生 ……………………………………………………………… 唇形科（Labiatae）
226. 花冠整齐；花柱 1 个；叶互生 ……………………………………………………… 紫草科（Boraginaceae）
227. 雄蕊 2 个，花丝各分为 3 裂 ……………………… 罂粟科（Papaveraceae）（紫堇亚科 Fumarioideae）
227. 雄蕊的花丝单纯 ……………………………………………………………………………………… 228
228. 花冠不整齐，常多少有些呈 2 唇状 …………………………………………………………………… 229
228. 花冠整齐或近于整齐 ………………………………………………………………………………… 237
229. 成熟雄蕊 5 枚，生于花冠上 ………………………………………………………… 紫草科（Boraginaceae）
229. 成熟雄蕊 2 枚或 4 枚，退化雄蕊有时也可存在 ……………………………………………………… 230
230. 每子房室内仅含有 2 个胚珠（如有后一情形也可在本 230 条中检索） …………………………… 231
230. 每子房室内有 2 个至多数胚珠 ……………………………………………………………………… 233
231. 叶对生或轮生；雄蕊 4 枚，稀 2 个；胚珠直立，稀悬垂 ……………………………………………… 232
231. 叶互生或基生；雄蕊 2 枚或 4 枚；胚珠垂悬；子房 2 室，每室仅有 1 个胚珠 ……………………
…………………………………………………………………………………… 玄参科（Scrophulareaceae）
232. 子房 2～4 室，共有 2 个或更多的胚珠 …………………………………………… 马鞭草科（Verbenaceae）
232. 子房 1 室，仅含 1 胚珠 …………………………………………………………… 透骨草科（Phrymaceae）
233. 子房 1 室，具侧膜胎座或中央胎座（有时因侧膜胎座的深入而为 2 室） ……………………………… 234
233. 子房 2～4 室，具中轴胎座 …………………………………………………………………………… 235
234. 乔木或木质藤本；叶为单叶或复叶，对生或轮生，稀互生；种子有翅，无胚乳 ……………………
……………………………………………………………………………………… 紫葳科（Bignoniaceae）
234. 多为草本；叶为单叶，基生或对生；种子无翅，有或无胚乳………………… 苦苣苔科（Gesnehaceae）
235. 植物体常具分泌黏液的腺体茸毛；种子无胚乳或具一薄层胚乳；子房最后成 4 室；蒴果的果皮质薄而不延伸为长喙；油料植物 ……………………………… 胡麻科（Pedaliaceae）（胡麻属 *Sesamum*）
235. 植物体不具上述的茸毛；子房 2 室 …………………………………………………………………… 236
236. 叶对生；种子无胚乳，位于胎座的钩状突起上……………………………………… 爵麻科（Acanthaceae）
236. 叶互生或对生；种子有胚乳，位于中轴胎座上；花冠裂片全缘或仅先端具 1 个凹陷；雄蕊 2 枚或 4 枚 ………………………………………………………………………… 玄参科（Scrophulariaceae）
237. 雄蕊较花冠裂片为少 ………………………………………………………………………………… 238
237. 雄蕊和花冠的裂片同数 ……………………………………………………………………………… 243
278. 子房 2～4 室，每室内仅含 1 个或 2 个胚珠 ………………………………………………………… 239
278. 子房 1 室或 2 室，每室内有数个至多个胚珠 ………………………………………………………… 240
239. 雄蕊 2 枚 ………………………………………………………………………………… 木樨科（Oleaceae）
239. 雄蕊 4 枚……………………………………………………………………………… 马鞭草科（Verbenaceae）
240. 雄蕊 2 枚；每子房室内有 4～10 个胚珠垂悬于室的顶端……… 木樨科（Oleaceae）（连翘属 *Forsyhia*）

240. 雄蕊4枚或2枚；每子房室内有多数胚珠着生于中轴或侧膜胎座上 ………………………………… 241
241. 子房1室，内具分歧的侧膜胎座，或因胎座深入而使子房成为2室………… 苦苣苔科（Gesnehaceae）
241. 子房为完全的2室，内具中轴胎座 ……………………………………………………………………… 242
242. 花冠于花蕾中常折叠；子房为2个心皮，子房位置偏斜 ……………………………… 茄科（Solanaceae）
242. 花冠于花蕾中不折叠，而呈覆瓦状排列；子房2个心皮位置不偏斜 ……… 玄参科（Scrophulariaceae）
243. 子房2个或1个，成熟后呈双角状 ……………………………………………………………………… 244
243. 子房1个，成熟后不呈双角状 …………………………………………………………………………… 245
244. 雄蕊各自分离；花粉粒也彼此分离 ………………………………………… 夹竹桃科（Apocynaceae）
244. 雄蕊互相联合；花粉粒连成花粉块…………………………………………… 萝藦科（Asclepiadaceae）
245. 子房1室，或因2侧膜胎座的深入而成2室 ………………………………………………………… 246
245. 子房2～10室 …………………………………………………………………………………………… 247
246. 子房由1心皮所成；果为荚果；花小而形成球形的头状花序 ……………………………………
………………………………………………………… 豆科（Leguminosae）(含羞草亚科 Mimosoideae)
246. 子房为2个以上联合心皮所成；蒴果；花冠裂片呈覆瓦状或内折的镊合状排列 ……………………
…………………………………………………………………………………………… 龙胆科（Gentianaceae）
247. 雄蕊和花冠离生或近于离生；花药纵长裂开；花粉粒单纯；一年生或多年生草本 ………………
………………………………………………………………………………………… 桔梗科（Campanulaceae）
247. 雄蕊着生于花冠的筒部 ………………………………………………………………………………… 248
248. 雄蕊4枚 …………………………………………………………………………………………………… 249
248. 雄蕊常5枚，少数具更多雄蕊 …………………………………………………………………………… 251
249. 无主茎的草本，具有少数至多数花朵所形成的穗状花序，生于1基生花葶上 ……………………
……………………………………………………………………………………………车前科（Plantaginaceae）
249. 乔木、灌木或具主茎的草本；叶对生或轮生 …………………………………………………………… 250
250. 子房2室，每室内有多数胚珠 ……………………………………………… 玄参科（Scrophulariaceae）
250. 子房2室至多室，每室内有1个或2个胚珠……………………………………… 马鞭草科（Verbenaceae）
251. 每子房室内1个或2个胚珠，子房1～4室；胚珠在子房室基底或中轴的基部直立或上举；无托叶 …
…… 252
251. 每子房室内有多数胚珠；多无托叶 ……………………………………………………………………… 253
252. 果实为核果；花冠有明显的裂片，并在花蕾中呈覆瓦状或旋转状排列；叶全纸或有锯齿。常为直立草木或木本，多粗壮或具刺毛 ……………………………………………………… 紫草科（Boraginaceae）
252. 果实为蒴果；萼片互相分离；花冠完整无裂片，于花蕾中旋转排列；叶全缘或具裂片，但边缘无锯齿；常为缠绕性草本 ………………………………………………………………… 旋花科（Convolvulaceae）
253. 花冠多于花蕾中折叠，其裂片呈覆瓦状排列；或在曼陀罗属（*Datura*）中成旋转状排列；在枸杞属（*Lycium*）和颠茄属（*Atropa*）等属中并不于花蕾中折叠，而呈覆瓦状排列；雄蕊的花丝无毛；浆果为纵裂或横裂的蒴果 ……………………………………………………………………… 茄科（Solanaceae）
253. 花冠不于花蕾中折叠，其裂片呈覆瓦状排列；花丝具茸毛（尤以后方的3者为甚） ………………… 254
254. 室间开裂的蒴果 ……………………………………… 玄参科（Scrophulariaceae）毛蕊花属（*Verbascum*）
254. 浆果；有刺灌木……………………………………………………… 茄科（Solanaceae）(枸杞属 *Lycium*)

Ⅴ 单子叶植物纲分科检索表

1. 禾本类、竹类、莎草类；具颖片或鳞片等高度变化的花部 ………………………………………………… 2
1. 非禾本类、竹类或莎草类；花不高度变化，偶有变化时，但也不为真正的颖片状 ……………………… 3
2. 茎有明显的节，多半外圆中空；常2列叶，叶鞘在一面开裂 …………………………… 禾本科（Gramineae）
2. 茎无明显的节，多半有三棱、内实心；常3列叶，叶鞘不在一面开裂 ………………… 莎草科（Cyperaceae）

3. 子房上位 …………………………………………………………………………………………………… 4
3. 子房下位或花被多少贴生子房上，而呈不同程度的假下位 ……………………………………… 12
4. 花被3～6片，内轮2轮，外轮近颖片状；叶片常发达 ………………………… 灯心草科（Juncaceae）
4. 花被都不为颖片状 ………………………………………………………………………………………… 5
5. 花无花被或退化为鳞片、刚毛或花被很少 ………………………………………………………… 6
5. 花被存在并很显著 ………………………………………………………………………………………… 9
6. 植物体为茁壮沼泽蒲草，而只有一个非常紧密顶生蜡烛状穗状花序 ……………… 香蒲科（Typhaceae）
6. 植物体为水生柔弱草本，陆生攀援草本或直立草本 …………………………………………………… 7
7. 一般具穗状花序并有佛焰状苞 ……………………………………………………………………………… 8
7. 穗状花序而有两性花；佛焰苞宿存于总花梗基部 …………………… 眼子菜科（Potamogetonaceae）
8. 叶横断面为扁三棱形；单性穗状花序，雄穗球在上部，雌穗球在下部 ……… 黑三棱科（Sparganiaceae）
8. 叶不为三棱形；肉穗花序，常有1大型而具色彩的佛焰苞 ………………………… 天南星科（Araceae）
9. 雌蕊少数或多数，由离生心皮组成 …………………………………………… 泽泻科（Alismataceae）
9. 雌蕊1枚，由2个、3个或更多合生心皮组成…………………………………………………………… 10
10. 雄蕊6个且彼此一致 ……………………………………………………………………… 百合科（Liliaceae）
10. 雄蕊6个但彼此不一致或有些退化 ………………………………………………………………… 11
11. 花大显著；花被片互相一致；雄蕊有两种式样 ………………………… 雨久花科（Pontederiaceae）
11. 花小；花被片两轮，外轮为萼，内轮为冠；雄蕊不为二型或因退化而较少；有显著的节；叶有封闭叶鞘 …………………………………………………………………………… 鸭跖草科（Commelinaceae）
12. 花被近于整齐或整齐 ……………………………………………………………………………………… 13
12. 花被极不整齐；雄蕊5个或1个 ………………………………………………………………………… 16
13. 攀援植物而有块状肉质根状茎或木质厚块茎；叶阔，有几条指状直脉或明显网状细脉 ……………………………………………………………………………………………… 薯蓣科（Dioscoreaceae）
13. 陆生直立草本或水生植物，少有攀援性；叶有平行脉 ……………………………………………… 14
14. 子房半下位；叶为禾本状或舌状 ……………………………………………………… 百合科（Liliaceae）
14. 子房下位 …………………………………………………………………………………………………… 15
15. 雄蕊6枚；具正常叶 ………………………………………………………………… 石蒜科（Amaryllidaceae）
15. 雄蕊3枚；叶两侧扁，无柄而有套摺式叶鞘 …………………………………………… 鸢尾科（Iridaceae）
16. 种子小或中等大；花瓣的一片形成唇瓣；退化雄蕊变为花瓣状 ………………… 美人蕉科（Cannaceae）
16. 种子极多且微小；花高度不整齐，花瓣的一片形成唇瓣，具有雄蕊1枚或2枚，并和雌蕊结合为合蕊柱，子房常扭转；花粉多结合成花粉块；陆生、腐生或附生 ………………………… 兰科（Orchidaceae）

Ⅵ 常见种子植物属、种检索表

裸子植物（Gymnospermae）

1. 松科（Pinaceae）
1. 常绿；叶2型，针形叶2～5针成束生于鳞片叶腋部；种鳞宿存 ………………………… 松属（*Pinus* L.）
1. 常绿；仅有针形叶，单生于枝或簇生于短枝上；种鳞脱落 ………………………… 雪松属（*Cedrus* Trew.）

松属（*Pinus* L.）

1. 叶鞘早落；叶5针或3针1束，叶肉内有1个微管束；树皮平展，灰绿色 ……………………………… 2
1. 叶鞘宿存，叶2针或3针1束，叶肉内有2个微管束；树皮粗糙而纵裂，非灰绿色 ………………… 3
2. 叶为5针1束；种鳞鳞脐顶生；树皮无片状脱落 ……………………… 华山松（*P. armandii* Franch.）
3. 叶为3针1束；种鳞鳞脐背生，树皮片状脱落 ………………… 白皮松（*P. bungeana Zucc.* ex Endl.）
2. 叶通常3针1束，稀4针或2针1束 …………………………………………………………………… 4
3. 叶通常2针1束，稀3针1束 ……………………………………………………………………………… 5
4. 小枝红褐色；叶较细，树脂道2个，中生 …………………………………………… 火炬松（*P. taeda* L.）

4. 小枝浅褐色或黄褐色；叶较粗，树脂道2～9个，内生或间有1～2个中生 ……………………………………………………………………………………………… 湿地松（*P. elliottii* Engelm.）

5. 冬芽灰白色；针叶深绿色，长6～12cm，树脂道6～11个，中生；鳞脐具短刺 ……………………………………………………………………………………………… 黑松（*P. thunbergii*. Parl.）

5. 冬芽褐红或浅褐色；针叶黄绿色 ……………………………………………… 6

6. 针叶粗而短，树脂道7～8个，边生，间或在边角上有1～2个，中生 … 油松（*P. tabulaeformis* Carr.）

6. 针叶细柔 ……………………………………………………………………… 7

7. 叶肉内有树脂道3～7个，中生；叶长7～13cm，较硬；鳞脐有短刺 ……………………………………………………………………………………………… 黄山松（*P. taiwanensis* Hayata）

7. 叶肉内有树脂道6～7个，边生；叶长12～30cm；鳞脐微凹 ………… 马尾松（*P. massoniana* Lamb.）

2. 杉科（Taxodiaceae）

1. 叶及种鳞均为对生；落叶，叶线形 …………………… 水杉属（*Metaaequoia* Miki ex Hu et Cheng）

1. 叶及种鳞均为螺旋状排列 ……………………………………………………… 2

2. 种鳞或苞鳞扁平；叶常绿，线状披针形，缘有细锯齿 ………………… 杉木属（*Cunninghamia* R. Br.）

2. 种鳞盾状，木质，常绿或落叶，叶钻形或线形 ……………………………… 3

3. 常绿；叶钻形；每种鳞有2～5粒种子，种子扁平，具狭翅 ………… 柳杉属（*Cryptomeria* D. Don）

3. 落叶；叶线形或鳞片状锥杉；每种鳞具2粒种子，种子具不规则3棱脊 ……………………………………………………………………………………………… 落羽杉属（*Taxodium* Rich.）

柳杉属（*Cryptomeria* D. Don）

1. 叶直伸，先端不内弯，种鳞20～30个，球果苞鳞尖头较种鳞长，种鳞先端的缺刻较长；每种鳞具有2～5粒种子 ………………………………………………… 日本柳杉（*C. aponica* D. Don）

1. 叶先端内弯；种鳞约20个，苞鳞的尖头和种鳞先端的裂齿较短，裂齿长2～4mm，每种鳞有2粒种子 … ……………………………………………………………………………… 柳杉（*C. fortunei* Hooibrenk）

落羽杉属（*Taxodium* Rich.）

1. 叶条形，扁平，基部扭转排成2列，呈羽状；大枝水平开展 ………… 落羽杉（*T. disstichum* Rich.）

1. 叶钻形，不呈2列；大枝向上伸展 ……………………………………… 池杉（*T. ascendens* Brongn.）

3. 柏科（Cupressaceae）

1. 球果的种鳞木质或近于革质，熟时张开；种子通常有翅，稀无翅 ……………………………… 2

1. 球果肉质，球形或卵圆形，熟时不张开或仅顶端张开；叶鳞形或刺形，刺叶基部无关节，下延生长 … ……………………………………………………………………………… 圆柏属（*Sabiana* Mill.）

2. 种鳞盾形，球果当年成熟，发育种鳞各有2～5（常3）粒种子；种子两侧具狭翅 ……………………………………………………………………………… 扁柏属（*Chamaecyparis* Spach）

2. 种鳞扁平，球果卵圆形或椭圆形，当年成熟，发育种鳞各具2粒种子 ……………………… 3

3. 小枝平展或近平展；种鳞4～6对，薄，种鳞无尖头；种子两侧有狭翅 ………… 崖柏属（*Thuja* L.）

3. 小枝直展或斜展；种鳞4对，厚，鳞背有1尖头；种子无翅 ………… 侧柏属（*Platycladus* Spach）

扁柏属（*Chamaecyparis* Spach）

1. 鳞叶先端锐尖；种鳞5对 …………………………………………… 日本花柏（*C. pisifera* Endl.）

1. 鳞叶先端钝；种鳞4对 …………………………………………… 日本扁柏（*C. obtusa* Endl.）

圆柏属（*Sabiana* Mill.）

1. 灌木；叶全为刺形，两面均有白粉 ……………………………… 粉柏（*S. squamata* Ant. cv. meyeri）

1. 乔木；叶鳞形、刺形或两者兼有 ……………………………………………… 2

2. 球果通常具1粒种子；生鳞叶的小枝通常呈明显或微明显的4棱形；雌雄同株且同枝 ……………………………………………………………………………… 方枝柏（*S. saltuaria* Cheng et W. T. Wang）

2. 球果通常具2～3粒种子，稀有1粒或多至5粒者；雌雄异株 ……………………………… 3

3. 鳞叶先端钝或微尖；小枝圆形 ………………………………………………………………………………… 4
3. 鳞叶先端急尖或渐尖，刺形叶长5～6mm；小枝细，4棱形 …………… 北美圆柏（*S. virginiana* Ant.）
4. 幼树叶多为刺形，长6～12mm，老树多为鳞形叶，枝条不扭曲 ……………… 桧柏（*S. chinensis* Ant.）
4. 幼树及老树上的叶几乎全为鳞形，很少有刺形叶，枝条向上扭曲 ……………………………………………
……………………………………………………………………… 龙柏（*S. chinensis* var. *kaizuca* Cheng et W. T. Wang）

被子植物（Angiospermae）

1. 杨柳科（Salicaceae）
1. 有顶芽；柔荑花序下垂，苞片边缘有细裂或缺刻；芽鳞3枚至多数；雄蕊多数 …… 杨属（*Populus* L.）
1. 无顶芽；柔荑花序通常直立，苞片全缘；芽鳞1枚；雄蕊多为2枚，少为3～5枚…… 柳属（*Salix* L.）

杨属（*Populus* L.）
1. 叶缘有不规则波状齿刻或掌状浅裂 …………………………………………………………………………… 2
1. 叶缘有较整齐的钝锯齿，齿端常内弯 ………………………………………………………………………… 3
2. 叶3～5掌状缺裂或不裂；背面有银白色绒毛 ……………………………………… 银白杨（*P. alba* L.）
2. 叶不裂，背面有白色绒毛 ……………………………………………………… 毛白杨（*P. tomentosa* Carr.）
3. 叶柄顶端有1对腺体 ……………………………………………………… 响叶杨（*P. adenopoda* Maxim.）
3. 叶柄顶端常无腺体 ……………………………………………………………………………………………… 4
4. 叶扁三角形或菱状卵形，叶柄扁 ……………………………………………………………………………… 5
4. 叶菱状倒卵形或菱状椭圆形，叶柄近于圆筒形 …………………………… 小叶杨（*P. simonii* Carr.）
5. 枝斜上展开；叶较大，三角状卵形，柄常带红色 ………………… 加拿大杨（*P. canadensis* Moench.）
5. 枝直立向上，树冠帚形；叶较小，扁三角形或菱状三角形 ………… 钻天杨（*P. nigra* var. *italica* Koe）

柳属（*Salix* L.）
1. 叶较大较宽，长椭圆形，幼叶红色，有大的耳状托叶 ………… 河柳（腺柳）（*Schaenomeloides* Kimura）
1. 叶较狭长或较小，线状披针形 ………………………………………………………………………………… 2
2. 乔木；叶互生 …………………………………………………………………………………………………… 3
2. 灌木；叶互生或近于对生 ………………………………………………………… 杞柳（*S. purpurea* L.）
3. 小枝下垂；叶缘齿端无腺 ……………………………………………………… 垂柳（*S. babylonica* L.）
3. 小枝直立而开展；叶缘齿端有腺 ……………………………………………… 旱柳（*S. matsudana* Koidz.）

2. 胡桃科（Juglandaceae）
1. 小枝的髓为片状；花有花被 …………………………………………………………………………………… 2
1. 小枝的髓坚实；花无花被；小坚果生于木质的苞腋，多数集成球果状 ……………………………………
……………………………………………………………………… 化香属（*Platycarya* Sieb. et Zucc.）
2. 雌花序长而下垂，果为坚果状翅果 ……………………………………………… 枫杨属（*Pterocarya* Kunth）
2. 雌花序直立；果为核果状坚果 …………………………………………………………… 胡桃属（*Juglans* L.）

胡桃属（*Juglans* L.）
1. 大头羽状复叶，全缘，搓之有香味，光滑无毛或仅叶背侧脉腋内有簇毛；雌花1～3朵顶生 ……………
……………………………………………………………………………………………… 胡桃（*J. regia* L.）
1. 羽状复叶，叶缘有锯齿，搓之无香味，密被黄褐色星状毛和柔毛，雌花序顶生，穗状，有花5～10朵
……………………………………………………………………………… 野核桃（*J. cathayensis* Dode.）

3. 山毛榉科（Fagaceae）
1. 常绿乔木；形成壳斗的总苞苞片全部合生成数层同心环 ……………… 青冈属（*Cyclobalanopsis* Oerst.）
1. 落叶乔木或灌木；形成壳斗之总苞苞片基部合生，上部分离成针刺状或鳞片状 ……………………… 2
2. 叶排成2列；雌雄花同序而直立；针刺状总苞内含有3朵雌花………………………… 栗属（*Castanea* Mill.）
2. 叶排成多列；雌雄花异序，雄花序下垂；鳞片状总苞内仅含1朵雌花 ……………… 栎属（*Quercus* L.）

栗属（*Castanea* Mill.）

1. 叶背面密被星状毛；壳斗直径 5～9cm ………………………………… 板栗（*C. mollissima* BL.）
1. 叶背面黄绿色，密生泡状鳞腺；壳斗直径 3～4cm ……………………… 茅栗（*C. seguinii* Dode.）

栎属（*Quercus* L.）

1. 叶通常为长圆状披针形，缘齿具侧脉外延之刺尖；壳斗具伸展反曲的厚鳞片 ………………… 2
1. 叶通常为倒卵形或呈长圆形倒卵形，缘齿波状或粗齿状，侧脉不向齿尖外延；壳斗鳞片紧贴或为披针形反曲之薄鳞片 ……………………………………………………………………………… 3
2. 叶背密被白色星状柔毛；坚果近于圆形或圆卵形 …………………… 栓皮栎（*Q. variabilis* BL.）
2. 叶背黄绿色，除叶脉外全无毛；坚果圆形，或稍呈圆筒形……………… 麻栎（*Q. acutissima* Carr.）
3. 叶密生于枝顶，边缘具粗锯齿，齿端具腺状硬尖，叶背具丝状毛，苍白色 ……………………… 4
3. 叶不密生于枝顶，边缘具波状齿或缺刻，叶背具星状柔毛 …………………………………………… 5
4. 叶柄长 1～2.5cm ……………………………………………………… 枹树（*Q. glandulifera* BL.）
4. 叶柄长 0.2～0.5cm ………………………………………… 短柄枹（var. *brevipetiolata* Nakai.）
5. 叶片先端微钝，齿较圆钝 ……………………………………………………… 槲栎（*Q. aliena* BL.）
5. 叶片先端短渐尖，齿端尖锐 ………………………………… 锐齿槲栎（var. *acuteserrata* Maxim.）

青冈属（*Cyclobalanopsis* Oerst.）

1. 叶宽 2.5～4.5cm …………………………………………………… 青冈（铁椆）（*C. glauca* Oerst.）
1. 叶宽 1.5～2.5cm ……………………………………………… 小叶青冈（*C. gracilis* Cheng et T. Hong）

4. 榆科（Ulmaceae）

1. 羽状叶脉，侧脉 7 对以上 ………………………………………………………………………………… 2
1. 基出 3 脉，侧脉 7 对以下 ………………………………………………………………………………… 3
2. 果为翅果，簇生叶腋……………………………………………………………………… 榆属（*Ulmus* L.）
2. 果为坚果，顶端歪斜；几无柄，单生叶腋 ……………………………………… 榉属（*Zelkova* Spach）
3. 果为核果 ………………………………………………………………………………… 朴属（*Celtis* L.）
3. 果为翅果……………………………………………………………………… 青檀属（*Pteroceltis* Maxim.）

榆属（*Ulmus* L.）

1. 花在春季叶前开放 ………………………………………………………………………………………… 2
1. 花在夏秋间开放；树皮片状剥落 ………………………………………… 榔榆（*U. parvifolia* Jacq.）
2. 小枝具木栓翅 ……………………………………………………………………………………………… 3
2. 小枝不具木栓翅 ……………………………………………………………………… 榆（*U. pumila* L.）
3. 果特大，长 2.5cm 以上，具毛 ………………………………………… 大果榆（*U. macrocarpa* Hance）
3. 果较小，长 2.5cm 以下，光滑 ……………………………………………… 春榆（*U. propinqua* Koidz.）

朴属（*Celtis* L.）

1. 叶先端尖或渐尖 …………………………………………………………………………………………… 2
1. 叶先端圆形或截形或延成尾状，缘具粗齿 ………………………………… 大叶朴（*C. koraiensis* Nakai.）
2. 果柄长于叶柄 2～4 倍 …………………………………………………………………………………… 3
2. 果柄与叶柄等长或短于叶柄 ……………………………………………………………………………… 5
3. 小枝及叶片无毛…………………………………………………………………… 小叶朴（*C. bungeana* BL.）
3. 小枝及叶片具毛 …………………………………………………………………………………………… 4
4. 核果通常 2 个腋生…………………………………………………………… 紫弹树（*C. biondii* Pamp.）
4. 核果通常单个腋生 …………………………………………………………… 珊瑚朴（*C. ulanae* Schn.）
5. 叶表面光滑；核果常单生叶腋 ………………………………………………… 朴树（*C. sinensis* Pers.）
5. 叶表面粗糙；核果 2～3 个聚生叶腋 ………………………………………… 黄果朴（*C. labilis* Schneid.）

5. 桑科（Moraceae）

1. 花序为肉质而下陷的隐头花序，托叶合生包围顶芽，脱落后留有环状托叶痕；叶在芽中旋卷 ………… 榕属（无花果属）（*Ficus* L.）
1. 花组成柔荑花序或头状花序；托叶离生，脱离后不留环状痕迹；叶在芽中对折 ………… 2
2. 枝具刺；花丝在芽中直立 ………… 柘属（*Cudrania* Trec.）
2. 枝无刺，花丝在芽中弯曲 ………… 3
3. 雌雄花序皆为柔荑花序；葚果圆柱形；芽具3～6个鳞片 ………… 桑属（*Morus* L.）
3. 雄花序柔荑状，雌花序为球形头状花序；葚果球形；芽具2～3个鳞片 ………… 构属（*Broussonetia* L. Herit. ex Vent）

榕属（*Ficus* L.）

1. 直立乔木或灌木 ………… 2
1. 常绿攀援灌木 ………… 5
2. 枝、叶光滑无毛；叶常绿，厚革质，全缘，羽状封闭叶脉 ………… 印度橡胶树（*F. elastica* Roxb.）
2. 枝、叶粗糙有毛；落叶，厚纸质，分裂或有齿，有时全缘，叶脉掌状3～5出 ………… 3
3. 隐头花序单生叶腋，有柄；叶宽卵形，掌状3～5裂，边缘波状或有粗齿，宽9～22cm ………… 无花果（*F. carica* L.）
3. 隐头花序单生或成对着生叶腋，有或无柄；叶宽3～6cm ………… 4
4. 花序无柄；叶片倒卵状矩圆形，全缘或侧面圆凹裂 ………… 异叶榕（*F. hetromorpha* Hemsl.）
4. 花序有柄；叶片长卵形或卵状梨形，全缘 ………… 天仙果（*F. beecheyana* Hook. et Arn.）
5. 花序无梗；叶基3出脉明显，先端渐尖或尾尖 ………… 珍珠莲（*F. sarmentosa* var. *henryi* Corner）
5. 花序有梗；叶先端圆钝或尖，但不呈尾状 ………… 6
6. 隐头花序序轴梨形或倒卵形，长约5cm；叶先端圆钝 ………… 薜荔（*F. pumila* L.）
6. 隐头花序轴球形；叶先端渐尖 ………… 爬藤榕（*F. martinii* Levl. et Vant.）

桑属（*Morus* L.）

1. 叶背面光滑或稍有柔毛，叶常有裂 ………… 2
1. 叶背面有柔毛，表面租糙，通常大而不裂，叶基截形或稍呈心形 ………… 华桑（*M. cathayana* Hemsl.）
2. 花柱不明显；叶表面光滑，背面脉腋有簇毛；通常乔木状 ………… 桑（*M. alba* L.）
2. 花柱明显；叶表面租糙；背面光滑或近于光滑；通常灌木状 ………… 3
3. 叶缘锯齿顶端外延呈刺芒状，芒长约2mm ………… 蒙桑（*M. mongolica* Schneid.）
3. 叶缘锯齿顶端粗钝或锐尖 ………… 鸡桑（M. australis Poir.）

构属（*Broussonetia* L. Herit. ex Vent.）

1. 乔木；小枝粗短；叶广卵形，叶柄长2～10cm；花雌雄异株；构果横径3cm，密生白色绒毛 ………… 构树（*B. papyrifera* L. Her. ex Vent.）
1. 灌木；枝细长而平展；叶卵状披针形，叶柄长1～2cm；花雌雄同株；构果横径1cm，被有钩的星状毛 ………… 小构树（*B. kazinoki* Sieb. et Zucc.）

6. 蓼科（Polygonaceae）

1. 顶生兼腋生，穗状花序狭长，花被片4片，花柱宿存，顶端呈钩状 ………… 金线草属（*Antenoron* Rof.）
1. 花簇生或组成各种形状花序，花被片5片或6片，稀4片，花柱不宿存，顶端不呈钩状 ………… 2
2. 花被片6片，排成2轮 ………… 3
2. 花被片5片，稀4片，排成1轮 ………… 4
3. 内轮花被片常随果实增大；瘦果不具翅，柱头3个，画笔状 ………… 酸模属（*Rumex* L.）
3. 内轮花被片不随果实增大；瘦果具翅；柱头3个，头状 ………… 大黄属（*Rheum* L.）
4. 瘦果与宿存花被片等长，或稍超出；通常为野生 ………… 蓼属（*Polygonum* L.）
4. 瘦果超出宿存花被片的1～2倍；多为栽培植物 ………… 荞麦属（*Fagopyrum* Gaertn.）

蓼属（*Polygonum* L.）

1. 叶基部有关节；托叶鞘数裂，叶小；茎通常葡匐或倾斜；花簇生叶腋 ………………………………… 2
1. 叶基部无关节；托叶鞘不分裂或2裂；叶大；茎直立或缠绕；花序多样 ………………………………… 3
2. 托叶鞘有明显的脉纹；雄蕊8枚，瘦果无光泽，长2mm以上 ………………………… 萹蓄（*P. avicularc* L.）
2. 托叶鞘无脉纹，雄蕊5枚；瘦果有光泽，长2mm以下 ………………………… 习见蓼（*P. plebeium* R. Br）
3. 茎上有倒钩刺 ……………………………………………………………………………………… 4
3. 茎上无倒钩刺 ……………………………………………………………………………………… 9
4. 叶鞘顶端具叶质翅或反卷 ………………………………………………………………………… 5
4. 叶鞘顶端不具叶质翅 ……………………………………………………………………………… 8
5. 叶戟形，花序呈顶生花簇；瘦果三角形 …………………………………………………………… 6
5. 叶非戟形；花序顶生或腋生；瘦果圆形 …………………………………………………………… 7
6. 茎通常无毛；叶宽戟形，瘦果无光泽 ………………………… 戟叶蓼（*P. thunbergii* Sieb. et Zucc.）
6. 茎具星状毛；叶狭长戟形；瘦果有光泽 ………………………… 长戟叶蓼（*P. maackianum* Regel）
7. 叶盾状三角形，托叶鞘呈叶状圆形而抱茎；花序为顶生的短穗状花序 …… 杠板归（*P. perfoliatum* L.）
7. 叶三角形，托叶鞘翅小；花序为顶生头状花序 ………………… 刺蓼（*P. senticosum* Franch. et Savat.）
8. 叶基戟状心形；穗状花序细弱，密生红色腺毛，花极稀疏 ………… 稀花蓼（*P. dissitiflorum* Hemsl.）
8. 叶基箭形；花序头状 ……………………………………………………… 箭叶蓼（*P. sagittatum* L.）
9. 茎缠绕；外部花被于花后增大为翅 ……………………………………………………………… 10
9. 茎不缠绕；花被不增大为翅（虎杖例外） ………………………………………………………… 11
10. 一年生草本；无块根；花序穗状，腋生，短于叶 ………………… 卷茎蓼（*P. convolveulus* L.）
10. 多年生草本；有地下块根；圆锥花序 …………………………… 何首乌（*P. multiflorum* Thunb.）
11. 灌木状草本；茎中空，具褐色斑块，花被用于果时增大为翅 …… 虎杖（*P. cuspidatum* Sieb. et Zucc.）
11. 草本；花被片花后不增大成翅 ……………………………………………………………………… 12
12. 茎通常不分支；具肥厚的根状茎；花为顶生单个穗状花序 ……………………………………… 13
12. 茎分支；无根状茎；花序多样 ……………………………………………………………………… 14
13. 叶矩圆状披针形或狭卵形，长10～18cm，基部圆钝或截形并下延成翼；花淡红色或白色 …………
…………………………………………………………………………………… 拳蓼（*P. bistorta* L.）
13. 叶卵形，长7～12cm，基部心形，叶缘不下延成翼；花白色 ………… 支柱蓼（*P. suffultum* Maxim.）
14. 圆锥花序；叶基略呈戟形；瘦果包于花被之内 ………………… 西伯利亚蓼（*P. sibiricum* Laxm.）
14. 头状或穗状花序 …………………………………………………………………………………… 15
15. 头状花序；叶柄上有翼 ………………………………………………… 尼泊尔蓼（*P. nepalense* Mesin.）
15. 穗状花序；叶柄上无翼 ……………………………………………………………………………… 16
16. 茎被软毛 …………………………………………………………………………………………… 17
16. 茎光滑无毛 ………………………………………………………………………………………… 18
17. 叶长披针形；茎及总花梗上有腺毛；托叶顶端具缘毛 ………………… 粘毛蓼（*P. viscosum* Buch. -Ham）
17. 叶卵形；茎被长柔毛；托叶顶端具绿色翅 ………………………… 东方蓼（荭蓼）（*P. orientale* L.）
18. 水陆两栖植物；叶面有八字形黑斑和刚毛，叶基心形 ……………………… 两栖蓼（*P. amphibium* L.）
18. 陆生或湿生植物；叶基楔形 ………………………………………………………………………… 19
19. 托叶鞘顶端无缘毛 …………………………………………………………………………………… 20
19. 托叶鞘顶端具缘毛 …………………………………………………………………………………… 21
20. 叶长披针形，两面仅叶脉被疏毛或无毛 ………………………… 酸模叶蓼（*P. lapathifolium* L.）
20. 叶长披针形，两面密被白色绵毛 ………………………………… 绵毛酸模叶蓼（*var. salicifolium* L.）
21. 穗状花序的花着生较疏，花序线状，细弱 ………………………………………………………… 22
21. 穗状花序的花着生较密，花序圆柱形 ……………………………………………………………… 23

22. 茎直立分支；叶披针形；花被及托叶均有腺点，托叶鞘褐色；叶嚼之味辣 …………………………………………………………………………………… 水蓼（辣蓼）（*P. hydropiper* L.）
22. 茎平卧或斜生，近基部多分支丛生；叶片卵形至披针形；花被及托叶鞘无腺点，托叶鞘绿色；叶嚼之无辣味 ……………………………………………………… 丛枝蓼（*P. caespitosum* BL.）
23. 托叶鞘顶端缘毛较硬，叶片长披针形，略带革质，两面有毛或腺点 …………………………………… 24
23. 托叶鞘顶端缘毛细钦，叶片长披针形至卵状椭圆形，略带膜质，光滑无毛或主脉及叶缘有疏细伏毛 …………………………………………………………… 愉悦蓼（*P. jucundum* Meisn.）
24. 花被具腺点，长可达 6mm ………………………………… 长花蓼（*P. macranthum* Meisn.）
24. 花被不具腺点，长 2～6mm …………………………………………………………………… 25
25. 花序瘦弱，每小托鞘内含 1～2 朵；花被长约 2mm；花梗不伸出小托鞘之外 ………………………………………………… 细刺毛蓼（*P. barbatum* var. *glacile* Stew.）
25. 花序圆柱形，粗壮，每小托鞘内含花 4～6 朵，花被长 2.5～6mm；花梗伸出小托鞘之外……………………………………………………………………… 蚕茧草（*P. japonicum* Meisn.）

酸模属（*Rumex* L.）

1. 基生叶和茎下部的叶的基部为戟形或箭形；花单性异株 ………………………………………… 2
1. 基生叶和茎下部的叶的基部为楔形、圆形或心形；花两性 ……………………………………… 3
2. 内轮花被片果时不增大或微增大；叶基部为戟形，稀为楔形，两侧有耳状裂片，裂片狭长或有时短小，直伸或稍弯；植株瘦小 ……………………………………… 小酸模（*R. acetosella* L.）
2. 内轮花被片果时显著增大；叶基部常为箭形，植株高大 ………………… 酸模（*R. acetosa* L.）
3. 花被片宽卵形，各片边缘有不整齐的微齿或牙齿或全缘；果柄在中部以下有关节 ……………… 4
3. 花被片卵形，各片边缘有针刺；果柄近基部有关节 …………………… 齿果酸模（*R. dentatus* L.）
4. 内轮花被片有齿；叶基心形，顶端钝或具短尖；叶宽 4cm 以上 ………………………………… 5
4. 内轮花被片全缘或齿不明显；叶基楔形，叶缘波状皱折，顶端急尖，叶宽 2～4cm …………………………………………………………………………… 皱叶酸模（*R. crispus* L.）
5. 叶长椭圆形，叶缘波折，宽 4～10cm …………………………… 羊蹄酸模（*R. japonicus* Houtt.）
5. 叶片宽椭圆形，叶缘不皱折，宽 12～15cm …………………………… 大黄酸模（*R. madaio* Msk.）

7. 石竹科（Caryophyllaceae）

1. 萼片分离或近于分离；花瓣近于无爪；蒴果 ………………………………………………………… 2
1. 萼片联合；花瓣常具爪；蒴栗或浆果 ……………………………………………………………… 6
2. 蒴果顶端不裂；花单生，心皮 4～5 个 …………………………………… 漆姑草属（*Sagina* L.）
2. 花瓣顶端时有 2 裂 ………………………………………………………………………………… 3
3. 花瓣全缘，花柱 3 枚；种脐旁无附属物 ………………………………… 蚤缀属（*Arenaria* L.）
3. 花瓣 2 深裂 ………………………………………………………………………………………… 4
4. 花柱 5 枚 …………………………………………………………………………………………… 5
4. 花柱 3 枚，稀 2～4 枚；花仅 1 型；种子扁形；蒴果通常 3 瓣裂 ………… 繁缕属（*Stellaria* L.）
5. 花柱与萼片互生；蒴果卵圆形……………………………………… 牛繁缕属（*Malachium* Fries）
5. 花柱与萼片对生；蒴果长管状 ………………………………………… 卷耳属（*Cerastium* L.）
6. 花柱 3～5 枚；花萼外有肋脉 ……………………………………………………………………… 7
6. 花柱 2 枚；花萼外无肋脉 ………………………………………………………………………… 8
7. 蒴果基部为不完全的 2～3 室；花柱 3 枚，少为 5 枚 …………………… 蝇子草属（*Silene* L.）
7. 蒴果 1 室 …………………………………………………………………………………………… 9
8. 花萼外具 5 宽棱，结果时变成翅；花瓣无附属物 …………………… 麦蓝菜属（*Vaccaria* Medic.）
8. 花萼外无宽棱 ……………………………………………………………………………………… 10
9. 花柱 5 枚，蒴果裂齿与花柱同数，通常 5 裂；萼管状，不膨大 …………… 剪秋罗属（*Lychnis* L.）

9. 花柱3枚，蒴果裂齿数倍于花柱数，通常6～10裂；萼 ………………… 女娄菜属（*Melandrium* Roehl.）
10. 萼外具叶状苞片；花大，萼全为草质 ………………………………………………… 石竹属（*Dianthus* L.）
10. 萼外无叶状苞片 ……………………………………………………………………………………………… 11
11. 萼片脉间呈膜质 ……………………………………………………………………… 霞草属（*Gypsophila* L.）
11. 萼片脉间不呈膜质 ……………………………………………………………………… 肥皂草属（*SAponaria* L.）

8. 毛茛科（Ranunculaceae）

1. 通常为藤本，稀直立；叶对生；花被1层，花瓣状，整齐；花柱在果时伸长呈羽毛状 ……………………
　……………………………………………………………………………………………… 铁线莲属（*Clematis* L.）
1. 直立草本；叶互生或基生 ………………………………………………………………………………… 2
2. 花两侧对称；萼呈花瓣状，花瓣退化呈蜜叶，上面的萼片呈风兜状或盔状 …… 乌头属（*Aconitum* L.）
2. 花辐射对称 ……………………………………………………………………………………………… 3
3. 花瓣5枚，基部具漏斗状的距；心皮3～5个，蓇葖果；复叶 …………………… 耧斗菜属（*Aquilegia* L.）
3. 花瓣无距或无花瓣；瘦果 ………………………………………………………………………………… 4
4. 花无花瓣，萼片花瓣状 …………………………………………………………………………………… 5
4. 花有花瓣和萼片；瘦果平滑或有瘤状突起；通常为湿生植物 …………………… 毛茛属（*Ranunculus* L.）
5. 花下无总苞；三出复叶至多回复叶；花小，由多朵形成花序 ………………… 唐松草属（*Thalictrum* L.）
5. 花下有总苞；花单一，花大；果时花柱伸长为白色羽毛状下垂 ……………… 白头翁属（*Pulsatilla* L.）

毛茛属（*Ranunculus*）

1. 基生叶为三出复叶或3深裂 ……………………………………………………………………………… 2
1. 基生叶为3深裂或不裂 …………………………………………………………………………………… 5
2. 植物体高15～90cm；全体有粗硬毛 ……………………………………………………………………… 3
2. 植物体高5～17cm；具数个纺锤形块根 ……………………………………… 小毛茛（*R. ternatus* Thunb.）
3. 聚合瘦果为球形 …………………………………………………………………………………………… 4
3. 聚合瘦果长圆形……………………………………………………………………… 茴茴蒜（*R. chinensis* Bge.）
4. 茎常匍匐；瘦果有较宽边缘，果喙短钩状 ………………………………… 杨子毛茛（*R. sieboldii* Miq.）
4. 茎直立；瘦果边缘有棱线，果喙短直或向内微弯 ……………………… 禺毛茛（*R. cantoniensis* DC.）
5. 植物体有毛 …………………………………………………………………… 毛茛（*R. japonicus* Thunb.）
5. 植物体光滑无毛 ………………………………………………………………… 石龙芮（*R. sceleratus* L.）

铁线莲属（*Clematis* L.）

1. 雄蕊花丝有毛 ……………………………………………………………………………………………… 2
1. 雄蕊花丝无毛；三出复叶或羽状复叶 …………………………………………………………………… 3
2. 叶为单叶；藤本 ……………………………………………………… 单叶铁线莲（*C. henryi* Oliv.）
2. 叶为三出复叶；直立草本 ……………………………………………… 叶铁线莲（*C. heracleifolia* DC.）
3. 叶为一或二回三出复叶 …………………………………………………………………………………… 5
3. 叶为羽状复叶 ……………………………………………………………………………………………… 4
4. 植物体全部暗绿色，压干后全体变黑色 …………………………………… 威灵仙（*C. chinensis* Osbeck.）
4. 植物体全部绿色，压干后不变黑；花序上有叶；瘦果橘红色，有毛 ……… 黄药子（*C. terniflora* DC.）
5. 叶为二回三出复叶；花单一，生叶腋 …………………………………………………………………… 7
5. 叶为一回三出复叶；花序为聚伞状；复聚伞状或总状 ………………………………………………… 6
6. 小叶全缘；花序通常为单聚伞伏，少有单生或总状 ……………… 山木通（*C. finetiana* Levl. et Vant.）
6. 小叶上部3裂，具2～3个钝齿；花序为圆锥状聚伞花序 ……………………… 女萎（*C. apiifolia* DC.）
7. 花柱上端无毛 ………………………………………………………………… 铁线莲（*C. florida* Thunb.）
7. 花柱全部均有短伏毛 …………………………………………………… 短柱铁线莲（*C. cadmia* Buch. -Ham.）

9. 木兰科（Magnoliaceae）

1. 攀援藤本；无托叶；花单生；聚合浆果呈穗状下垂………………… 北五味子属（*Schisandra* Michx.）
1. 乔木或灌木；花两性 ……………………………………………………………………………… 2
2. 无托叶；心皮排成1轮 ……………………………………………………………… 八角属（*Illicium* L.）
2. 有托叶；心皮螺旋状排列于棒状花托上 ……………………………………………………… 3
3. 叶有裂片，顶端截形，马褂状；心皮成熟为翅果 …………………… 鹅掌楸属（*Liriodendron* L.）
3. 叶全缘；成熟心皮为蓇葖果 ……………………………………………………………………… 4
4. 花腋生，花被不展开………………………………………………………… 含笑属（*Michelia* L.）
4. 花顶生，花被展开 ……………………………………………………………… 木兰属（*Magnolia* L.）

木兰属（*Magnolia* L.）

1. 常绿乔木，叶背面有锈色短绒毛 …………………… 洋玉兰（荷花玉兰，广玉兰）（*M. grandiflora* L.）
1. 落叶乔木或灌木 …………………………………………………………………………………… 2
2. 花开于叶后或同时开放；叶长超过25cm ………………………………………………………… 3
2. 花先叶开放；叶长不超过20cm ……………………………………………………………………… 4
3. 叶片先端圆形、钝尖或突尖 ………………………………… 厚朴（*M. officinalis* Rehd. et Wils.）
3. 叶片先端凹缺成2钝圆浅裂片 ………………………… 凹叶厚朴（庐山厚朴）（*M. biloba* Cheng）
4. 萼片与花瓣近于等长，二者无明显区别 ……………………………… 玉兰（*M. denudata* Desr.）
4. 萼片3枚，远比花瓣要小，有明显区别 ……………………………………………………… 5
5. 花白中略带粉红色或纯白色 ………………………………………… 望春玉兰（*M. biondii* Pamp.）
5. 花紫红色 ………………………………………………………… 木兰（辛夷）（*M. liliflora* Desl.）

10. 樟科（Lauraceae）

山胡椒属（*Lindera* Thunb.）

1. 叶为羽状叶脉 ……………………………………………………………………………………… 2
1. 叶为基出3脉或离基3出脉 ………………………………………………………………………… 6
2. 1～2年生的小枝有多而显著凸起的瘤状皮孔；叶倒卵状披针形，脉红色，叶背有棕黄色毛或沿脉有毛 ……………………………………………………………… 红果钓樟（*L. erythrocarpa* Makino.）
2. 1～2年生的枝条皮孔少，不呈瘤状突起 ……………………………………………………… 3
3. 叶背无白粉，淡绿色，倒披针形；果大，直径8～10mm ………………… 江浙钓樟（*L. chienii* Cheng）
3. 叶背有白粉或苍白色 ………………………………………………………………………………… 4
4. 叶长椭圆状披针形，长约宽的3倍；伞形花序无花序梗 ………… 狭叶山胡椒（*L. angustifolia* Cheng）
4. 叶椭圆形至倒卵状椭圆形，长约宽的2倍或不及2倍；伞形花序有总梗 ……………………… 5
5. 小枝黄褐色，粗糙，有毛；叶背面有毛 ……………………… 山胡椒（牛筋树）（*L. glauca* BL.）
5. 小枝黄绿色，平滑无毛，常有黑色斑纹，叶仅背面沿脉上有毛 …………… 山橿（*L. reflexa* Hemsl.）
6. 叶顶端3裂或间有不裂，基部心形或圆形，背面及叶脉均有黄色绢毛 ……………………………………………………………………………… 三桠乌药（*L. reflexa* Hemsl.）
6. 叶不分裂 …………………………………………………………………………………………… 7
7. 小枝绿色，有黑色斑块；叶干后柄及脉均为绿色；果暗红色 ………… 绿叶甘橿（*L. fruticosa* Hemsl.）
7. 小枝褐色；叶干后褐色；叶柄及叶脉红色；果紫黑色 ………… 红脉钓樟体（*L. rubronervia* Gamble）

11. 景天科（Crassulaceae）

景天属（*Sedum* L.）

1. 植株高30～100cm，叶缘具锯齿 ………………………………………………………………… 2
1. 植株高不过30cm；叶全缘 ………………………………………………………………………… 5
2. 叶互生；具根状茎；花黄色 ………………………………………………………………………… 3
2. 叶轮生或兼互生；无根状茎；花非黄色 …………………………………………………………… 4

3. 茎簇生，上部分支；叶长2.5～5cm，宽0.5～1.2cm，顶端钝；花橘黄色 ………………………………………………………… 费菜（*S. kamtchaticum* Fisch.）
3. 茎不分枝；叶长5～8cm，宽1.7～2cm，顶端渐尖，花黄色 ……… 景天三七（土三七）（*S. aizoon* L.）
4. 叶4（或5）轮生，下部3叶轮生或对生，矩圆状披针形或卵状披针形；花瓣黄白色或黄绿色以致白色，矩圆形 ……………………………………… 轮叶景天（*S. verticillatum* L.）
4. 叶多对生或间有3叶轮生或互生，矩圆形至卵状矩圆形，花瓣白色至浅红色，宽披针形 ………………………………………………………… 景天（*S. erythrostictum* Miq.）
5. 叶互生或间有对生，叶腋有小球形珠芽 ………………… 珠芽景天（马尿花）（*S. bulbiferum* Makino.）
5. 叶对生、互生或轮生，叶腋无珠芽 ………………………………………………………… 6
6. 叶对生，匙状倒卵形或宽匙形，顶端凹缺，叶无柄 ……………… 凹叶景天（*S. emarginatum* Migo）
6. 叶互生或轮生，顶端无凹缺 ………………………………………………………… 7
7. 叶互生，倒卵状菱形，全株具腺毛 ……………………… 火焰草（*S. stellariifolium* Franch.）
7. 3～4叶轮生，非菱形，无腺毛 ………………………………………………………… 8
8. 3叶轮生，不育枝匍匐或下垂；花瓣顶端具长尖头 ……………… 垂盆草（*S. sarmentosum* Bunge）
8. 3～4叶轮生，不育枝直立或倾斜 ………………………………………………………… 9
9. 花瓣顶端一侧有1小尖头突起；叶长6～11mm ………………… 爪瓣景天（*S. onychopetalum* Frod.）
9. 花瓣顶端无尖头，较钝；叶线形或线状披钵形，长20～25mm ……………… 佛甲草（*S. lineare* Thunb.）

12. 虎耳草科（Saxofragaceae）

1. 一年生或多年生草本；蒴果 ………………………………………………………… 2
1. 灌木或小乔木，很少为藤状灌木，蒴果或浆果 ………………………………………………………… 5
2. 心皮5个，由基部合生直达中部 ……………………………… 扯根菜属（*Penthorum* L.）
2. 心皮2个，通常仅基部合生，上部分离 ………………………………………………………… 3
3. 花单生或多为聚伞花序和圆锥花序；单叶 ………………………………………………………… 4
3. 花多数，由穗状或总状花序组成的塔形圆锥花序；二或三回三出复叶，很少为心形单叶 ………………………………………………………… 落新妇属（*Astible* Buch.-Ham）
4. 花无花瓣；子房1室 ……………………………… 金腰属（*Chrysosplenium* L.）
4. 花很少无花瓣；子房通常2室 ……………………………… 虎耳草属（*Saxifraga* L.）
5. 叶互生；果为肉质浆果 ……………………………… 茶藨子属（*Ribes* L.）
5. 叶对生；果实为蒴果 ………………………………………………………… 6
6. 常为伞房花序，边缘有大型的不孕花；花柱2～5枚 ……………… 绣球属（八仙花属）（*Hydrangea* L.）
6. 圆锥状或聚伞状花序，边缘无不孕花 ………………………………………………………… 7
7. 萼片及花瓣通常各为4片，雄蕊多数 ……………………………… 山梅花属（*Philadelphus* L.）
7. 萼片及花瓣通常各为5片，雄蕊通常10枚 ……………………………… 溲疏属（*Deutzia* Thunb.）

13. 蔷薇科（Rosaceae）

1. 果实不开裂；全具托叶 ………………………………………………………… 2
1. 果实为开裂的蓇葖果或蒴果，很少为单心皮；多数无托叶（绣线菊亚科） ……………… 21
2. 子房下位，少数半下位，心皮2～5个，多数与花筒的内壁合生；梨果或浆果状，很少为小核果状（苹果亚科） ………………………………………………………… 4
2. 子房上位，少下位 ………………………………………………………… 3
3. 心皮常多数，生于花筒的内壁或凸起的花托上；瘦果，少数核果；萼片宿存；复叶，少为单叶（蔷被亚科） ………………………………………………………… 12
3. 心皮通常1个，少为2～5个；核果，萼片常脱落；单叶（李亚科） ……………… 李属（*Prunus* L.）
4. 心皮成熟时为坚硬骨质，果实有1～5个骨质小核 ………………………………………………………… 5
4. 心皮成熟时纸质、软骨质或革质；梨果为1～5室，每室有一至多粒种子 ……………… 7

5. 叶全缘；枝无刺 …………………………………………………………………… 栒子属（*Cotoneaster* Medic.）
5. 叶缘有锯齿或裂片，少全缘；枝常具刺 ……………………………………………………………………… 6
6. 常绿灌木；叶具钝齿或全缘；心皮 5 个，各有 2 枚成熟胚珠 ………… 火棘属（*Pyracantha* M. Roem.）
6. 落叶，少数半常绿，叶具锯齿或稍分裂；心皮 1～5 个，各有 1 枚成熟胚株…… 山楂属（*Crataegus* L.）
7. 通常为伞房、伞形或圆锥花序 ……………………………………………………………………………… 8
7. 伞形或伞形总状花序，有时花单生或簇生 …………………………………………………………… 10
8. 心皮一部分离生；花柱 3～5 枚，离生或合生；花序为伞房状或伞房状圆锥花序；果红色或黑色 …… 9
8. 心皮全部联合，花柱 5 枚，离生；圆锥花序；果黄色，长 3～4cm；叶具直走脉 ……………………
…………………………………………………………………………… 枇杷属（*Eriobotrya* Lindl.）
9. 花序梗或花柄上常有皮孔 ……………………………………………………… 石楠属（*Photinia* Lindl.）
9. 花序梗或花柄上无皮孔……………………………………………………………… 花楸属（*Sorbus* L.）
10. 果实内每室有 2 至多粒种子………………………………………………… 木瓜属（*Chaenomeles* L.）
10. 果实内每室有种子 1～2 粒 ………………………………………………………………………… 11
11. 花柱离生；果实有多数石细胞 ………………………………………………………… 梨属（*Pyrus* L.）
11. 花柱基部合生；果实无石细胞 …………………………………………………… 苹果属（*Malus* Mill.）
12. 雌蕊生于管状、壶状或倒圆锥状的花筒内，或 1～2 个心皮生于宿萼上 ………………………… 13
12. 雌蕊生于平坦的或凸起的花托上，通常多数 …………………………………………………………… 14
13. 花筒为管状或壶状，通常含多数雄蕊；羽状复叶，很少为单叶；常有皮刺 ………… 蔷薇属（*Rosa* L.）
13. 花筒倒圆锥形，内含 1～3 枚雌蕊或 1～3 枚雌蕊生于宿萼上 ………………………………… 15
14. 花 5 数，总状花序，花瓣黄色，萼筒上端外缘有钩状刺毛 ……………… 龙牙草属（*Agrimonia* L.）
14. 花 4 数，无花瓣，花萼紫红色，穗状花序，萼筒外缘无刺毛………………… 地榆属（*Sanguisorba* L.）
15. 心皮 4～8 个，轮生，雄蕊多数 ………………………………………………………………………… 16
15. 心皮多数，离生于球形的花托上，雄蕊少数 ………………………………………………………… 17
16. 叶对生，基部有 2 个钟状突起；具副萼，花瓣 4 片，白色，心皮 4 个，具 2 枚胚珠 ……………
………………………………………………………………… 鸡麻属（*Rhodotypos* Sieb. et Zucc.）
16. 叶互生，基部无针状突起；无副萼，花瓣 5 片，黄色，心皮 5～8 个，各具 1 枚胚珠 ……………
……………………………………………………………………………………… 棣棠属（*Kerria* DC.）
17. 灌木，稀草本，有刺，稀无刺；心皮具 2 枚胚珠，仅 1 枚发育；聚合核果；无副萼 ………………
…………………………………………………………………………………… 悬钩子属（*Rubus* L.）
17. 草本，稀灌木，无刺；心皮具 1 枚胚珠，聚合瘦果；有副萼 ……………………………………… 18
18. 花托成熟时膨大呈肉质，软而多汁 ………………………………………………………………… 20
18. 花托果时干燥，不含汁液 ……………………………………………………………………………… 19
19. 花柱宿存 ………………………………………………………… 路边青属（水杨梅属）（*Geum* L.）
19. 花柱不宿存……………………………………………………………… 委陵菜属（*Potentilla* L.）
20. 聚伞花序，花白色，副萼全缘，小于萼片 …………………………………… 草莓属（*Fragaria* L.）
20. 花单生叶腋，花黄色，副萼 3 裂，大于萼片 ………………………………… 蛇莓属（*Duchesnea* Smith）
21. 心皮 1～5 个，分离或基部联合，蓇葖果；花小，直径不超过 1.5cm ………………………… 22
21. 心皮 5 个，合生，蒴果具 5 翅棱；花大，直径 2cm 以上………………… 白鹃梅属（*Exochorda* Lindl.）
22. 心皮 5 个，离生 ……………………………………………………………………………………… 23
22. 心皮 1 个，单叶，有托叶，早落，圆锥花序 ………………… 野珠兰属（*Stephanandra* Sieb. et Zucc）
23. 单叶，无托叶；伞形或伞房花序；心皮离生 ……………………………… 绣线菊属（*Spiraea* L.）
23. 羽状复叶，有托叶；大型圆锥花序；心皮基部联合 ………… 珍珠梅属（*Sorbaria* A. Br. ex Asch.）

李属（*Prunus* L.）

1. 花较大，直径 1～4cm，花 1～2 朵或数朵簇生或为伞房状总状花序 ………………………………… 2

1. 花较小，直径不及1cm，10朵以上组成腋生总状花序 ……………………… 橉木樱（*P. buergeriana* Miq.）
2. 果实一侧有沟 ………………………………………………………………………………………………… 3
2. 果实无沟 ……………………………………………………………………………………………………… 9
3. 花有柄，柄长1～2cm；心皮及果皮无毛 …………………………………………………………………… 4
3. 花柄极短或无；心皮及果皮有毛 …………………………………………………………………………… 5
4. 叶片、花柄、花萼、雌蕊均呈紫红色，花粉红色，通常1朵，有时3朵或2朵 ……………………
………………………………………………………… 红叶李（*P. cerasifera* Ehrh. f. *atropurpurea* Rehd.）
4. 叶片绿色或仅在幼嫩时略带红色；花白色，2～4朵，常3朵簇生 ………………… 李（*P. salicina* Lindl.）
5. 乔木或小乔木 ………………………………………………………………………………………………… 6
5. 灌木，叶片宽椭圆形至倒卵形，常3裂，边缘有重锯齿 …………………………… 榆叶梅（*P. triloba* Lindl.）
6. 叶片卵形至近于圆形 ………………………………………………………………………………………… 8
6. 叶片卵状披针形至椭圆状披针形 …………………………………………………………………………… 7
7. 雄蕊短于花瓣；核果卵球形，直径5～7cm，果肉多汁（栽培） ……… 桃（毛桃）（*P. persica* Batsch.）
7. 雄蕊与花瓣等长；核果球形，直径约3cm，果肉干燥（野生） …………………………………………
…………………………………………………………………… 山桃（野桃）（*P. davidiaana* Franch.）
8. 叶片长大于宽；背面色较浅；萼片花后常不反卷；核表面有点穴 ………… 梅（*P. mume* Sieb. et Zucc.）
8. 叶片长与宽近相等，两面几同色，萼片花后反卷，核表面光滑或粗糙 …………… 杏（*P. armeniaca* L.）
9. 乔木，花3朵至数朵簇生或呈伞形、伞房状、总状花序；花柄长1.5～3cm；腋芽单生 ……… 12
9. 灌木，少为小乔木；花1～2朵，花柄较短，长1cm以内；腋芽3个，两侧为花芽 …………… 10
10. 花柄长约2mm；萼筒管状；叶表面有皱纹，背面密生绒毛 …………… 毛樱桃（*P. tomentosa* Thunb.）
10. 花柄较长，长0.5～1cm；萼筒钟状；叶表面无皱纹 ……………………………………………… 11
11. 花柱和花瓣均与雄蕊等长；叶两面光滑无毛或仅背面叶脉上有短柔毛 …………………………… 14
11. 花柱与雄蕊等长，花瓣短于雄蕊或与雄蕊等长；叶两面均有柔毛，背面毛较密，网脉显著 …………
……………………………………………………………………………… 毛叶欧李（*P. dictyoneura* Diels）
12. 叶先端长尾尖，基部圆形，叶卵形或宽卵形，少有披针状卵形 …………… 郁李（*P. japonica* Thunb.）
12. 叶先端急尖或渐尖，基部宽楔形 …………………………………………………………………………… 13
13. 叶矩圆状倒卵形或椭圆形，长2.5～5cm，宽1～2cm …………………………… 欧李（*P. humilis* Bunge）
13. 叶卵状矩圆形至矩圆状披针形，长3～8cm，宽1～3cm ………………… 麦李（*P. glandulosa* Thunb.）
14. 果实红色；叶缘锯齿不带芒尖 ……………………………………………………………………………… 17
14. 果实由红变紫褐色；叶缘锯齿多少带刺状芒尖 ……………………………………………………… 15
15. 花柄、花萼及花柱近基部有毛 ……………………………………… 日本樱花（*P. yedoensis* Matsum.）
15. 花柄、花萼及心皮无毛 ……………………………………………………………………………………… 16
16. 花萼筒管状；叶边缘微带刺芒状，花单瓣 ……………………………………… 樱花（*P. serrulata* Lindl.）
16. 花萼筒钟状；叶边缘带长刺芒状，花重瓣 ……………………………… 日本晚樱（var. *lannesiana* Rehd.）
17. 叶片宽卵形至椭圆状卵形；萼筒筒状，萼裂片较萼筒短，花瓣顶端浅裂 ……………………………
……………………………………………………………………… 樱桃（*P. pseudocerasus* Lindl.）
17. 叶片椭圆状倒卵形至椭圆形；萼筒钟状，萼裂片较萼筒长，花瓣顶端深2裂 ……………………
……………………………………………………………………… 尾叶樱（*P. dielsiana* Schneid.）

山楂属（*Crataegus* L.）

1. 叶羽状5～9深裂 …………………………………………………………………………………………… 2
1. 叶先端浅裂或稍分裂 ……………………………………………………………………………………… 3
2. 果实直径1.5cm左右 …………………………………………………………… 山楂（*C. pinnatifida* Bge.）
2. 果实直径2cm ……………………………………………………………………… 山里红（var. *major* N. E. Br.）

3. 叶片宽倒卵形或倒卵状长圆形，顶端 3 裂，基部下延连柄，叶缘锯齿尖锐；花序梗及花柄都有毛 …………………………………………………………………………………… 野山楂（*C. cuneata* Sieb. et Zucc.）

3. 叶片卵形至卵状椭圆形，上半部有 2～4 对浅裂片，基部宽楔形或近圆形，叶缘锯齿圆钝；花序梗及花柄无毛 ………………………………………………… 猴楂子（湖北山楂）（*C. hupehensis* Sarg.）

梨属（*Pyrus* L.）

1. 叶缘锯齿钝 ………………………………………………………………………………………… 2
1. 叶缘锯齿尖锐或多少成刺芒状 …………………………………………………………………… 3
2. 果实倒卵形或近球形，大，直径 2cm 以上，黄色或绿色；萼片宿存，花柱 2～5 枚；叶片卵形至椭圆形 ………………………………………………………… 西洋梨（*P. communis* var. *sativus* DC.）
2. 果实球形，小，直径 1～1.5cm，褐色；萼片脱落，花柱常 2 枚；叶片宽卵形或卵形 …………………………………………………………………………………… 豆梨（*P. calleryana* Dene.）
3. 叶缘锯齿虽尖锐但不呈芒刺状；果小，直径 0.5～1cm …………… 杜梨（棠梨）（*P. betulaefolia* Bge.）
3. 叶缘锯齿尖锐呈刺芒状；果大，直径 2cm 以上 …………………………………………………… 4
4. 果实黄色，石细胞较少；叶片基部常为宽楔形 ………………………… 白梨（*P. bretschneideri* Rehd.）
4. 果实常褐色，石细胞较多；广叶片基部常圆形至心形 ……………………… 沙梨（*P. pyrifolia* Nakai.）

蔷薇属（*Rosa* L.）

1. 花柱短而不突出花筒口外 ………………………………………………………………………… 2
1. 花柱伸出花筒口外甚长 …………………………………………………………………………… 5
2. 小叶 5～9 枚；托叶 1/2 以上附着于叶柄；茎直立；叶面皱缩 ………………… 玫瑰（*R. rugosa* Thunb.）
2. 小叶 3～7 枚；托叶离生或仅基部附着于叶柄；茎攀援；叶面平展 ……………………………… 3
3. 花柄和萼筒外面密生细刺，花单生，大，直径 5～9cm；小叶通常 3 枚 …………………………………………………………………………………… 金樱子（*R. laevigata* Michx.）
3. 花筒及花柄无刺，伞形或伞房花序，花小，直径 2～2.5cm；小叶 3～5 枚 ……………………… 4
4. 伞房花序，花柄有柔毛，萼片边缘羽状分裂或背面有细刺………………… 小果蔷薇（*R. cymosa* Tratt.）
4. 伞形花序，花柄光滑，萼片全绿，背面无刺 ……………………… 木香（十里香）（*R. banksiae* Aiton）
5. 花柱合生成柱状，几乎与雄蕊等长，萼片在果时常脱落；伞房花序多花 …………………………… 6
5. 花柱分离，短于雄蕊，萼片在果时宿存，花单生或数朵聚生 ……………… 月季（*R. chinensis* Jacq.）
6. 托叶篦齿状分裂，花柱无毛；小叶 5～9 枚 ………………… 蔷薇（野蔷薇）（*R. multiflora* Thunb.）
6. 托叶全缘或被有细齿，花柱有毛；小叶 5 枚 ……………… 软条七蔷薇（亨氏蔷薇）（*R. henryi* Boulenger）

悬钩子属（*Rubus* L.）

1. 单叶 ……………………………………………………………………………………………… 2
1. 复叶 ……………………………………………………………………………………………… 3
2. 茎圆无棱，具向上弯的皮刺；叶卵状披针形，长 3.5～8cm，托叶线形；花单生 …………………………………………………………………………………… 山莓（*R. corcholifolius* L.）
2. 茎具棱角和倒生皮刺，叶卵形以至卵状椭圆形，长 7～15cm；托叶具数分裂；圆锥花序 …………………………………………………………………………………… 高粱泡（*R. lambertianus* Ser.）
3. 花单生于短枝顶端；萼片具尾状尖；托叶披针形，叶面皱 ………………… 蓬蘽（*R. hirsutus* Thunb.）
3. 花数朵组成顶生或腋生总状、圆锥状或伞房花序 …………………………………………………… 4
4. 伞房花序，无腺毛 …………………………………………………………………………………… 5
4. 总状或圆锥花序，有腺毛 …………………………………………………………………………… 6
5. 小叶常 3 枚，稀 5 枚，下面密生白色绒毛；聚合果球形，直径 1.5～2cm …… 茅莓（*R. parvifolius* L.）
5. 小叶 5～7 枚，下面灰绿色，聚合果卵形，直径约 5mm ……………………… 插田泡（*R. coreanus* Miq.）
6. 花序有花 8～10 朵；叶缘有缺刻状重牙齿，叶背密被灰白色绵毛，花序上的刚毛状腺毛红紫色；花粉红色，直径 5～8mm ……………………………………… 多腺悬钩子（*R. phoenicolasius* Maxim.）

6. 花序有花10朵以上；叶缘具不整齐重锯齿，花序上的腺毛红色 …………………………………… 7
7. 叶下面密生白色绒毛；花紫红色，直径8～10mm ………………… 白叶莓（*R. innominatus* S Moore）
7. 叶下面绿色，有柔毛，上面有长柔毛和腺点；花粉红色，直径6～8mm ……………………………………………………………………………………………… 腺毛莓（*R. adenophorus* Rolfe）

委陵菜属（*Potentilla* L.）

1. 掌状或三出复叶 ………………………………………………………………………………… 6
1. 羽状复叶或仅基生叶为三出复叶 ……………………………………………………………… 2
2. 多年生；聚伞花序 ……………………………………………………………………………… 3
2. 1～2年生；花单生于叶腋…………………………… 背铺委陵菜（朝天委陵菜）（*P. supine* L.）
3. 叶背密生白色绒毛，小叶片长圆形、长椭圆形至长圆状倒披针形 ……………………………… 4
3. 叶背毛不为白色，小叶宽卵形、卵形、倒卵形至椭圆状卵形，常为5～7枚 ………………… 5
4. 基生叶有5～9枚小叶，边缘有钝锯齿或缺刻状锯齿；根纺锤状膨大 ……… 翻白草（*P. discolor* Bge.）
4. 基生叶有15～31枚小叶，羽状深裂，裂片线形、线状披针形至三角形；根粗，圆柱形 ………………………………………………………………………………………… 委陵菜（*P. chinensis* Ser.）
5. 全体具绢状柔毛；叶缘有粗齿、锯齿和绢毛，先端钝，少急尖；瘦果矩圆卵形，黄白色 ………………………………………………………………… 莓叶委陵菜（雉子筵）（*P. fragarioides* L.）
5. 全体被丝状柔毛；叶缘锯齿粗锐，先端急尖；瘦果斜卵形，褐色 … 钩叶委陵（*P. ancistrifolia* Bunge）
6. 聚伞花序 ………………………………………………………………………………………… 7
6. 花单生叶腋 ……………………………………………………………………………………… 8
7. 基生叶有5枚小叶，小叶片倒卵形至倒披针形；花托无毛 ………… 蛇含（*P. kleiniana* Wight et Arn.）
7. 基生叶和茎生叶都为三出复叶，中央小叶片为菱状倒卵形、菱状椭圆形或卵圆形，两侧小叶片为斜卵形，花托有毛 …………………………………………………… 三叶委陵菜（*P. freyniana* Bornm.）
8. 多年生草本；须根常膨大成纺锤形；基生叶为密生三出复叶，两侧小叶片常2深裂成鸟足状；花瓣大于萼片 ……………………………………… 绢毛细茎委陵菜（*P. reptants* var. *sericophylla* Franch.）
8. 一年生草本；无膨大根部；三出小叶疏生，有缺刻；花瓣小于萼片 …… 小瓣委陵菜（*P. rivalis* Nutt.）

14. 豆科（Leguminosae）

1. 花冠辐射对称，花瓣镊合状排列，中下部常结合（含羞草亚科）…………… 合欢属（*Albizzia* Durazz.）
1. 花冠两侧对称，花瓣覆瓦状排列 ……………………………………………………………… 2
2. 花冠不为蝶形，花瓣多少不相似，最上面一瓣位于最内方（云实亚科） ……………………… 3
2. 花冠蝶形，花瓣极不相似，最上一瓣（旗瓣）位于最外方（蝶形花亚科） …………………… 5
3. 羽状复叶 ………………………………………………………………………………………… 4
3. 单叶，全缘；花于老干上簇生或成总状花序；荚果腹缝线上有狭翅 ………… 紫荆属（*Cercis* L.）
4. 木本；花杂性以至雌雄异株；茎枝常具分枝刺 ……………………………… 皂荚属（*Gleditsia* L.）
4. 草本；花两性；茎枝无刺………………………………………………………… 决明属（*Cassia* L.）
5. 雄蕊10枚，分离或基部联合 ………………………………………………………………… 6
5. 雄蕊10枚，联合为二体或一体 ……………………………………………………………… 7
6. 荚果扁平，种子之间不紧缩成串珠状；芽单生，有芽鳞 ………………………… 槐属（*Sophora* L.）
7. 荚果中有2粒以上种子时，不在种子间缢缩为节荚，瓣裂或不裂 …………………………… 8
7. 荚果中有2粒以上种子时，在种子间缢缩为节荚或横裂，各节荚有网状脉 ……………… 26
8. 多为草本、少为木本或藤本；荚果有1粒至多粒种子；小叶多对 …………………………… 9
8. 乔木或灌木；荚果薄而扁平，长圆形或舌形，内有1～2粒种子而不裂开；小叶互生 ………………………………………………………………………………… 黄檀属（*Dalbergia* L.）
9. 叶多为3枚小叶组成的复叶 ………………………………………………………………… 10
9. 叶为4枚至多枚小叶组成的复叶 …………………………………………………………… 19

10. 托叶与叶轴联合；子房基部无鞘状花盘 …………………………………………………………… 11
10. 托叶与叶轴不联合；子房基部有鞘状花盘 …………………………………………………………… 13
11. 叶为 3 枚小叶组成的羽状三出复叶 ……………………………………………………………………… 12
11. 叶为 3 枚小叶组成的掌状三出复叶；花多朵聚为密集的头状花序，花冠与雄蕊管联合 ………………… …………………………………………………………… 三叶草属（车轴草属、翘摇属）（*Trifolium* L.）
12. 荚果弯曲成马蹄形或卷曲成螺旋状，很少为镰刀形；花序总状或穗状 ………… 苜蓿属（*Medicago* L.）
12. 荚果径直或微有弯曲，但从不弯曲成马蹄形或镰刀形，花序为细长总状花序 ……………………… ………………………………………………………………………………… 草木樨属（*Melilotus* Mill.）
13. 花单生或簇生，常为总状花序，花轴延续一致而无节瘤 ………………………………………………… 14
13. 常为总状花序，花轴在花的着生处常凸起为节或隆起为瘤 ……………………………………………… 16
14. 叶背面无腺体斑点，通常有小托叶 ……………………………………………………………………… 15
14. 叶背面有腺体斑点，通常无小托叶，胚珠 1～2 枚，缠绕草本 ………… 鹿藿属（*Rhynchosia* Lour.）
15. 无花盘或花盘很不发达，环状；花序短，花一型 ………………………………… 大豆属（*Glycine* L.）
15. 有花盘，有瓣花与无瓣花并存 ……………………………………… 两型豆属（*Amphicarpaea* Ell.）
16. 花柱无毛，花萼钟形，花瓣几近等长；有块根的缠绕草本 ……………………… 葛根（*Pueraria* DC.）
16. 花柱或柱头周围育毛；无块根 …………………………………………………………………………… 17
17. 龙骨瓣顶端有螺旋卷曲的长喙，翼瓣与龙骨瓣合生；种子肾形 ……………… 菜豆属（*Phaseolus* L.）
17. 龙骨瓣顶端钝圆或有喙，但不呈螺旋扭曲 ………………………………………………………………… 18
18. 柱头倾斜，花柱细长呈线形；荚果圆柱形 ……………………………………… 豇豆属（*Vigna* Savi）
18. 柱头顶生；荚果扁 ………………………………………………………………… 扁豆属（*Dolichos* L.）
19. 通常为偶数羽状复叶，叶轴顶端多半有卷须，或少数呈刚毛状 ……………………………………… 20
19. 通常为奇数羽状复叶，如为偶数，顶端无卷须 …………………………………………………………… 21
20. 花柱圆柱形，周围或外面有须毛 ………………………………………… 野豌豆属（巢菜属）（*Vicia* L.）
20. 花柱扁，向外纵折，里面有长柔毛；托叶大于小叶；雄蕊管口截形 ………………… 豌豆属（*Pisum* L.）
21. 有贴生丁字毛；药隔顶端通常有腺体或延伸成一簇短毛 ………… 木蓝属（槐蓝属）（*Indigofera* L.）
21. 植株无丁字毛，药隔顶端无附属物 ………………………………………………………………………… 22
22. 叶具透明的腺点；雄蕊合生为单体；灌木；花仅存 1 紫色旗瓣 ……………… 紫穗槐属（*Amorpha* L.）
22. 叶无腺点；雄蕊常联合为 9 与 1 两组（9 个合生，1 个分离成二体）；花完整 ………………………… 23
23. 攀援灌木或藤本；总状花序下垂；子房多少有柄 ………………………………… 紫藤属（*Wisteria* Nutt.）
23. 直立木本或草本；花序总状、穗状、伞形、头状，很少单生或簇生，多腋生 ……………………………… 24
24. 荚果扁平；落叶乔木或灌木，托叶变刺 ……………………………… 刺槐属（洋槐属）（*Robinia* L.）
24. 荚果圆筒形，或膨大，或肿胀 ………………………………………………………………………………… 25
25. 通常有地上茎，花瓣近于等长或旗瓣稍长于翼瓣及龙骨瓣，荚果常被腹缝线内伸隔成假 2 室或仅 1 室 ……………………………………………………………………………………… 黄芪属（*Astragalus* L.）
25. 通常无地上茎；龙骨瓣极短，长约旗瓣的 1/2；荚果 1 室 ……… 米口袋属（*Gueldenstaedtsia* Fisch.）
26. 雄蕊合生为单体，或分为 5 与 5 两组 ……………………………………………………………………… 27
26. 雄蕊通常合生为 9 与 1 两组 ………………………………………………………………………………… 28
27. 雄蕊为 5 与 5 两组，花药无大小之分；荚果伸出于萼外，不入土 ………… 合萌属（*Aeschynomene* L.）
27. 雄蕊合为单体，花药有长有短；小叶 2 对呈羽状，花后子房柄延伸至土中…… 落花生属（*Arachis* L.）
28. 荚果 2 节至数节，很少为 1 节，有 1 粒种子；通常有小托叶，多为 3 枚小叶，很少为 1 枚或数枚羽状复叶；节荚扁平 ……………………………………………………………… 山蚂蝗属（*Desmodium* Desv.）
28. 荚果通常仅 1 节，有 1 粒种子；无小托叶 …………………………………………………………………… 29
29. 托叶细小而早落；灌木或草本 ………………………………………………………………………………… 30
29. 托叶大，膜质而宿存；1 年生草本 ……………………………………… 鸡眼草属（*Kummerowia* Schindl.）

30. 苞片宿存，腋间常具2朵花，花无关节 …………………… 胡枝子属（*Lespedeza* Michx.）
30. 苞片常脱落，腋间仅1花，花柄于花萼下育关节 …………………… 杭子梢属（*Campylotropis* Bunge）

合欢属（*Albizzia* Durazz.）

1. 一级羽片2～4对，二级羽片5～14对，长方形，长1.5～3cm；花白色 …… 山合欢（*A. kalkora* Prain）
1. 一级羽片4～12对，二级羽片10～30对，镰形或长方形，长6～12mm，花淡红色…………………………………… 绒花树（合欢）（*A. julibrissin* Durazz.）

皂荚属（*Gleditsia* L.）

1. 荚果扭曲并有泡状隆起；刺扁平；花雌雄异株…………………… 山皂荚（*G. melanacantha* Tang et Wang）
1. 荚果挺直不扭曲；刺圆锥形，粗状，花杂性 …………………… 皂荚（皂角）（*G. sinensis* Lam.）

胡枝子属（*Lespedeza* Michx.）

1. 灌木；直立；粗壮 …………………… 2
1. 亚灌木；茎多细弱下垂或呈拱形 …………………… 5
2. 花冠紫色 …………………… 3
2. 花冠黄色，仅基部蓝色或紫色；叶上表面无毛…………………… 绿叶胡枝子（*L. buergeri* Miq.）
3. 花序长于或近等于叶 …………………… 4
3. 花序远短于叶，长仅及叶柄或短于叶柄 …………………… 短梗胡枝子（*L. cytobotrya* Miq.）
4. 萼裂过半，旗瓣短于龙骨瓣；叶上面具毛 …………………… 美丽胡枝子（*L. formosa* Koehune）
4. 萼裂不过半，旗瓣与龙骨瓣等长；叶上面有疏生平伏短毛…………………… 胡枝子（*L. bicolor* Turcz.）
5. 小叶长过于宽，但长不及宽3倍 …………………… 8
5. 小叶长过于宽3倍以上 …………………… 6
6. 小叶线状长圆形，长为宽的10倍左右，长约3.5cm …………………… 长叶铁扫帚（*L. caraganae* Bunge）
6. 小叶长圆形，长为宽的2～3倍，长1～2.5cm …………………… 7
7. 小叶先端急尖或渐尖，有小尖头 …………………… 尖叶铁扫帚（*L. hedysaroides* Kitagi）
7. 小叶先端截形或微凹 …………………… 截叶铁扫帚（*L. cuneata* G. Don）
8. 全体密被褐色毛，尤以茎棱及叶背脉上为最…………………… 绒毛胡枝子（山豆花）（*L. tomentosa* Sieb.）
8. 植物体毛为白色或黄白色 …………………… 9
9. 花紫红色…………………… 多花胡枝子（*L. floribunda* Bge.）
9. 花白色或黄色或仅基部为紫色 …………………… 10
10. 花序梗细长如发状下垂，超出叶片2～3倍 …………………… 细梗胡枝子（*L. virgata* DC.）
10. 花序梗短租，短于叶片或几与叶片等长 …………………… 11
11. 萼齿刚毛状，略与花冠等长 …………………… 达乌里胡枝子（*L. davurica* Schindl.）
11. 萼片披针形，较花冠略短 …………………… 12
12. 小叶广卵形或倒卵形；荚果卵圆形 …………………… 铁马鞭（*L. pilosa* Sieb. et Zucc.）
12. 小叶椭圆形，长圆形至倒卵形或长椭圆形；荚果椭圆形 …………………… 13
13. 小叶椭圆形或长椭圆形；荚果广卵形 …………………… 中华胡枝子（*L. chinensis* G. Don）
13. 小叶长圆形或倒卵形，荚果扁椭圆形 …………………… 阴山胡枝子（白指甲花）（*L. inschanica* Schindl.）

鸡眼草属（*Kummerowia* Schindl.）

1. 茎枝上的毛向下；小叶长椭圆形或倒卵状长椭圆形，荚果卵状矩圆形，与萼等长或稍长于萼，但不超过萼的1倍 …………………… 鸡眼草（*K. striata* Schindl.）
1. 茎枝上的毛向上，小叶倒卵形或椭圆形，先端微凹，荚果卵形，较萼长2～4倍 …………………… 长萼鸡眼草（*K. stipulaceae* Makino.）

车轴草属（*Trifolium* L.）

1. 植物体具疏毛，头状花序红色，生于具叶枝端，无总花序梗…………………… 红车轴草（*T. pratense* L.）
1. 植物体无毛；头状花序白色，生于葡茎叶腋，具较长的总梗 …………………… 白车轴草（*T. repense* L.）

木蓝属（*Indigofera* L.）

1. 花大，长超过 1cm，花柄长超过小叶柄 …… 2
1. 花小，长不超过 1cm，花柄长不及 2mm 或几乎无柄 …… 3
2. 小叶片无毛 …… 和琼木蓝（*I. fortunei* Craib）
2. 小叶两面有毛 …… 苏木蓝（*l. carlesii* Craib）
3. 小叶柄短，长不超过 1.5cm …… 野蓝枝（多花木蓝）（*l. amblyantha* Craib）
3. 小叶柄长超过 3cm …… 马棘（*I. pseudotinctoria* Mats.）

15. 大戟科（Euphorbiaceae）

1. 草本植物（有的在南方例外） …… 2
1. 木本植物 …… 5
2. 植物体有乳汁；杯状聚伞花序 …… 大戟属（*Euphorbia* L.）
2. 植物体无乳汁；不为杯状聚伞花序 …… 3
3. 叶掌状分裂；蒴果大，有刺或无刺 …… 蓖麻属（*Ricinus* L.）
3. 叶不为掌状分裂，蒴果小，平滑或有瘤状突起 …… 4
4. 穗状花序腋生；雄花无花瓣 …… 铁苋菜属（*Acalypha* L.）
4. 总状花序顶生；雄花有花瓣 …… 地构叶属（*Speranskia* Baill.）
5. 子房每室有胚珠 1 枚，单叶 …… 6
5. 子房每室有胚珠 2 枚，单叶或复叶 …… 10
6. 花大，有花瓣和花盘；核果 …… 油桐属（*Vernicia* Lour.）
6. 花小，无花瓣和花盘；蒴果 …… 7
7. 植株全体无毛，叶全缘或有锯齿，雄花有雄蕊 2～3 枚 …… 8
7. 植株全体有毛；叶有粗锯齿；雄花有雄蕊多枚 …… 9
8. 雌雄异株；雄花花萼 3 裂，雄蕊 3 枚 …… 海漆属（土沉香属）（*Excoecaria* L.）
8. 雌雄同株，通常同序；雄花花萼 2～3 裂，基部愈合，雄蕊 1～3 枚 …… 乌桕属（*Sapium* P. Br.）
9. 植物体有星状毛；雄蕊多数 …… 野桐属（*Mallotus* Lour.）
9. 植物体具柔毛，但不呈星状；雄蕊 6～8 枚 …… 山麻杆属（*Alchornea* Sw.）
10. 叶为 3 小叶组成的复叶；果实为浆果状 …… 重阳木属（*Bischofia* BL.）
10. 单叶，全缘或边缘有锯齿或分裂 …… 11
11. 雄花无花瓣 …… 12
11. 雄花有花瓣；小灌木；花小，雄蕊 5～6 枚；蒴果 …… 黑构叶属（*Leptopus* Decne.）
12. 蒴果；雄花有或无退化雌蕊 …… 13
12. 蒴果或果皮肉质而成浆果状，雄花无退化雌蕊 …… 叶下珠属（*Phyllanthus* L.）
13. 萼片 6；子房 3～15 室；雄花无退化雌蕊 …… 算盘珠属（*Glochidion* Forst.）
13. 萼片 5；子房 3 室，雄花有退化雌蕊 …… 一叶萩属（*Securinega* Juss.）

野桐属（*Mallotus* Lour.）

1. 叶两面都有白色星状毛，背面毛更密 …… 白叶野桐（*M. apelta* Muell.-Arg.）
1. 叶背面有褐色星状毛，表面通常无毛 …… 2
2. 穗状花序顶生，通常分支呈圆锥状 …… 野梧桐（*M. japonicus* Muell.-Arg.）
2. 总状花序顶生，通常不分支 …… 野桐（*M. tenuifolius* Pax.）

16. 芸香科（Rutaceae）

1. 心皮离生或仅基部合生；果为蓇葖状蒴果 …… 2
1. 心皮合生，果为柑果 …… 3
2. 奇数羽状复叶互生；枝有皮刺 …… 花椒属（*Zanthoxylum* L.）
2. 奇数羽状复叶对生；枝无皮刺 …… 吴茱萸属（*Euodia* Forst.）

3. 叶为3出复叶；果实密被柔毛 ………………………………………… 枳属（*Poncirus* Raf.）
3. 叶为单身复叶或单叶（无箭叶） ………………………………………… 柑橘属（*Citrus* L.）

17. 漆树科（Anacardiaceae）

1. 单叶；花梗细长，有羽毛状长毛 ………………………………………… 黄栌属（*Cotinus* Mill.）
1. 羽状复叶；花梗不伸长，无羽毛状长毛 ………………………………………… 2
2. 偶数羽状复叶；花无花瓣 ………………………………………… 黄连木属（*Pistacia* L.）
2. 奇数羽状复叶；花有花瓣 ………………………………………… 3
3. 花序顶生；果序直立，外果皮与中果皮联合，外被红色腺毛和节 ……………… 盐肤木属（*Rhus* L.）
3. 花序腋生；果序下垂，外果皮与中果皮分离，通常无毛，有光泽，稀被微柔毛或刺毛，无腺毛 ………
………………………………………… 漆树属（*Toxicodendron* Mill.）

漆树属（*Toxicodendron* Mill.）

1. 小叶背面脉上有柔毛，基部通常圆形，小叶7～13对 ………………………………………… 2
1. 小叶两面无毛，基部楔形，小叶9～15对 ………………………… 野漆树（*T. succedance* O Kuntze）
2. 小叶长4～10cm，宽2～3cm，侧脉18～25对 ………………………… 木蜡树（*T. sylvestre* O Kuntze）
2. 小叶长7～15cm，宽3～7cm，侧脉8～16对 ………………………… 漆树（*T. vernicifluum* F. A. Barkely）

18. 卫矛科（Celastraceae）

1. 叶对生；聚伞花序腋生，蒴果4～5室，有角棱或翅 ………………………………………… 卫矛属（*Euonyum* L.）
1. 叶互生；藤木；聚伞状圆锥花序顶生或腋生；蒴果常3室，球形 ……………… 南蛇藤属（*Celastrus* L.）

卫矛属（*Euonyum* L.）

1. 落叶灌木或小乔木 ………………………………………… 2
1. 常绿或半常绿灌木或小乔木 ………………………………………… 3
2. 灌木，小枝有2～4排木栓翅；蒴果深裂至基部呈4个裂片状 ……………… 卫矛（*E. alatus* Sieb.）
2. 乔木，小枝无木栓翅；蒴果浅裂为4棱形 ……………… 白杜（丝棉木，明开夜合）（*E. bugeaus* Maxim.）
3. 半常绿灌木；花序疏散排列，花大，直径1～2cm；蒴果有4条翅状窄棱 ………………
………………………………………… 大花卫矛（*E. grandiflorus* Wall.）
3. 常绿灌木或小乔木或攀援状灌木；花序排列紧密 ………………………………………… 4
4. 常绿灌木或小乔木；小枝近4棱形，无细根及瘤状突起……… 冬青卫矛（大叶黄杨）（*E. japonicus* L.）
4. 低矮葡匐及攀援灌木；小枝近圆形，枝上有瘤根及瘤状突起 ……… 扶芳藤（*E. fortunei* Hand. -Mazz.）

19. 鼠李科（Rhamnaceae）

1. 叶基3出脉 ………………………………………… 2
1. 叶为羽状脉 ………………………………………… 3
2. 有托叶刺；花簇生叶腋，花柄正常，不肉质化扭曲；叶较小 ……………… 枣属（*Ziziphus* Mill.）
2. 无托叶刺，聚伞花序顶生或腋生。花序梗肉质扭曲；叶较大……………… 枳椇属（*Hovenia* Thunb.）
3. 攀援灌木；叶全缘，羽状脉近于等距平行；聚伞总状或圆锥花序顶生或兼腋生 ………………
………………………………………… 勾儿茶属（*Berchemia* Neck.）
3. 直立灌木；叶缘具锯齿，羽状脉不整齐或略近整齐；伞房或聚伞花序腋生　4
4. 核果圆柱状长圆形，具1核 ………………………………………… 猫乳属（*Rhamnella* Miq.）
4. 核果球形，具2～4核 ………………………………………… 鼠李属（*Rhamnus* L.）

鼠李属（*Rhamnus* L.）

1. 小枝顶端无棘刺 ………………………………………… 2
1. 小枝顶端有棘刺 ………………………………………… 3
2. 裸芽被锈色柔毛；伞房花序有总梗；种子基部背面有小横沟 …… 长叶鼠李（*R. crenata* Sieb. et Zucc.）
2. 冬芽具芽鳞；花簇生叶腋，无总梗；种子背面有纵沟 ……………… 鼠李（*R. davurica* Pall.）
3. 叶对生或近于对生，或束生枝端 ………………………………………… 4

3. 叶互生或束生枝端 …………………………………………………………………………………… 5
4. 叶倒卵形或近于圆形，长 2～4cm，叶基阔楔形；种子背面下半部有斜沟 ……………………
…………………………………………………………………………… 圆叶鼠李（*R. globosa* Bunge）
4. 叶倒卵形或椭圆形，质薄，长 4～8cm，叶基楔形；种子背面有纵沟 …………………………
…………………………………………………………………… 薄叶鼠李（*R. leptophylla* Schneid.）
5. 幼叶下面沿叶脉和脉腋有黄色短柔毛，侧脉 5～8 对 ……………………… 冻绿（*R. utilis* Decne.）
5. 叶下面密被白色短柔毛，侧脉 5～6 对 ………………………………… 皱叶鼠李（*R. rugulosa* Hemsl.）
20. 葡萄科（Vitaceae）
1. 不具皮孔，皮长片状脱落，髓心褐色；花瓣顶端互相结合，花后整个帽状脱落，圆锥花序 …………
……………………………………………………………………………………… 葡萄属（*Vitis* L.）
1. 具皮孔，皮非片状脱落，髓心白色；花瓣离生，聚伞花序 ………………………………………… 2
2. 花 4 数，花序腋生或假顶生；鸟足状掌状复叶 ………………………… 乌蔹莓属（*Cayratia* Juss.）
2. 花 5 数；单叶或复叶 ……………………………………………………………………………… 3
3. 卷须具吸盘；花盘与子房贴生，不分离 ………………………… 爬山虎属（*Parthenocissus* Planch.）
3. 卷须不具吸盘；花盘与子房分离 ……………………………… 白蔹属（蛇葡萄属）（*Ampelopsis* Michx.）
葡萄属（*Vitis* L.）
1. 小枝无皮刺或腺毛 ………………………………………………………………………………… 2
1. 小枝具皮刺或腺毛 ………………………………………………………………………………… 7
2. 叶背面密生灰白色或锈色绵毛 …………………………………………………………………… 3
2. 叶背面仅脉上有柔毛或脉腋间有簇毛 …………………………………………………………… 5
3. 叶通常 3 深裂，每裂片再分裂 ………………………………… 蘡薁（野葡萄）（*V. adstricta* Hance）
3. 叶不分裂或 3～5 浅裂，裂片不分裂 ……………………………………………………………… 4
4. 叶不分裂或有 3～5 不明显钝角，呈三角或五角状卵形 ……… 毛葡萄（*V. quinquangularis* Rehd.）
4. 叶 3～5 裂，稀不裂，呈卵形或宽卵形 ………………………………… 桑叶葡萄（*V. ficifolia* Bunge）
5. 叶不分裂，边缘有波状细齿；果实味酸，不宜生食 ……………………… 葛藟（*V. flexuosa* Thunb.）
5. 叶 3～5 裂，边缘有粗齿；果实味甜，可生食 …………………………………………………… 6
6. 叶基宽心形，两角开展；幼枝及叶柄淡紫红色 ……………………… 山葡萄（*V. amurensis* Rupr.）
6. 叶基部狭心形，两角靠拢而遮叠；幼枝及叶柄绿色 …………………………… 葡萄（*V. vinifera* L.）
7. 小枝密生皮刺；叶背面灰白色，除主脉上有长腺毛及柔毛外，余无毛 ……… 刺葡萄（*V. davidii* Foex.）
7. 小枝无皮刺，密生柔毛和长腺毛；叶背密生黄棕色柔毛和腺毛 ……… 秋葡萄（*V. romanetill* Roman.）
白蔹属（*Ampelopsis* Michx.）
1. 叶为单叶，常 3～5 裂 …………………………………………………………………………… 2
1. 叶为掌状或羽状复叶 ……………………………………………………………………………… 3
2. 叶纸质，表面暗绿色，无光泽，两面均被柔毛；果熟时蓝黑色 ………………………………
…………………………………………………………… 蛇葡萄（*A. brevipedunculata* Trautv.）
2. 叶革质，表面有光泽，两面无毛或背面脉上有微毛；果熟时淡黄色或淡蓝色 ………………
…………………………………………………………………… 葎叶蛇葡萄（*A. humulifolia* Bunge）
3. 叶掌状 3～5 全裂，有时下部的叶为单叶；小枝、花序梗、叶柄和小叶的背面均被短柔毛 …………
…………………………………………………………… 三裂叶蛇葡萄（*A. delavayana* Planch.）
3. 叶掌状或羽状全裂，小枝、花序梗，叶柄和小叶的背面无毛 ………………………………… 4
4. 叶掌状 3～5 全裂；叶轴无翅 …………………… 光叶草葡萄（*A. aconitifolia* var. *glabra* Diels）
4. 叶二回掌状分裂，或小叶羽状分裂，叶轴有宽翅 ……………………… 白蔹（*A. japonica* Makino）
21. 椴树科（Tiliaceae）
1. 无花盘，花瓣无腺体 ……………………………………………………………………………… 2

1. 花盘发达，花瓣基部有腺体；核果无刺 ………………………………………… 扁担杆属（*Grewia* L.）
2. 一年生草本；被星状毛；蒴果长筒形；花单生叶腋 ……………… 田麻属（*Corchoropsis* Sieb. et Zucc.）
2. 乔木；有或无星状毛；核果球形或卵形，聚伞花序有舌片状总苞 ……………… 椴树属（*Tilia* L.）

22. 锦葵科（Malvaceae）

1. 雌蕊由5枚以上心皮联合成1轮；果熟时与中轴分离而裂成多数分果 ……………………………… 2
1. 雌蕊由5枚以下心皮合生；果熟时为沿室背裂开的蒴果 ……………………………………………… 4
2. 红萼外无副萼；子房每室有2枚或2枚以上的胚珠 ……………………… 苘麻属（*Abutilon* Mill.）
2. 萼外有3～9枚副萼片；子房每室有1枚胚珠 ………………………………………………………… 3
3. 副萼片3枚，分离 ……………………………………………………………… 锦葵属（*Malva* L.）
3. 副萼片6～9枚，基部联合 …………………………………………………… 蜀葵属（*Althaea* L.）
4. 花柱不分支或顶端有5个短而直伸的分支；种子有绵毛 ……………………… 棉属（*Gossyium* L.）
4. 花柱分支较长；种子肾形；无毛 ………………………………………………………………………… 5
5. 萼在花后宿存，小苞片较大而宿存；多为草本 ……………………… 秋葵属（*Abelmoschus* Medic.）

23. 堇菜科（Violaceae）

堇菜属（*Viola* L.）

1. 植物体有直立的地上茎和分支 ……………………………………………………………………… 2
1. 植物体无直立的地上茎和分支 ……………………………………………………………………… 5
2. 叶两面有棕色或锈色腺点；叶心形或近于心形，托叶边缘有栉齿状分裂 ……………………… 3
2. 叶两面无棕色或锈色腺点 …………………………………………………………………………… 4
3. 植物体具白色柔毛，托叶卵形；花白色或淡紫色 ………………… 鸡腿堇菜（*V. acuminata* Ledeb.）
3. 植物体无毛；托叶披针形；花淡紫色，有棕色腺点 ………………… 紫花堇菜（*V. grypoceras* A. Gray）
4. 叶宽心形或近新月形；花较小，紫色 ……………………………………… 堇菜（*V. verecunda* A. Gray）
4. 叶卵状长圆形或宽披针形；花较大，每花有蓝、紫、白或黄三色 ……………………………………
…………………………………………………………… 三色堇（猫脸花）（*V. tricolor* var. *hortensis* DC.）
5. 叶为羽状分裂 ……………………………………………… 南山堇菜（*V. chaerophylloides* W. Beck.）
5. 叶不分裂 ……………………………………………………………………………………………… 6
6. 叶心形或卵圆形 ……………………………………………………………………………………… 7
6. 叶卵状椭圆形、三角状卵形、舌状卵形成卵状披针形以至线状披针形，蒴果长椭圆形 ………… 8
7. 叶面沿叶脉有青白色条纹；蒴果椭圆形；无毛 ……………………… 斑叶堇菜（*V. variegata* Fisch.）
7. 叶面沿叶脉无青白色条纹；蒴果球形，有毛 ………………………………… 毛果堇菜（*V. colloma* Bess.）
8. 具葡匐茎，有毛；叶卵状椭圆形，托叶离生 ……………………………… 堇蔓堇菜（*V. diffusa* Ging.）
8. 无葡匐茎；托叶部分与叶柄合生 ……………………………………………………………………… 9
9. 叶椭圆状卵形或三角状卵形或舌状卵形 ……………………………………………………………… 10
9. 叶箭头状披针形至线状披针形或长椭圆形 …………………………………………………………… 11
10. 叶基部心形或浅心形；花距长约7mm ………………………………… 心叶蔓菜（*V. cordifolia* W. Beck.）
10. 叶基宽心形，稍下延于叶柄，有两垂耳；花距长2.5～3mm ……… 长萼堇菜（*V. inconspicua* BL.）
11. 全株无毛；叶箭头状披针形至线状披针形；花距囊长约3～4mm ………………………………………
…………………………………………………… 箭叶堇菜（*V. betonicifolia ssp. nepalensis* W. Beck.）
11. 全株具白色短毛；叶长圆形至广披针形；花距囊长约7mm ………………………………………………
……………………………………………………………… 紫花地丁（光瓣堇菜）（*V. yedoensis* Makino.）

24. 五加科（Araliaceae）

1. 常绿攀援植物，具气根；叶三角状卵形或长三角形，全缘或3～5裂 ……… 长春藤属（*Hedera* L.）
1. 落叶乔木或灌木，不具气根 …………………………………………………………………………… 2
2. 茎叶无刺；单叶，大而掌状浅裂至深裂；子房2室 ………………… 通脱木属（*Tetrapanax* K. Koch）

2. 茎通常具刺；复叶；子房 2～5 室 …………………………………………………………………………………………… 3
3. 掌状复叶；伞形花序单生叶腋或少数集成顶生的圆锥花序；花瓣在蕾中呈镊合状排列 ……… 五加属（*Acanthopanax* Miq.）
3. 二或三回大型羽状复叶；伞状花序集成顶生的大型圆锥花序；花瓣在蕾中呈覆瓦状排列 …… 楤木属（*Aralia* L.）

25. 伞形科（Umbelliferae）

1. 子房和果实具刚毛或小瘤 …… 2
1. 子房和果实无刚毛或小瘤，但具柔毛 ………………………………………………………………………………………… 5
2. 子房和果实的刺状物呈钩状，或为具钩齿的刚毛，或仅为小瘤 ………………………………………………………… 3
2. 子房和果实的刺状物不呈钩状，也不具钩齿的刺毛，主棱尖锐，刚毛散生棱间 …………………………………………………………………………………… 香根芹属（野胡萝卜属）（*Osmorhiza* Raf.）
3. 叶为掌状分裂；萼齿显著；果具刺或刺瘤 ………………………………………… 变豆菜属（*Sanicuia* L.）
3. 叶为羽状复叶 ……… 4
4. 总苞片和小总苞片均小而狭，不裂；果实的主棱线形，次棱上及棱槽有刺，刺的基部呈小瘤状 ……… ………………………………………………………………………………………………… 窃衣属（*Torillis* Adans.）
4. 总苞片和小总苞片羽状分裂；果实的主棱不明显，具刚毛，次棱有狭翅并具刺 ……… 胡萝卜属（*Daucus* L.）
5. 子房和果实的横断面圆形或侧面扁平，果棱无翅 ……………………………………………………………………… 6
5. 子房和果实的横断面背面扁平，果棱具翅 ……………………………………………………………………………… 14
6. 果实圆形至卵形或心脏形 ……………………………………………………………………………………………………… 7
6. 果实条形至矩圆形 …… 12
7. 小伞形花序的外缘花具辐射瓣；果皮薄而坚硬，心皮成熟后不易裂开；油管不显 …… 芫荽属（*Coriandrum* L.）
7. 小伞形花序的外缘花无辐射瓣；果皮薄而柔软，心皮成熟后分离；油管显著 …………………………………… 8
8. 果实圆形或圆卵状心形，通常呈双悬心瓣状，棱槽中通常具油管 2～3 枚或多枚；花瓣先端反卷 …… ………………………………………………………………………………………………… 茴芹属（*Pimpinella* L.）
8. 果实圆卵形或卵状球形，罕见双悬心瓣状，棱槽中通常仅 1 油管；花瓣先端尖锐，略向内弯，但不反折 …… 9
9. 萼齿细小或不存在 …… 10
9. 萼齿大而明显；水生或湿生 ………………………………………………………………… 水芹属（*Oenanthe* L.）
10. 花绿色至黄色，极少白色；棱槽间具油管 1 枚 ………………………………………………………………………… 11
10. 花白色，果实光滑，棱槽间具油管 3 至多枚 ………………………………………… 茴芹属（*Pimpinella* L.）
11. 茎呈乳绿色，具强烈的茴香味；花全为黄色 ……………………………………… 茴香属（*Foeniculum* Mill.）
11. 茎绿色或淡绿色，无强烈菌香味；花绿色，绝少为白色 ……………………………… 旱芹属（*Apium* L.）
12. 叶为单叶，全缘，平行叶脉 ……………………………………………………………… 柴胡属（*Bupleurum* L.）
12. 叶为复叶，呈各式分裂，叶脉羽状 ……………………………………………………………………………………… 13
13. 叶三出至掌状分裂；小伞形花序呈圆锥或近于圆锥花序，花梗与伞辐参差不齐，每小花序中有 2～4 朵花 …………………………………………………………………………… 鸭儿芹属（*Cryptotaenia* DC.）
13. 叶羽状或掌状复叶；伞形花序不组成圆锥形 ………………………………………………… 贡蒿属（*Carum* L.）
14. 果实背面略扁平，背棱、中棱和侧棱均具狭翅；或中棱、背棱具翅而侧棱无翅；总苞片和小总苞片均不发达；花柱较花柱基长 2～3 倍 ……………………………………………………… 蛇床属（*Cnidium* Cusson）
14. 果实的背部极扁平，背棱和中棱线形或不显，不具翅，侧棱则发展成狭或宽的翅，果实例棱的翅狭而厚；伞形花序的外缘花不具辐射瓣，花瓣不 2 裂；花白色或紫色；果熟后不易从结合面裂开 ………… ……………………………………………………………………………………………… 前胡属（*Peucedanum* L.）

柴胡属（*Bupleurum* L.）

1. 植株高 80～150cm；叶宽 2.5～10cm，具 9～11 条平行脉 ……… 大叶柴胡（*B. longiradiatum* Turcz.）
1. 植株高不过 90cm；叶宽不过 2cm …………………………………………………………………… 2
2. 叶宽 0.6～1cm ，具 7～9 条平行脉 …………………………………………… 柴胡（*B. chinense* DC.）
2. 叶宽 0.2～0.7cm，具 5～7 条平行脉 ……………… 狭叶柴胡（红柴胡）（*B. scorzonerifolium* Willd.）

窃衣属（*Torilis* Adans.）

1. 总苞片数个，伞辐 4～12 个，长 0.5～2.5cm，果实长 1.5～4mm ……… 破子草（*T. japonica* DC.）
1. 无总苞片，伞辐 2～4 个；果实长圆形，长 3～8mm ……………………… 窃衣（*T. scabra* DC.）

26. 木樨科（Oleaceae）

1. 果实为翅果 ………………………………………………………………………………… 2
1. 果实为蒴果、核果或浆果 …………………………………………………………………… 3
2. 单叶；果实圆周延伸成翅 …………………………………………… 雪柳属（*Fontanesia* Labill.）
2. 羽状复叶；果实顶端延伸成长翅 ………………………………… 梣属（白蜡树属）（*Fraxinus* L.）
3. 浆果或核果 ………………………………………………………………………………… 5
3. 蒴果 ………………………………………………………………………………………… 4
4. 枝条中空或有片状髓；花黄色 ……………………………………… 连翘属（*Forsythia* Vahl.）
4. 枝条实心；花紫色或白色 ……………………………………………………… 丁香属（*Syringa* L.）
5. 复叶，很少单叶，对生或互生；浆果 ……………… 茉莉属（迎春属、素馨属）（*Jasminum* L.）
5. 单叶，对生；核果 ………………………………………………………………………… 6
6. 花冠裂片线形，长 10～20mm ……………………………………… 流苏树属（*Chionanthus* L.）
6. 花冠裂片短，长 10mm 以下 ……………………………………………………………… 7
7. 花序腋生；花冠裂片覆瓦状排列 ……………………………………… 木樨属（*Osmanthus* Lour.）
7. 花序顶生；花冠镊合状排列 ………………………………………………… 女贞属（*Ligustrum* L.）

连翘属（*Forsythia* Vahl.）

1. 枝条髓为片状；单叶 …………………………………………………… 金钟花（*F. viridima* Lindl.）
1. 枝条中空；单叶以至三出复叶 ……………………………………………… 连翘（*F. upensa* Vahl.）

女贞属（*Ligustrum* L.）

1. 小枝和花序轴具柔毛或短粗毛 …………………………………………………………… 2
1. 小枝和花序轴无毛 ……………………………………………………… 女贞（*L. lucidum* Ait.）
2. 花冠筒较裂片稍短或等长 ………………………………………………………………… 3
2. 花冠筒较裂片长 2～3 倍 ………………………………………………………………… 5
3. 常绿，小枝密生短粗毛 ……………… 圆叶日本女贞（*L. japonicum* var. *rotundifolium* Nichols.）
3. 落叶或半常绿，小枝密生短柔毛 ………………………………………………………… 4
4. 花有柄，叶背中脉有毛 ……………………………………………… 小蜡树（*L. sinense* Lour.）
4. 花无柄；叶背无毛 ………………………………………………… 小叶女贞（*L. quihoui* Carr.）
5. 花药长达花冠裂片之半，花柄和花萼无毛或微有毛 ……………… 蜡子树（L. acutissimum Koehne）
5. 花药与花冠裂片近等长；花柄和花萼有短柔毛 ………… 水蜡树（*L. obtusifolium* Sieb. et Zucc.）

27. 马鞭草科（Verbenaceae）

1. 掌状复叶；灌木；花冠 2 唇形 ………………………………………………… 牡荆属（*Vitex* L.）
1. 单叶或羽状分裂叶；木本或草本；花冠唇形或近于对称 ……………………………………… 2
2. 雄蕊内藏；花无柄 ………………………………………………………………………… 3
2. 雄蕊外伸；花有柄 ………………………………………………………………………… 4
3. 草本；穗状花序长鞭形或缩短；果干燥，包于萼内 ………………… 马鞭草属（*Verbena* L.）
3. 有刺灌木；穗状花序近于头状；果肉质，仅基部为萼所包 ………… 马缨丹属（*Lantana* L.）

4. 花萼与花冠裂片 4 数，辐射对称；幼枝具星状的粗糠状粗毛，植物体无臭味 …… 紫珠属（*Callicarpa* L.）
4. 花萼与花冠裂片 5 数，唇形或微偏斜；植物体有臭味 ……………………………………………… 5
5. 花冠唇形，2 强雄蕊；果实熟后裂为 4 个小果瓣 …………………………… 莸属（*Carryopteris* Bunge）
5. 花冠细管状，裂片近于对称；雄蕊 4 枚等长；果为不裂的浆果状核果 ………………………………………………………………………………………… 赪桐属（大青属）（*Clerodendron* L.）

牡荆属（*Vitex* L.）
1. 小叶全缘或有少数锯齿，叶背密被灰白色细线毛 ………………………… 黄荆（*V. negundo* L.）
1. 小叶边缘有多数锯齿，叶背黄绿色，浅裂以至深裂 ……………………………………………… 2
2. 小叶边缘有锯齿 ……………………………………………… 牡荆（var. *cannabifolia* Hand.-Mazz.）
2. 小叶边缘有缺刻状锯齿，浅裂以至深裂 …………………………… 荆条（var. *heterophylla* Rehd.）

紫珠属（*Callicarpa* L.）
1. 花序梗长于叶柄 3～4 倍；叶背及花萼均无毛 …………… 白棠子树（小紫珠）（*C. dichotoma* K. Koch.）
1. 花序梗短于或等于叶柄长；叶背密生或疏生星状毛 ……………………………………………… 2
2. 叶背有红色腺点 ……………………………………………………… 珍珠枫（*C. bodinieri* Levl.）
2. 叶背有黄色腺点 ……………………………………………… 老鸦糊（*C. giraldii* Hexx ex Rehd.）

28. 唇形科（Labiatae）
1. 花柱不着于子房底，小坚果的结合面高于子房 1/2 以上；花冠上唇短于下唇或无上唇 ……………… 2
1. 花柱着生于子房底；小坚果彼此分离，仅基部的一小点着生于花托上；花冠上唇长于或等于下唇 …… 3
2. 能育雄蕊 4 枚；花冠上唇极短而微凹；叶缘波状 …………………………… 筋骨草属（*Ajuga* L.）
2. 能育雄蕊 2 枚；叶片 3～5 裂（全裂） ………………………………… 水棘针属（*Amethystea* L.）
3. 花冠筒背面无囊状盾鳞；子房通常无柄 ……………………………………………………… 4
3. 花冠筒在背面有囊状盾鳞，子房有柄 ……………………………… 黄芩属（*Scutellaria* L.）
4. 雄蕊上升或直伸散开 ……………………………………………………………………… 5
4. 雄蕊下倾，平卧在花冠下唇上或包在花冠下唇内；花冠上唇反折 ……………………………… 21
5. 花冠筒不伸出萼外，雄蕊及花柱不伸出花冠筒外 ………………… 夏至草属（*Lagopsis* Bge. ex Benth.）
5. 花冠筒通常伸出萼外，雄蕊及花柱伸出或伸达于花冠管口 ……………………………………… 6
6. 花排列成偏向一侧的顶生的假穗状花序；苞片阔卵形 ……………………… 香薷属（*Elsholtzia* Willd.）
6. 花排列成不偏向一侧的顶生的假穗状花序；苞片通常线性或披针形 ……………………………… 7
7. 花冠显然分为 2 唇，有不相等的裂片，上唇穹隆、弧形、镰刀形或盔状 …………………………… 8
7. 花冠略分为 2 唇或近整齐或分为 4 裂，有相似的裂片，如有上唇则扁平形或略穹隆 ……………… 16
8. 雄蕊 4 枚，花药卵形，花冠上唇盔状 ……………………………………………………… 9
8. 雄蕊 2 枚，药隔延长与花丝有一关节相连，花药线形，花冠上唇穹隆或弧形…… 鼠尾草属（*Salvia* L.）
9. 后对雄蕊长于前对雄蕊；萼有 13～15 脉 ………………………………………………… 10
9. 后对雄蕊短于前对雄蕊，萼有 5～10 脉 ………………………………………………… 11
10. 茎直立；轮伞花序多花，集成顶生或腋生 ………………………………………………… 12
10. 茎匍匐；轮伞花序少花，每轮有 2～6 朵；叶肾形 ……………………… 活血丹属（*Glechoma* L.）
11. 叶心脏卵形或长圆状披针形，边缘有锯齿；花冠下唇中裂片边缘有波状细齿；果实顶端有毛 ………………………………………………………………………………………………… 藿香属（*Agastache* Clayton）
11. 叶掌状 3 裂，偶有多裂，裂片全缘；花冠下唇中裂片微凹；果实无毛 … 荆芥属（*Schizonepeta* Briq.）
12. 花萼分裂为 2 唇，成熟时闭合，上唇宽，顶端截形，有 3 个短齿；花丝顶端分叉成 2 歧 ……………………………………………………………………………………………… 夏枯草属（*Prunella* L.）
12. 花萼 5 齿，近相似，成熟时张开；花丝不分叉 …………………………………………… 13

13. 花萼披针形，花冠上唇外凸常呈盔状；花柱顶端2裂，极不等长；萼齿间有小齿 ……………………………………………………………………………… 糙苏属（*Phlomsis* L.）
13. 花萼披针形，花冠上唇外凸常呈盔状；花柱顶端2裂，近等长；萼齿间无小齿 …………… 14
14. 小坚果卵圆形，顶端钝圆 ………………………………………… 水苏属（*Stachys* L.）
14. 小坚果三棱形，顶端平截 ………………………………………………………………… 15
15. 叶羽状或掌状浅裂至深裂；花药无毛 …………………………… 益母草属（*Leonurus* L.）
15. 叶有圆齿或锯齿；花药有毛 …………………………………… 野芝麻属（*Lamium* L.）
16. 能育雄蕊2枚（在风轮菜属有时为4枚） ……………………………………………… 17
16. 能育雄蕊4枚 …………………………………………………………………………… 19
17. 花轮生2花；能育雄蕊生于花冠筒的后边，退化雄蕊生于前边 ……………………………………………………………… 荠苧属（*Mosla* Buch-Ham. ex Maxim.）
17. 花轮生多花；能育雄蕊生在花冠筒的前边，退化雄蕊生于后边 ………………………… 18
18. 叶披针形或长圆状披针形；萼钟形，果实顶端平截，合生面金黄色腺点 ……… 地笋属（*Lycopus* L.）
18. 叶卵形；花萼筒状；果实顶端钝圆，合生面无腺点 ……………… 风轮菜属（*Clinopodium* L.）
19. 叶通常全缘，花萼喉部密生白色长毛；叶柄短 ………………………… 牛至属（*Origanum* L.）
19. 叶有锯齿；花萼喉部无白色长毛 ………………………………………………………… 20
20. 轮伞花序每节多花；腋生或聚生在茎或枝条顶端；雄蕊伸出花冠外；果实光滑 ……………………………………………………………………………… 薄荷属（*Mentha* L.）
20. 轮伞花序通常每节2花，组成顶生或腋生偏向一侧的假穗状花序；雄蕊不伸出花冠外或稍露出；果实有皱纹 …………………………………………………………………… 紫苏属（*Perilla* L.）
21. 花萼在花后下垂，萼齿大小不等，顶齿阔卵形，其余萼齿尖锐，下边两雄蕊的花丝联合 ……………………………………………………………………………… 罗勒属（*Ocimum* L.）
21. 花萼在花后不下垂，萼齿近相等或2唇形，下边两雄蕊的花丝分离 …… 香茶菜属（*Rabdosia* Hassk.）

风轮菜属（*Clinopodium* L.）

1. 茎粗壮，常有毛；叶两面有毛；苞片长于花柄 ………………………………………… 2
1. 茎细弱，无毛；叶两面无毛；苞片短于花柄 …………………………………………… 3
2. 轮伞花序有明显的总梗，花萼长6～8mm，花冠长1cm以上 ……………………………………… 麻叶风轮菜（*C. urticifolium* C. Y. Wu er Hsuan）
2. 轮伞花序有总梗或不明显，花萼长4.5～6mm，花冠长不及1cm ………… 风轮菜（*C. chinense* O. Ktze）
3. 花萼外面脉上有毛 ……………………………………………… 剪刀草（*C. gracile* Matsum.）
3. 花萼外面脉上无毛 ……………………………………………… 光风轮（*C. confinis* O. Ktze.）

薄荷属（*Mentha* L.）

1. 上面叶脉极度下陷；轮伞花序聚生于枝端呈假穗状花序；花萼外面无毛 ……………………………………… 留兰香（青薄荷、皱叶薄荷）（*M. spicata* L.）
1. 上面叶脉稍下陷；轮伞花序腋生，花萼外面有毛 ……………………… 薄荷（*M. haplocalyx* Briq.）

紫苏属（*Perilla* L.）

1. 植物体通常绿色，有时仅叶背面稍带紫色，花冠白色 ………………… 白苏菜（*P. frutescens* Britton）
1. 植物体通常为紫色或粉红色；花亦为粉红色或紫红色 … 紫苏（*P. frutescens* var. arguta Hand.-Mazz.）

香薷属（*Elsholtzia* Willd.）

1. 亚灌木；苞片披针形或条状披针形 ………………………… 柴荆芥（木香薷）（*E. stauntonii* Bench.）
1. 一年生草本；苞片近圆形或倒卵形 …………………………………………………………… 2
2. 叶片卵形或椭圆状披针形，边缘具钝齿；花冠淡紫色，长约5mm，花萼钟形，长约1.5mm ……………………………………………………………………… 香薷（*E. ciliata* Hyland）
2. 叶矩圆状披针形至披针形以至线状披针形，边缘具疏锯齿；花冠玫瑰红色，长6～7mm，花萼筒状，长约 2～2.5mm ……………………………… 海州香薷（狭叶香薷）（*E. splendens* Nakai ex F. Maekawa）

鼠尾草属（*Salvia* L.）

1. 叶为奇数羽状复叶；或上部为单叶、下部为复叶 ……………………………………………… 2
1. 叶全为单叶；花冠紫色，长约 4.5mm，花萼外面疏生柔毛，有金黄色腺点 ………………………………………………………… 雪见草（荔枝草、蛤蟆草）（*S. plebeia* R. Br.）
2. 根红色；全株具长黏毛；三出复叶，稀单叶；花黄色，下唇中裂片 2 裂及顶端条裂或流苏状 ………………………………………………………… 河南鼠尾草（*S. honania* Bailey）
2. 根红色；植株无黏毛但育长柔毛；小叶 3～5（7）枚，紫色，下唇中裂片微凹，顶端不裂成条状………………………………………………………… 丹参（*S. miltiorrhiza* Bunge）

29. 茄科（Solanaceae）

1. 果实为浆果，肉质或含少量水分，干燥后不开裂 ……………………………………………… 2
1. 果为蒴果，干燥后开裂 ……………………………………………… 6
2. 花药贴合，围绕花柱呈圆锥体 ……………………………………………… 3
2. 花药分离，不围绕花柱呈圆锥体 ……………………………………………… 4
3. 花药顶端或近顶端孔裂，叶常为单叶，间有羽状复叶 …………………… 茄属（*Solanum* L.）
3. 花药内侧自顶端至基部纵裂；叶常为羽状复叶 …………………… 番茄属（*Lycopersicon* Mill.）
4. 花萼在果时扩大呈膀胱状包围浆果 …………………… 酸浆属（*Physalis* L.）
4. 花萼果实不扩大亦不包围浆果 ……………………………………………… 5
5. 小灌木，具刺；花紫色；浆果小，卵形至椭圆形 …………………… 枸杞属（*Lycium* L.）
5. 草本或半灌木状，无刺；花绿白色、绿色或紫色；浆果形状大小不一致 ……… 辣椒属（*Capsicum* L.）
6. 顶生圆锥花序，花淡红或淡黄色 …………………… 烟草属（*Nicotiana* L.）
6. 花单生叶腋，白色或紫色，有时为黄色 …………………… 曼陀罗属（*Datura* L.）

茄属（*Solanum* L.）

1. 植物体有刺；花药较短而厚，顶孔向上或向内，大多数与药室直径相等 ……………………… 2
1. 植物体有刺；花药较长，顶孔细小，向外或向上；幼枝、花柄、花萼及叶片被有星状毛 ………………………………………………………… 茄（*S. melongena* L.）
2. 有块茎；单数羽状复叶 …………………… 马铃薯（*S. tuberosum* L.）
2. 无块茎；单叶，羽状分裂或羽状复叶 ……………………………………………… 3
3. 草本或半灌木，直立或攀援；浆果小，直径不超过 1cm ……………………………………… 4
3. 直立小灌木；浆果大，直径 1.2～2.5cm …………………… 珊瑚樱（*S. pseudo-capsicum* L.）
4. 一年生直立草本；花为短蝎尾状或近伞形花序 …………………… 龙葵（*S. nigrum* L.）
4. 多年生草质藤本，被多节长柔毛；叶全缘或 3～5 深裂；聚伞花序顶生或腋生 ………………………………………………………… 白英（白毛藤）（*S. lyratum* Thunb.）

30. 玄参科（Scrophulariaceae）

1. 雄蕊 4 枚或 5 枚 ……………………………………………… 2
1. 雄蕊 2 枚 …………………… 婆婆纳属（*Veronica* L.）
2. 雄蕊 5 枚；花冠辐射对称 …………………… 毛蕊花属（*Verbascum* L.）
2. 雄蕊 4 枚 5 花冠唇形或近于唇形 ……………………………………………… 3
3. 乔木；叶大，卵形，花萼革质，花冠筒长，上部扩大 …………………… 泡桐属（*Paulownia* Sieb. et Zucc.）
3. 草本；叶形多样；花萼草质 ……………………………………………… 4
4. 花冠上唇呈兜状 ……………………………………………… 5
4. 花冠上唇不呈兜状 ……………………………………………… 7
5. 萼片基部有 2 片小苞片，萼长筒形，5 裂，花冠黄色；蒴果线形；叶羽状分裂………………………………………………………… 阴行草属（*Siphonostegia* Bench.）

5. 萼片基部无小苞片；花冠红色至紫色 ·· 6
6. 子房每室有2枚胚珠；蒴果有1～4粒种子；叶全缘或稍有缺刻 ············ 山萝花属（*Melampyrum* L.）
6. 子房每室有多数胚珠；种子多数；叶羽状分裂；全株具腺毛 ··································
·· 松蒿属（*Phtheirospermum* Bge. ex Fisch.）
7. 圆锥花序顶生；花冠筒短粗，圆球形或卵形，黄绿色或褐紫色，上唇比下唇长，萼裂至中部 ············
·· 玄参属（*Scrophularia* L.）
7. 总状花序顶生 ·· 8
8. 花小，淡蓝紫色，长不超过2cm，上唇短 ··· 通泉草属（*Mazus* Lour.）
8. 花大，长2.5cm以上，上唇和下唇近相等，花冠有毛；蒴果室背开裂 ···································
·· 地黄属（*Rehmannia* Libosch.）

31. 车前科（Plantaginaceae）

车前属（*Plantago* L.）

1. 叶片卵圆形或阔卵形；须根系 ·· 车前（*P. asiatica* L.）
1. 叶椭圆形或卵状披针形以至椭圆状披针形；直根系 ······························· 平车前（*P. depressa* Will.）

32. 茜草科（Rubiaceae）

1. 乔木或灌木 ·· 2
1. 草本或藤本 ·· 5
2. 落叶乔木；叶大，宽椭圆形，叶间托叶三角形，早落；顶生聚伞花序，一些花的个别萼片增大为叶状 ···
··· 香果树属（*Emmenopterys* Oliv.）
2. 灌木；无增大成叶片状之萼片 ··· 3
3. 多数花密集成顶生或腋生的球形头状花序，头状花序具长梗 ··· 水团花属（水杨梅属）（*Adina* Salisb.）
3. 花不集成头状花序，单生或呈伞房花序 ··· 4
4. 常绿；叶搓碎无恶臭，托叶大，在叶柄内侧基部联合包围小枝；花大而芳香 ······························
·· 栀子属（*Gardenia* Ellis）
4. 落叶小灌木；叶搓碎有恶臭，托叶小，三角状针刺形，位于对生叶柄之间；花较小 ························
··· 六月雪属（*Serissa* Comm. ex Juss.）
5. 藤本植物；无皮刺或钩刺毛；叶对生，搓碎后有恶臭味 ····························· 鸡矢藤属（*Paederia* L.）
5. 蔓生或攀援草本，通常有皮刺或钩刺；叶4枚以上轮生，搓碎后无臭味 ····································· 6
6. 叶通常具柄，花通常5基数；果实肉质 ·· 茜草属（*Rubia* L.）
6. 叶通常无柄；花通常4基数（很少3或5基数），果实干燥或近于干燥 ···
··· 拉拉藤属（猪殃殃属）（*Galium* L.）

33. 忍冬科（Caprifloliaceae）

1. 奇数羽状复叶；浆果状核果，有3～5粒种子 ·· 接骨木属（*Sambucus* L.）
1. 单叶 ··· 2
2. 花冠辐射对称，花柱短 ··· 荚蒾属（*Viburnum* L.）
2. 花冠常为两侧对称，若为辐射对称则花柱较长 ·· 3
3. 花成对着生于叶腋或轮生枝顶，花冠二唇形 ··· 忍冬属（*Lonicera* L.）
3. 花1～3朵排成聚伞花序、圆锥花序或单生 ··· 4
4. 花大，雄蕊5枚；开裂蒴果 ··· 锦带花属（*Weigela* Thunb.）
4. 花小，雄蕊4枚；瘦果 ··· 六道木属（*Abelia* R. Br.）

忍冬属（*Lonicera* L.）

1. 蔓生灌木；苞片叶状，卵形 ··· 忍冬（金银花、二花）（*L. japonica* Thunb.）
1. 直立灌木；苞片线形或披针形 ··· 2
2. 枝中空；苞片线形；子房离生或基部稍合生 ·················· 金银木（金银忍冬）（*L. makkii* Maxim.）

2. 枝充实；苞片线状披针形，子房1/2合生；半常绿；茎、叶均具棕色刚毛 ……………………………………………………………………… 郁香忍冬（骆驼布袋、苦糖果）（*L. fragrantissima* Lindl.）

六道木属（*Abelia* R. Br）

1. 并生花的总花梗不明显或不存在 ………………………………………… 六道木（*A. biflora* Turcz.）
1. 并生花的总花梗明显 …………………………………………………… 南方六道木（*A. dielsii* Rehd.）

34. 桔梗科（Campanulaceae）

1. 花冠整齐，辐射对称；雄蕊分离 ……………………………………………………………… 2
1. 花冠不整齐，两侧对称；雄蕊合生 ………………………………………… 半边莲属（*Lobelia* L.）
2. 蒴果由顶端瓣裂 ……………………………………………………………………………… 3
2. 蒴果由基部不规则开裂，花柱基部有杯状或筒状花盘 ………………… 沙参属（*Adenophora* Fisch.）
3. 攀援植物；柱头裂片卵形或椭圆形 ……………………………………… 党参属（*Codonopsis* Wall.）
3. 植株直立；柱头裂片狭窄、线形 ……………………………………………………………… 4
4. 花冠广钟形，直径4～5cm；蒴瓣和萼片对生 …………………………… 桔梗属（*Platycodon* A. DC.）
4. 花冠狭钟形，直径约1cm；蒴瓣和萼片互生 ………………………… 蓝花参属（*Wahlenbergia* Schrad.）

35. 菊科（Compositae）

1. 植物体不具乳汁；头状花序全为管状花或兼有舌状花 ………………………………………… 2
1. 植物体有乳汁；头状花序全为舌状花 ………………………………………………………… 46
2. 头状花序全为管状花；有时呈2唇形 ………………………………………………………… 3
2. 头状花序有管状花和边缘舌状花 ……………………………………………………………… 23
3. 叶对生；冠毛长；刺毛状；头状花序排成伞房状 ……………………………… 泽兰属（*Eupatorium* L.）
3. 叶互生或基生 ………………………………………………………………………………… 4
4. 雌雄同株；花序含2朵花，3总苞完全愈合，外具倒钩刺，无冠毛；叶卵状三角形 …………………………………………………………………………………… 苍耳属（*Xanthium* L.）
4. 花两性或杂性；总苞片不愈合，无钩刺或总苞顶端有钩刺 …………………………………… 5
5. 总苞片1～2层，等长，基部有时具小外苞片 ………………………………………………… 6
5. 总苞片多层，外层短；向内渐长 ……………………………………………………………… 8
6. 具冠毛；总苞基部有小外苞片 ………………………………………………………………… 7
6. 无冠毛；头状花序单生叶腋，盘状 ………………………………………… 石胡荽属（*Centipeda* Lour.）
7. 茎生叶通常1枚，掌状分裂，花白色或红色；柱头顶端截形，有画笔状毛 …………………………………………………………………………… 兔儿伞属（*Syneilesis* Maxim.）
7. 茎生叶多数，羽状深裂；花黄色，柱头顶端有长钻形附器 ………………… 三七草属（*Gynura* Cass.）
8. 叶缘或总苞有刺 ……………………………………………………………………………… 9
8. 叶缘和总苞无刺 ……………………………………………………………………………… 13
9. 叶片沿茎下延成翅，叶背绿色，花序托盘具刺毛，花紫红色 ………………… 飞廉属（*Carduus* L.）
9. 叶片不沿茎下延成翅 ………………………………………………………………………… 10
10. 叶缘无刺；总苞顶端具钩刺；冠毛多而短，高大草本 ………………………… 牛旁属（*Arctium* L.）
10. 叶缘有刺；总苞上也有刺，但不为倒钩刺 …………………………………………………… 11
11. 冠毛羽毛状；瘦果被丝状密毛；头状花序基部有叶状苞叶包围 ……… 苍术属（*Atractylodes* DC.）
11. 瘦果无毛；头状花序基部无苞叶 …………………………………………………………… 12
12. 冠毛较花冠长；雌雄异株，有长葡根 ………………………………… 刺儿菜属（*Cephalanoplos* Necker）
12. 冠毛不较花冠长；雌雄同株，头状花序具两性花；无葡根 ………………………… 蓟属（*Cirsium* Adans.）
13. 总苞苞片干膜质或边缘膜质 ………………………………………………………………… 14
13. 总苞苞片不为干膜质，通常草质 …………………………………………………………… 17
14. 头状花序较小，下垂，无冠毛，总苞苞片全为干膜质 ……………………………… 蒿属（*Artemisia* L.）

14. 头状花序较大，有冠毛，总苞苞片全为干膜质 …………………………………………………………………… 15
15. 两性花全部结实，花柱有分支 ………………………………………………………… 鼠曲草属（*Gnaphalium* L.）
15. 两性花不结实，花柱不分支 ……………………………………………………………………………………… 16
16. 头状花序密集成团，基部具数苞叶排列成星散状；冠毛基部合成环状 ………………………………………
…………………………………………………………… 火绒草层（薄雪草属）（*Leontopodium* L.）
16. 头状花序集成伞房状；基部无星散状苞叶；冠毛基部分离；分散脱落 ……… 香青属（*Anaphalis* DC.）
17. 瘦果无冠毛，花序下垂，外具 2～5 片叶状苞 ………………… 天名精属（金挖耳属）（*Carpesium* L.）
17. 瘦果具冠毛 ……………………………………………………………………………………………………… 18
18. 叶基生；花冠唇形；头状花序 2 型，春型为辐射状，花异型；秋型盘状，花同型，为管状花 …………
………………………………………………………………………………… 大丁草属（*Leibnitzia* Cass.）
18. 具茎生叶和基生叶；花冠筒状 …………………………………………………………………………………… 19
19. 总苞苞片无副器；瘦果有平整的基底着生面 …………………………………………………………………… 20
19. 总苞显具膜质宽阔无刺的副器 ………………………………………… 祁州漏芦属（*Rhaponticum* Lam.）
20. 冠毛 1～2 层，羽状；花序托盘有托毛 ……………………………………………………………………… 21
20. 冠毛多层；瘦果有歪斜的基底着生面 ………………………………………………………………………… 22
21. 总苞苞片背面具龙骨状附片；花冠管远较裂片为长；果肋 15 条………… 泥糊菜属（*Hemistepta* Bge.）
21. 总苞苞片背面无龙骨状附片；花冠管部几与裂片等长；果具 4～5 条棱 … 风毛菊属（*Saussurca* DC.）
22. 花药基部的尾分离；总苞片有微刺或无刺 ……………………………………… 麻花头属（*Serratula* L.）
22. 花药基部的尾联合，围绕花丝；总苞片有长刺 ……………………………… 山牛蒡属（*Synurus* IIjin）
23. 冠毛存在，较果实长；有时单性花不具冠毛 …………………………………………………………………… 24
23. 冠毛短或不为毛状或缺 …………………………………………………………………………………………… 31
24. 花全为黄色 …… 25
24. 舌状花和管状花不同色 …………………………………………………………………………………………… 28
25. 总苞多层，外层较内层为短；冠毛 1 层 ……………………………………………… 旋覆花属（*Inula* L.）
25. 总苞 1 层，等长 …………………………………………………………………………………………………… 26
26. 叶基生；茎生叶鳞片状；头状花序单生茎顶；舌状花雌性，管状花两性，不结实 …………………………
……………………………………………………………………………………………… 款冬属（Tussilago L.）
26. 具茎生叶，头状花序总状或伞房状；两性花结实 ……………………………………………………………… 27
27. 叶无扩展的叶鞘 …………………………………………………………………………… 千里光属（*Senecio* L.）
27. 叶显具叶鞘 ………………………………………………………………………… 橐吾属（*Ligularia* Cass.）
28. 总苞片外层叶状，内层膜质或干膜质；冠毛 2 层，内层刺毛状，外层膜片状 …………………………………
……………………………………………………………………………… 翠菊属（*Callistephus* Cass.）
28. 总苞片外层不为叶状；总苞 1 层或多层 ………………………………………………………………………… 29
29. 舌状花 2 轮或较多 ………………………………………………………………………………………………… 30
29. 舌状花 1 轮；总苞片较宽 ……………………………………………………………………… 紫菀属（*Aster* L.）
30. 舌状花的冠毛短于花冠，舌瓣很短，总苞与舌状花近等长 ……………………… 飞蓬属（*Erigeron* L.）
30. 无明显的舌状花或仅外层的有短舌片，直立 2～3 齿；冠毛长于花盘 ………… 白酒草庸（*Conyza* L.）
31. 叶对生 …… 32
31. 叶互生，或下部对生或仅具基生叶 ……………………………………………………………………………… 40
32. 叶及总苞有油点；总苞1层，联合成筒状 …………………………………………… 万寿菊属（*Tagetes* L.）
32. 叶及总苞不具油点，总苞数层，不联合 …………………………………………………………………………… 33
33. 冠毛 2～4 呈刺芒状；花黄色 ……………………………………………………………………………………… 34
33. 冠毛不为刺芒状，或缺乏 …………………………………………………………………………………………… 35
34. 瘦果具喙；茎圆 ……………………………………………………………………………… 波斯菊属（*Cosmos* Cav.）

34. 瘦果不具喙，茎常4棱 …………………………………………………………………… 鬼针草属（*Bidens* L.）
35. 舌状花宿存，随果脱落；叶全缘 ……………………………………………………… 百日菊属（*Zinnia* L.）
35. 舌状花不宿存，果熟前脱落；叶多为羽状裂（鲤肠全缘） ……………………………………… 36
36. 外轮总苞具腺毛………………………………………………………………… 豨莶属（*Siegesbeckia* L.）
36. 总苞不具腺毛 ………………………………………………………………………………………… 37
37. 小草本，植株高30cm左右；花白色，花序托平坦；植株折断后呈墨黑色 ……… 鲤肠属（*Eclipta* L.）
37. 植物体高大，花不为白色；叶羽状裂或为复叶 ………………………………………………… 38
38. 植物具地下块根；果背面扁；叶为复叶 ………………………………… 大丽菊属（*Dahlia* Cav.）
38. 植物不具地下块根 …………………………………………………………………………………… 39
39. 果实无喙；花黄色，有时带紫心…………………………………………… 金鸡菊属（*Corcopfis* L.）
39. 果实具喙；花红色、白色、有时为黄色 ………………………… 波斯菊属（秋英属）（*Cormos* Cav.）
40. 总苞苞片全部或顶部边缘干膜质 …………………………………………………………………… 41
40. 总苞苞片不为干膜质 ………………………………………………………………………………… 42
41. 花序托具托片；头状花序有短梗组成伞房状；瘦果扁，有明显的边缘 …………… 蓍属（*Achillea* L.）
41. 花序托呈半球形或平展，无托片；有长梗，单生或组成伞房状；瘦果多呈圆柱形或具棱 ……………
…………………………………………………………………………… 菊属（*Dendranthema* Des Moul.）
42. 舌状花紫色，1轮，花冠极短，长不足1mm ………………… 马蓝属（鸡儿肠属）（*Kalineris* Cass.）
42. 舌状花不为紫色，多为黄色、橘黄或橙黄色 ……………………………………………………… 43
43. 花序托具托片，冠毛鳞片状、冠状或缺；高大草本 ……………………………………………… 44
43. 花序托不具托片，有时梢有毛；矮小草本 …………………… 金盏菊属（金盏花属）（*Calendula* L.）
44. 冠毛鳞片状，早落 ……………………………………………………………… 向日葵属（*Helianthus* L.）
44. 冠毛冠状或缺 …………………………………………………………………… 金光菊属（*Rudbeckia* L.）
45. 冠毛羽毛状 …………………………………………………………………………………………… 46
45. 冠毛为单毛而非羽状 ………………………………………………………………………………… 47
46. 冠毛多层，侧毛互相交织；果无喙；植物体光滑 …………………………… 鸦葱属（*Scorzonera* L.）
46. 冠毛1层，侧毛不互相交织；果有喙；全植物体具刚毛 ……………………… 毛连菜属（*Picris* L.）
47. 叶基生，总苞苞片多层；头状花序单生于花葶顶端；瘦果具长喙，至少上部具瘤状突起 ……………
…………………………………………………………………………………… 蒲公英属（*Taraxacum* L.）
47. 具茎生叶；头状花序不为单生，总苞片1～2层，等长；果无瘤状突起 …………………………… 48
48. 头状花序有80个以上的小花；冠毛呈环状脱落，有2种，一为较粗的直毛，另一为较细的曲毛；果稍扁，无喙，具肋10～20条 ……………………………………………………………… 苦苣菜属（*Sonchus* L.）
48. 头状花序具少数小花，冠毛仅具直毛 ……………………………………………………………… 49
49. 花冠管部远较舌部为长 ……………………………………………………………… 莴苣属（*Lactuca* L.）
49. 花冠管部与舌部等长或较短 ………………………………………………………………………… 50
50. 总苞内外两层，果有不等粗的钝纵肋，顶端渐狭，无喙；植物体具毛 ……… 黄鹌菜属（*Youngia* Cass.）
50. 总苞2层，果有等粗的锐肋或具翅的纵肋，顶端有长或短喙；植物体光滑 …… 苦荬菜属（*Ixeris* Cass.）

36. 百合科（Liliaceae）

1. 植株具根状茎，决不具鳞茎 ………………………………………………………………………… 2
1. 植株具鳞茎 …………………………………………………………………………………………… 14
2. 叶仅一轮生于茎顶；花单朵顶生，外轮花被片状叶，绿色……重楼属（蚤休属）（*Paris* L.）
2. 叶和花并非上述情况 …………………………………………………………………………………… 3
3. 叶不显，退化为鳞片状，枝变为绿色叶状枝 ……………………………… 天门冬属（*Asparagus* L.）
3. 叶不退化为鳞片状，枝也不变为绿色叶状枝 ………………………………………………………… 4
4. 叶具网状支脉；花单性，雌雄异株 ……………………………………………… 菝葜属（*Smilax* L.）

4. 叶具平行支脉，不具网状支脉；花两性 …………………………………………………………… 5
5. 叶顶端具卷须………………………………………………………… 黄精属（*Polygonatum* Mill.）
5. 叶顶端不具卷须 ……………………………………………………………………………………… 6
6. 果实在未成熟前已不整齐开裂，露出幼嫩的种子，成熟种子为小核果状 ……………………… 7
6. 浆果和蒴果，成熟前决不开裂，成熟种子也不为小核果状 ……………………………………… 8
7. 花直立，子房上位 ………………………………………………………… 土麦冬属（*Liriope* Lour.）
7. 花俯垂，子房半下位 …………………………………………… 沿阶草属（*Ophipogon* Ker-Gawl.）
8. 蒴果 …………………………………………………………………………………………………… 9
8. 浆果或浆果状 ………………………………………………………………………………………… 12
9. 花被片多少贴生于子房，子房半下位 ………………………… 粉条儿菜属（肺筋草属）（*Aletris* L.）
9. 花被片与子房分离，子房上位 ……………………………………………………………………… 10
10. 茎生叶发达，外轮花被片基部具囊……………………………………… 油点草属（*Tricyrtis* Wall.）
10. 叶基生，茎生叶常退化；外轮花被片不具囊 ……………………………………………………… 11
11. 叶大，心脏卵形至倒卵状矩圆形 ……………………………………………… 玉簪属（*Hosta* Tratt.）
11. 叶狭长，条形，花被片长5cm以上，黄色或橘黄色 ……………………… 萱草属（*Hemerocallis* L.）
12. 花或花序腋生 …………………………………………………………… 黄精属（*Polygonatum* Mill.）
12. 花和花序生于茎顶或枝端 …………………………………………………………………………… 13
13. 茎常分支；花被片基部多少具囊或距 ……………………… 万寿竹属（宝铎草属）（*Disporum* Salisb.）
13. 茎常劣枝；花被片基部不具囊或距 ……………………………………… 鹿药属（*Smilacina* Desf.）
14. 花序为典型的伞形花序，未开放前有膜质总苞包被，总苞一侧开裂或裂成2至数裂片；植物大多具葱蒜味；叶鞘封闭 ……………………………………………………………………… 葱属（*Allium* L.）
14. 花序不为典型的伞形花序；植物体无葱蒜味 ………………………………………………………… 15
15. 圆锥花序顶生 ………………………………………………………………… 藜芦属（*Veratrum* L.）
15. 总状或伞房花序 ………………………………………………………………………………………… 16
16. 叶基生；花红紫色 …………………………………………………………… 绵枣儿属（*Scilla* L.）
16. 具茎生叶 ………………………………………………………………………………………………… 17
17. 花药丁字状着生，花被开展或反卷 …………………………………………………………………… 18
17. 花药基部着生，花被附垂，不反卷 ………………………………………… 贝母属（*Fritillaria* L.）
18. 叶心形，具网状脉…………………………………………………… 大百合属（*Cardiocrinum* Endl.）
18. 叶椭圆形至条形，具平行脉 ………………………………………………………… 百合属（*Lilium* L.）

百合属（*Lilium* L.）

1. 花喇叭形或钟形，雄蕊上部向前弯或向中心镊合 ………………………………………………… 2
1. 花非喇叭形或钟形，花被片向外反卷，雄蕊向四面张开 ………………………………………… 3
2. 花喇叭状，白色，雄蕊上部向前弯；叶倒披针形 ………………… 百合（*L. brownii* var. *viridulum* Baker）
2. 花钟形，鲜红色，雄蕊向中心镊合；叶条形 ………………………… 山丹（渥丹）（*L. concolor* Salisb.）
3. 叶为矩圆状披针形至披针形；花被内面有紫黑色斑 ………………… 卷丹（*L. lancifolium* Thunb.）
3. 叶为条形 ……………………………………………………………………………………………… 4
4. 叶稀琉；较小，红色或紫红色；花柱比子房短；苞片顶端增厚 …… 条叶百合（*L. callosum* Sieb. et Zucc.）
4. 叶密集；花较火；鲜红色或紫红色；花柱比子房长，苞片顶端不增厚 ……… 细叶山丹（*L. Pumilum* DC.）

黄精属（*Polygonatum* Mill.）

1. 叶互生 ………………………………………………………………………………………………… 2
1. 叶轮生 ………………………………………………………………………………………………… 3
2. 根状茎圆柱状；腋生伞形花序有1～3朵花 ……………………………… 玉簪（*P. odoratum* Druce）
2. 根状茎姜状；腋生伞形花序有2～7朵花 ………………………………… 多花黄精（*P. cyrtonema* Hua.）

3. 叶顶端直，多为三叶轮生，间有对生或互生者；根状茎节间一头粗一头细或为连珠状 ………………………………………………………………………………………… 轮叶黄精（*P. verticillata* All.）
3. 叶顶端弯曲或拳卷，3～6枚轮生………………………………………………………… 4
4. 花柱长为子房的1.5～2倍 ……………………………… 黄精（*P. sibiricum* Redoute）
4. 花柱稍短或稍长于子房 ……………………………………………………………… 5
5. 花序通常具2花；苞片不存在，或存在时仅1～2mm长，无脉 ……… 卷叶黄精（*P. cirrhifolum* Royle）
5. 花序具2～6（11）朵花；苞片长1～6mm，具1脉 ……………… 湖北黄精（*P. zanlanscianense* Pamp.）

玉簪属（*Hostta* Tratt.）

1. 叶基心形或圆形；苞片内具小苞片，花白色………………………… 玉簪（*H. plantaginea* Ascherson）
1. 叶基下延；苞片内无小苞片；花蓝紫色 ……………………… 紫萼（紫玉簪）（*H. ventricosa* Stearn）

菝葜属（*Smilax* L.）

1. 草本；茎无刺；叶薄，叶背有细毛，有时幼枝上的叶对生 ……… 草菝葜（牛尾菜）（*S. riparia* A. DC.）
1. 木质藤本或直立；有或无皮刺；叶无毛 ……………………………………………… 2
2. 直立灌木；枝条无刺；托叶无卷须 ……………………………… 鞘柄菝葜（*S. stans* Maxim.）
2. 攀援藤本，枝条常具刺，托叶常具或无卷须 ……………………………………… 3
3. 叶下面绿色，不为苍白色（菝葜例外） ………………………………………………… 4
3. 叶下面多少为苍白色或具粉霜 ………………………………………………………… 5
4. 刺基部骤然变粗；花序生于叶已完全长成的小枝上；果成熟时蓝黑色 ……………………………………………………………………… 华东菝葜（席氏菝葜）（*S. sieboldii* Miq.）
4. 刺呈针状；花序生于叶尚幼嫩或刚抽出的小枝上；果实成熟时红色 ………………… 菝葜（*S. china* L.）
5. 叶片脱落后卷须着生点（或鞘的上端）上方几不残留叶柄，或至多残留0.5～1.5mm；花单性，果实成熟时黑色；具粉霜 …………………………………… 黑果菝葜（粉菝葜）（*S. glauco-china* Warb.）
5. 叶片脱落后卷须着生点上方尚留2～3mm的叶柄，花两性；果成熟时红色 ………… 菝葜（*S. china* L.）

萱草属（*Hemerocallis* L.）

1. 花黄色，花被片内外轮大小相等，有香气；叶片宽5～10mm ………………… 黄花菜（*H. minor* Mill.）
1. 花橘红色，花被片内轮较外轮宽，无香气；叶片宽约2.5cm ……………………… 萱草（*H. fulva* L.）

37. 天南星科（Araceae）

1. 花两性，有花被；佛焰苞叶状，不包着花序；根状茎极短，匍匐；叶剑形 ……… 菖蒲属（*Acorus* L.）
1. 花单性，无被，佛焰苞焰状，包围花序；具球形块茎；叶非剑形 ……………………………… 2
2. 雌雄同株；地下块茎圆球形，肉穗花序的雌花部分与佛焰苞贴生 …………… 半夏属（*Pinellia* Tenore）
2. 雌雄异株；块茎通常呈扁球形，肉穗花序不贴于佛焰苞上 ……………… 天南星属（*Arisaema* Mart.）

参 考 文 献

1 邓叔群．中国的真菌．北京：科学出版社，1963
2 福迪 B．藻类学．罗迪安译．上海：上海科学技术出版社，1980
3 高信曾．植物学实验指导．北京：高等教育出版社，1995
4 关雪莲等．植物学实验指导．北京：中国农业大学出版社，2002
5 何凤仙．植物学实验．北京：高等教育出版社，2000
6 胡鸿钧等．中国淡水藻类．上海：上海科学技术出版社，1980
7 胡适宜．被子植物胚胎学．北京：人民教育出版社，1983
8 李扬汉．植物学（第二版）．北京：高等教育出版社，1985
9 李正理．植物解剖学．北京：高等教育出版社，1983
10 李正理．植物组织制片学．北京：北京大学出版社，1996
11 陆时万等．植物学（上）．北京：高等教育出版社，2000
12 丘安经．植物学实验指导．广州：华南理工大学出版社，2001
13 童恩预，何汝保．植物学实验指导．开封：河南大学出版社，1993
14 汪矛．植物生物学实验教程．北京：科学出版社，2003
15 王英典等．植物生物学实验指导．北京：高等教育出版社，2001
16 吴国芳等．植物学（下册）．北京：高等教育出版社，2000
17 徐粹新等．植物学野外实习指导．开封：河南大学出版社，1994
18 阎毓秀．植物学实验指导．北京：中央广播电视大学出版社，2000
19 杨继．植物生物学实验．北京：高等教育出版社，2000
20 杨世杰．植物生物学．北京：科学出版社，2000
21 尹祖棠．种子植物实验及实习（第二版）．北京：北京师范大学出版社，1993
22 赵遵田等．植物学实验教程．北京：科学出版社，2004
23 郑国锠．生物显微技术．北京：人民教育出版社，1985
24 中国科学院植物研究所．毒蘑菇．北京：科学出版社，1982
25 中国科学院植物研究所．中国高等植物图鉴（1～5册及补编1～2册）．北京：科学出版社，1972～1982
26 中国科学院植物研究所．中国植物花粉形态．北京：高等教育出版社，1960
27 周仪．植物形态解剖实验（修订版）．北京：北京师范大学出版社，2000
28 周云龙．孢子植物实验及实习（第二版）．北京：北京师范大学出版社，1993
29 竺可桢等．物候学．长沙：湖南教育出版社，1999